제2판

기계계측

한화택 저

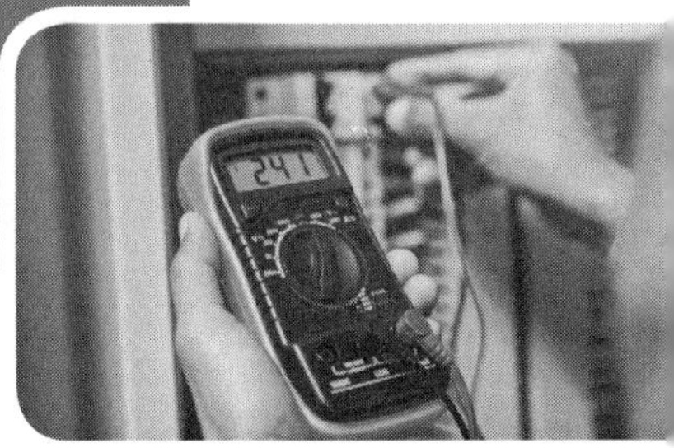

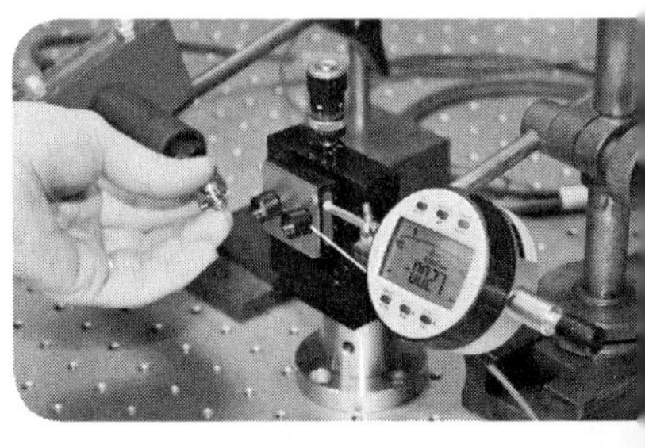

도서출판 구미서관

머리말

이 책은 계측공학의 전문적 지식을 요구하는 사람을 위한 책이라기보다는 실험을 수행하는 모든 공학 분야, 특히 기계공학을 전공하는 학생들을 위해 계측에 관련된 이론과 측정데이터의 분석방법을 가르치고, 각종 계측기의 종류와 측정원리를 소개하기 위하여 마련된 강의교재이다.

본 개정판에서는 전체적인 구조는 그대로 유지하면서 1판에서 발견된 오류를 정정하고, 최근 단위의 재정의와 센서기술의 발달에 따른 일부 내용을 수정하였다.

공학교육에 있어서 실험의 중요성은 아무리 강조해도 지나치지 않다. 실험교육은 직접 계측기를 다루어 보고 경험해 보는 것이 무엇보다도 중요하다. 그러나 그와 아울러 실험계획이나 오차분석에 관련된 이론적인 배경을 이해할 필요가 있다. 컴퓨터가 발달함에 따라 실험도 점차 편리해지고 있으나 실험방법에 대한 이해와 데이터분석에 관한 지식이 없으면, 무의미한 정보만을 양산할 뿐이다.

이 책은 크게 두 부분, 즉 계측에 관련된 일반사항과 각 측정대상별 각론으로 이루어져 있다. 1장과 2장은 서론 부분으로 기본개념과 용어, 그리고 계측기의 반응에 관하여 설명하고 있다. 3장과 4장은 데이터 분석에 관련된 내용으로 3장에서는 오차의 전파와 데이터의 통계적 분석을, 그리고 4장에서는 신호의 주파수 분석에 관한 내용을 다루고 있다. 각 측정대상별 각론으로 5장과 6장에서 아날로그 전기량의 측정과 디지털 변환에 관하여 다루고 있고, 7장부터 13장까지는 변위, 응력, 압력, 유동, 온도, 열물성, 농도 등의 측정에 대하여 다루고 있다. 이 부분에 대해서는 필요에 따라 순서를 바꾸거나 관심 있는 부분만 학습하여도 무방할 것이다.

전문적 지식이 부족한 사람이 저술한 관계로 아직까지 오류나 미진한 점이 많을 것이라 생각된다. 아무쪼록 독자들로부터 관심어린 지적과 조언을 기대하는 바이다. 이 책이 나오기까지 주위에서 격려해 주신 많은 분들께 감사한다. 특히 엑셀을 이용한 데이터분석 및 실험계획법에 관한 옥고를 보내주신 경희대학교 홍희기 교수님과 출판을 맡아주신 구미서관 관계자 여러분께 심심한 감사를 드린다.

2019. 1. 31

한 화 택

목 차

목 차

CHAPTER 01

서 론
(Introduction)

CHAPTER

01 서 론

계측은 일상생활뿐만 아니라 공학적인 실험을 수행하는데 있어서 필수적이다. 정확한 계측을 위해서는 계측기의 측정원리에 대한 이해가 필요하고 측정된 데이터의 처리 및 분석방법에 관한 이해가 필요하다. 무엇을 측정한다는 것은 쉽고 단순해 보일 수 있으나 그것을 정확히 측정하는 것은 그리 쉬운 일이 아니다. 그동안 계측기의 발달과 여러 가지 실험기법들의 개발로 많은 실험결과를 획득할 수 있었고 이를 통하여 자연현상과 공학적 원리들이 규명되어 왔다. 앞으로도 보다 신뢰성 있는 실험데이터를 확보하고 더욱 정밀한 공학제어를 위하여 계측의 중요성은 아무리 강조해도 지나치지 않을 것이다.

계측이란 단순히 측정하는 작업뿐만 아니라 측정된 데이터를 처리하고 분석하는 작업까지를 포함한다. 즉, 측정된 데이터의 오차범위를 이해하고 실험결과를 분석하여 공학적 원리나 유용한 자료로 가공하기 위한 신호처리 등의 실험적 기법에 대한 이해를 필요로 한다. 여기서는 주로 기계계측에 관하여 다룬다. 기계계측의 측정대상은 길이, 힘, 압력, 속도, 유량, 온도, 농도 등과 같은 기계적 또는 역학적 물리량이다. 이와 같은 물리량들을 측정하기 위한 이론적 측정원리를 학습하고 이를 응용한 각종 계측기의 종류를 소개한다. 우선 여기서는 계측에 관련된 용어 및 기본개념 그리고 측정표준 및 단위에 관하여 설명한다.

1.1 용어 및 기본개념 (Terminology and Basic Concepts)

1) 오차와 불확도 (Error and uncertainty)

계측에 있어서 오차에 대한 이해가 필요하다. 측정한다는 것은 참값(true value)을 얻기 위하여 이와 근사한 측정값(measured value)을 얻는 작업이며 모든 측정값에는 필연적으로 오차가 수반된다. 절대오차(error)는 참값과 측정값의 차이로 정의된다. 참값은 영원히 알 수 없는 값이므로 오차 또한 정확히 알 수는 없다.

$$\varepsilon = |\text{측정값} - \text{참값}| \tag{1.1}$$

오차라는 말과 함께 불확도이라는 말이 자주 사용되는데, 불확도란 추정된 오차(estimates of error), 즉 오차의 범위를 의미한다. 우리가 흔히 말하는 오차라는 것은 주로 불확도의 개념으로 사용된다고 보면 될 것이다. 절대오차를 참값으로 나누어 백분율로 표시한 것을 상대오차라고 한다. 실제로는 참값 대신 측정값에 대한 상대오차로 표기하며, 계측기의 경우에는 전체 측정범위(full scale)에 대한 상대적인 퍼센트 양(% FS)으로 표기하기도 한다.

2) 정확도와 정밀도 (Accuracy and precision)

측정과 관련하여 정확도라는 말과 정밀도라는 말이 혼용되는 경우가 많다. 엄밀하게 말하면 정확도는 참값에 가까운 정도를 의미하며, 이에 비하여 정밀도라는 것은 반복 측정되는 측정값의 흩어진 정도를 의미한다. 즉, 정밀하다는 것은 정확도에 관계없이 여러 측정값들 사이의 편차가 적다는 것을 의미한다. 정밀한 계측기는 보정작업을 통하여 정확한 계측을 할 수 있다.

정확도와 정밀도의 차이는 그림 1.1로 설명된다. 과녁(bullseye)을 중심으로 고루 퍼져있는 (a)의 경우 정밀하지는 않으나 정확하다고 하고, 중심으로부터 벗어나 있으나 한 점을 중심으로 밀집되어 나타난 (b)의 경우는 정확하지는 않으나 정밀하다고 한다. 이 경우 영점 조정을 통하여 정확한 조준을 할 수 있다.

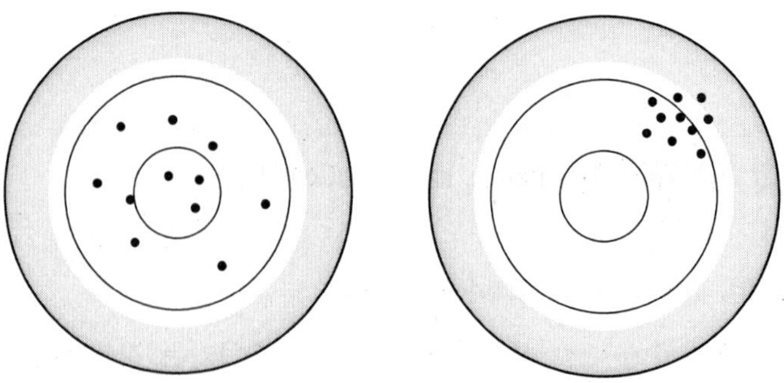

(a) Accurate but not precise　　(b) Precise but not accurate

그림 1.1 정확도와 정밀도

측정값들이 참값으로부터 벗어난 정도를 편이오차(bias error)라고 하고 측정값들 간의 흩어진 정도를 정밀오차(precision error)라고 한다. 이론적으로 정밀오차의 평균값은 0이기 때문에 여러 번 반복하여 측정한 평균값은 편이오차만을 포함하게 된다. 그림에서 (a)의 경우는 편이오차는 작고 정밀오차가 큰 반면, (b)의 경우는 정밀오차는 작으나 편이오차가 큰 경우이다.

예제 1.1

디지털 멀티미터를 이용하여 참 전압이 6.11V로 알려진 건전지의 전압을 측정하였다. 10번을 측정한 값이 5.98, 6.05, 6.10, 6.06, 5.99, 5.96, 6.02, 6.09, 6.03, 5.99이었다. 이 멀티미터의 편이오차와 최대 정밀오차를 구하라.

풀이

평균값 = 6.03 V

편이오차 = |평균값 − 참값| = |6.03 − 6.11| = 0.08 V

최대 정밀오차 = $|5.96-6.03| = 0.07$ V

3) 감도 (Sensitivity)

감도란 입력되는 물리량의 변화에 대하여 계측기의 결과 출력값의 변화량을 나타내는 것으로 계측기가 얼마나 민감하게 반응하는가를 나타낸다.

$$S = \frac{\Delta\ output}{\Delta\ input} \tag{1.2}$$

예를 들어, 0~100℃까지 측정할 수 있는 막대온도계의 전체 눈금의 길이가 200 mm라면 이 온도계의 감도는 2 mm/℃라고 할 수 있다. 또 0~10기압의 압력범위에 대하여 비례적으로 0~5 V의 출력전압을 내는 압력계는 0.5 V/기압의 감도를 갖는다고 말할 수 있다. 감도가 좋은 계측기란 적은 물리량의 변화에도 출력값이 크게 변화하는 것으로서 정밀한 측정에 유리하고, 감도가 낮은 계측기는 큰 변화에 대하여 작은 출력변화를 보이는 것으로 정밀한 측정은 어려우나 넓은 범위의 측정에 유리하다.

감도란 계측기의 입출력 반응곡선에서 곡선의 기울기를 의미한다. 입력값에 따라서 곡선의 기울기가 변화하는 경우도 있으나 가급적 전 측정범위에 걸쳐서 선형적인 출력 신호를 내도록 하는 것이 바람직하다. 또는 선형적 관계에 있는 구간만을 측정구간으로 삼는다.

4) 이력현상 (Hysteresis)

측정값을 증가시키면서 측정하느냐 또는 감소시키면서 측정하느냐 하는 접근방향에 따라 측정값이 달라지는 경우가 있는데, 이를 계측기의 이력현상이라고 한다. 이력현상은 기계적 마찰, 탄성 변형, 자기 효과, 그리고 열적 효과에 의하여 발생한다. 예를 들어 바늘이 있는 계측기에 있어서 회전축에 크고 작은 기계적 마찰력이 있는데, 측정값이 점차 증가하고 있는 상황에서는 마찰력 때문에 바늘이 약간 덜 회전하여 실제보다 작은 값을 읽을 것이고, 감소하는 경우에는 실제보다 큰 값을 읽을 것이다.

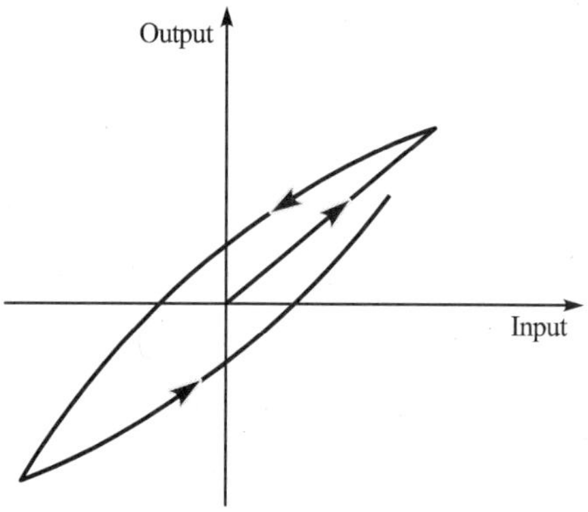

그림 1.2 이력현상

5) 보정 (Calibration)

계측기의 보정(또는 교정)이라고 하는 것은 주어진 입력량의 변화에 따른 계측기의 출력량의 관계를 구하여, 측정오차를 줄이고 계측기를 검증하는 작업을 말한다. 보정을 위해서는 상호 비교하기 위한 비교대상이 필요한데, 보통 오차의 범위가 알려져 있는 표준계측기를 사용한다. 표준계측기의 보정을 위해서는 이보다 더욱 정확하게 보정되어 있는 비교대상이 필요하다. 아주 정확한 측정과 보정을 위해서는 궁극적으로는 그 물리량이 어떻게 정의되었느냐 하는 질문에까지 도달하게 된다. 예를 들어 온도계를 보정하기 위해서는 이미 보정되어 있는 표준온도계를 사용하게 되고, 이 표준온도계는 이보다 더욱 정확한 표준온도계로 보정되어야 한다. 결국 온도가 어떻게 정의되어 있는가 하는 것까지 이해하여야 한다.

보정곡선이 선형적 관계로 주어지는 경우, 원점과 기울기만 제대로 설정해 주면 된다. 원점이 영점에서 벗어나 있는 것을 영점오차 또는 제로 오프셋(zero offset)이라고 하고,

기울기가 원래의 기울기에서 벗어나서 발생하는 오차를 스팬오차(span error)라고 한다.

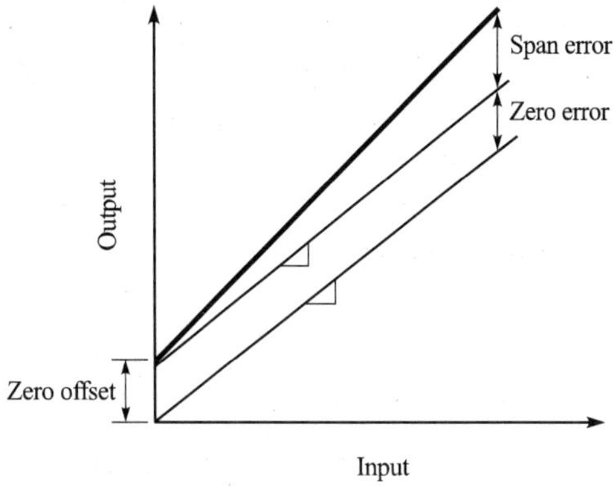

그림 1.3 영점오차와 스팬오차

예제 1.2

측정범위가 0~200 V이며 정확도가 ±5% FS(full scale)로 알려진 전압계가 있다. 양극을 단락시키고 전압을 측정하였더니 2 V를 읽었다. 전압측정값이 80 V이었다면 측정상의 발생할 수 있는 최대오차는 얼마이며, 또 이때의 상대오차는 얼마인가?

풀이

불확도는 ±0.05×200=±10 V이며 영점오차는 2 V이므로 실제 값에 비하여 최대 +12 V까지 크게 읽을 수 있다. 또한 이때의 상대오차는 12/80=15%이다.

1.2 측정표준 및 단위 (Standards and Units)

일관성이 있는 측정을 위해서는 궁극적으로 모든 물리량을 표시하기 위한 단위에 대한 표준이 마련되어 있어야 한다. 예로부터 물건을 사고 팔 때 길이, 무게, 부피 등과 같은 도량형에 대한 표준이 중요시되어 왔다. 과학기술의 발전에 따라 모든 물리량에 대한 보다 엄격하고 과학적인 표준설정이 필요하게 되었다. 국제표준기구에 의하여 여러 가지 물리량 중에서 서로 독립적이며 기본이 되는 7개의 물리량 단위에 대한 표준이 마련되어 있다. 다른 모든 물리량들은 이러한 기본단위 7개와 보조단위 2개(평면각, 입체각)를 조합하여 만들어낼 수 있고, 이를 유도단위라 한다. 표 1.1은 SI단위로 표시된 기본단위와 보조단위를 보인다.

표 1.1 기본단위와 보조단위

Physical quantity	SI Unit
Length	meter (m)
Mass	kilogram (kg)
Time	second (s)
Temperature	kelvin (K)
Electric current	ampere (A)
Amount of substance	mole (mol)
Light intensity	candela (cd)
Plane angle	radian (rad)
Solid angle	steradian (sr)

1) 길이의 표준 (Length)

길이의 표준이 되는 1 m라고 하는 것은 원래 지구의 북극에서 적도까지 자오선 길이의 1000만분의 1로 정의한데서 출발한다. 그러나 이러한 정의는 매우 불편하기 때문에 이 정도의 길이에 해당하는 막대를 만들어 1 m로 사용하게 되었다. 이것을 국제 미터원기(International Prototype Meter)라고 하고 화학적으로 매우 안정한 백금과 이리듐의 합금으로 만들어졌다. 단면이 X(트레스카)형으로 되어 있고 막대의 홈 바닥에 가는 선으로 0℃ 온도에서 1 m가 되도록 금이 그어져 있다. 이 국제 미터원기는 현재도 프랑스 파리의 교외에 있는 국제 도량형국에 보관되어 있으며, 세계 각국에는 이 국제 미터원기의 복제본이 보급되었다. 그러나 이런 막대기는 오랜 시간 경과에 따라 변형될 수도 있고 온도변화에 따라서 길이가 변할 수 있기 때문에 길이에 대한 절대 표준으로 삼기에는 적절하지 못하다. 그래서 1960년에 이 미터원기의 길이가 크립톤-86램프에서 발생하는 주황색 빛의 파장의 1,650,763.73배에 해당하므로 이를 1 m에 대한 표준으로 새롭게 정의하였다. 그러다가 다시 한 번 미터의 정의가 바뀌게 되는데, 현재는 빛이 진공 중에서 299,792,458분의 1초 동안 진행한 경로의 길이로 정의되고 있다.

2) 질량의 표준 (Mass)

질량의 표준은 프랑스 국제도량형국에 보관되어 있는 국제 킬로그램원기(International Prototype Kilogram)로서 이것의 질량이 1 kg으로 정의되었다. 이것은 4℃, 1리터의 순수한 물의 질량에 근거하고 있다. 이 원기는 높이와 지름이 각각 39 mm인 원통형으로 백금-이리듐 합금으로 만들어졌다. 미터원기가 오래전 길이의 표준 자리를 다른 정의에 물려

주고 박물관으로 물러나있는 것과 대조적으로 최근까지 이용되었다. 2019년부터 질량의 표준도 실물의 킬로그램원기 대신 기본 물리상수 중 하나인 '플랑크 상수'에 근거하여 재정의되었다.

3) 시간의 표준 (Time)

우리는 시간의 기초단위로서 1초라는 것을 일상적으로 사용하고 있지만 정확한 1초를 정의하는 것은 그리 쉽지 않다. 1초란 평균태양일의 86,400분의 1초로 정의되고 있지만 평균태양일을 정확하게 아는 것은 쉬운 일이 아니기 때문이다. 태양일이란 태양이 지구의 일정 경도를 지나 다음 그 경도를 다시 지날 때까지의 시간으로서 지구 공전궤도의 위치, 즉 계절에 따라서 약간씩 변화한다. 따라서 평균태양일을 정확하게 알기 위해서는 1년 동안 태양일을 측정하여 그 평균값을 구해야 한다. 이러한 정의는 계측기를 직접 보정하는데 사용되기에는 매우 불편하다. 그래서 1967년에 1초를 기준 상태에 있는 세슘-133원자의 진동주기의 9,192,631,770배로 정의하였다. 이러한 정의는 즉시 각국의 실험실에서 재연되고 활용될 수 있다.

4) 온도의 표준 (Temperature)

절대온도 스케일은 열역학 계산에 근거하여 1854년 켈빈(Kelvin) 경에 의하여 제안되어 기존의 섭씨온도계나 화씨온도계와의 관계가 정립되었다. 켈빈(Kelvin) 온도는 물의 고체, 액체, 기체 상태가 공존하는 삼중점(0.01℃)을 기반으로 정의되었다.

기존에 물의 빙점과 비등점에 근거하던 온도기준은 1968년도에 들어서 물의 삼중점과 수소의 비등점 등 11개 온도 고정점이 설정되면서 보다 정확한 온도기준이 확립되었으며 최근 국제 온도스케일(ITS-1990)에 의하여 일부 수정되었다. ITS-90 표준점이 표 1.2에 나타나 있다. 온도의 표준은 워낙 넓은 범위에 걸쳐서 정의되어야 하기 때문에 다른 기본단위들에 비하여 복잡하다.

최근에는 물 분자가 동위원소 구성에 따라서 삼중점 온도가 달라진다는 사실이 발견되면서 새로운 온도 표준으로 물리상수 중 하나인 '볼츠만 상수'를 이용하기로 하였다.

표 1.2 국제 온도스케일의 고정점 (ITS-90, 1990)

Fixed point[a]	Temperature (K)
Triple point of hydrogen	13.8033
Triple point of neon	24.5561
Triple point of oxygen	54.3584
Triple point of argon	83.8058
Triple point of mercury	234.3156
Triple point of water	273.16
Melting point of gallium	302.9146
Freezing point of lanthanum	429.7485
Freezing point of tin	505.078
Freezing point of zinc	692.677
Freezing point of aluminum	933.473
Freezing point of silver	1234.93
Freezing point of gold	1337.33
Freezing point of copper	1357.77

Source : Preston-Thomas(1990).

[a] 용융점과 응고점은 압력 101.325 kPa에서 측정.

5) 기타 기본단위와 보조단위

길이, 질량, 시간, 온도 이외의 기본단위에는 전류, 몰 질량, 그리고 광도가 있다. 이들에 대해서는 여기서 간략히 소개한다.

전류는 전압이나 저항 등과 같은 각종 전자기량을 정의하는데 필요한 기본단위가 된다. 전류량의 단위인 암페어(ampere)는 진공 중에 1 m 간격으로 떨어져 있는 평행한 2개의 무한 도선이 1 m당 2×10^{-7} N의 힘을 작용시킬 때 도선 내에 흐르는 전류량으로 정의하고 있다. 몰 질량을 표시하는 것으로 1 mol은 0.012 kg 내에 들어있는 탄소-12의 원자 개수에 해당하는 물질의 양으로 정의된다. 조만간 킬로그램이 재정의되면 암페어와 몰의 정의도 바뀔 예정이다. 또 빛의 밝기를 나타내는 칸델라(candela)는 주파수 540×10^{12} Hz인 단색광을 방출하는 광원의 복사도가 어떤 주어진 방향으로 매 스테라디안(steradian)당 1/683 W일 때 이 방향에 대한 광도로 정의된다. 여기서 steradian이란 보조단위의 하나로서 입체각을 표시한다. 1 rad은 원둘레의 $\frac{1}{2\pi}$에 해당하는 평면각을 의미하며, 1 sr은 구 표면적의 $\frac{1}{4\pi}$에 해당하는 입체각을 의미한다.

2019년 킬로그램이 재정의되면서 모든 기본단위들은 이론적으로 실험실에서 재연이 가능하게 되었다. 지금까지 질량은 특정원기에 그 정의를 의존하기 때문에 고정표준(fixed standard)이라 하였다.

여기서, 정의된 표준들을 실제 작업에 이용하는 것은 실용적이지 못하다. 따라서 보통 2차 표준이라는 것을 설정하여 실제적인 작업에 이용하고 있다. 예를 들어 실험실에서 작업을 위해서 정확하게 제작된 금속 게이지 블록이나 크리스털 시계 등과 같은 것을 실질적인 표준으로 이용하고 있다. 그렇다 하더라도 일반 실험실에서 작업에 필요한 모든 표준들을 구비하고 작업을 수행하는 것은 현실적이지 못하다. 가급적 처음부터 잘된 계측기를 구매하는 것이 좋고, 일정한 시간이 경과한 후에는 제작사나 표준 관련 기관 등에 의뢰하여 받는 것이 필요하다.

6) 유도단위

역학적인 문제에서 기본차원으로 주로 이용되는 것은 7개의 기본차원 중에서 질량(M), 길이(L), 시간(T)이다. 열적인 문제가 관련되면 온도의 차원이 추가된다. 역학에서는 힘의 차원이 매우 중요하므로 기본차원으로서 질량대신 힘을 이용하는 경우도 있다. 이 경우에는 기본차원이 힘(F), 길이(L), 시간(T)이 된다.

유도단위란 기본단위로부터 유도해낼 수 있는 모든 단위를 말한다. 면적이란 길이의 제곱, 속도란 길이 나누기 시간 등과 같이 유도될 수 있을 것이다. 따라서 유도단위는 7개의 기본단위와 2개의 보조단위로 모두 표현할 수 있다. 유도단위 중에는 특별히 부여된 새로운 부호를 이용하는 경우가 있다. 예를 들어 힘의 단위 [kg · m/s^2] 대신 [Newton], 압력의 단위 [kg/s^2 · m] 대신 [Pascal]을 사용한다. 또 에너지 단위로 [Joule], 그리고 일률의 단위로 [Watt]를 사용한다. 1 N이란 1 kg의 질량을 1 m/s^{2}로 가속하기 위하여 필요한 힘이다. 또 1 J이란 1 N의 힘을 가하여 1 m 만큼 이동시키는데 행해진 일에 해당한다. 표 1.3은 역학에서 나오는 자주 몇 가지 유도단위의 예를 보인다.

표 1.3 유도단위의 예

Quantity	Dimension in [M, L, T]	Dimension in [F, L, T]	SI Unit	Unit symbol
Area	[L^2]	〃	m^2	–
Velocity	[L/T]	〃	m/s	–
Acceleration	[L/T^2]	〃	m/s^2	–
Force	[ML/T^2]	[F]	kg · m/s^2	N

Quantity	Dimension in [M, L, T]	Dimension in [F, L, T]	SI Unit	Unit symbol
Pressure	$[M/T^2L]$	$[F/L^2]$	$kg/s^2 \cdot m$, N/m^2	Pa
Work	$[ML^2/T^2]$	$[FL]$	$kg \cdot m^2/s^2$, $N \cdot m$	J
Power	$[ML^2/T^3]$	$[FL/T]$	$kg \cdot m^2/s^3$, J/s	W
Density	$[M/L^3]$	$[FT^2/L]$	kg/m^3	–
Viscosity	$[M/TL]$	$[FT/L^2]$	$kg/s \cdot m$, $N \cdot s/m^2$	–
Kinematic viscosity	$[L^2/T]$	〃	m^2/s	–

SI 단위의 표기에서 매우 크거나 작은 수를 표시할 때 단위의 앞에 접두어를 사용한다. 표 1.4는 SI 단위계에서 사용하는 접두어를 보인다. 예를 들어 mW는 10^{-3} W를 뜻하고 milliwatt라고 읽으며, MPa은 10^6 Pa로서 megapascal로 읽는다. 단 지수가 3의 배수가 아닌 hecto, deka, deci, centi는 특별한 경우를 제외하고는 권장되지 않는다.

표 1.4 SI 단위계에서의 곱셈인자

배수	접두어	기호
10^{12}	tera	T
10^{9}	giga	G
10^{6}	mega	M
10^{3}	kilo	k
10^{2}	hecto	h
10^{1}	deka	da
10^{-1}	deci	d
10^{-2}	centi	c
10^{-3}	milli	m
10^{-6}	micro	μ
10^{-9}	nano	n
10^{-12}	pico	p

각국별로 전통적으로 사용되어 오던 단위계가 있다. 영국계 단위계는 잘 아는 바와 같이 길이의 단위로서 인치나 피트 등이 사용되어 왔고 무게의 단위로 파운드, 온스 등이 사용되어 왔다. 우리나라에서도 척, 자 등이 길이의 단위로 사용되어 왔고 돈, 근 등이 무게의 단위로 사용되어 왔다.

영국 단위계는 과학기술의 발전과 더불어 여러 가지 유도단위를 만들어내면서 발전되어 왔으나 동양의 단위계는 이후 과학적으로 정립되지 못하였다. 그러나 이것이 다행인지

불행인지 모르겠지만 우리나라에서는 전통적인 도량형 단위에서 국제표준단위계(SI단위계)로 변환하는데 큰 어려움이 없었다. 기존의 근, 척 등의 도량형 단위들은 이미 SI단위로 모두 전환되었고 면적을 나타내는 평이나 열량을 나타내는 칼로리 등과 같은 일부 관용 단위들도 조만간 자취를 감출 것으로 예상된다.

1.3 유효숫자 (Significant Figures)

유효숫자는 데이터의 신뢰할 수 있는 자릿수를 말한다. 예를 들어, 길이의 측정결과가 12.34 mm라면 수학적으로는 12.3400와 동일한 것으로 생각할 수 있으나, 공학적으로는 맨 끝자리 숫자인 4가 그 이하의 자리에서 반올림된 것이라고 생각할 수 있다. 따라서 길이는 $12.335 \le 12.34 < 12.345$의 범위 내에 존재하는 것으로 보아야 할 것이다. 유효숫자의 개수는 데이터의 정확도를 말하는 것으로 0이라 할지라도 자릿수를 표시하는 것 이외에는 유효숫자로 보아야 한다.

예제 1.3

다음 수의 유효숫자에 관하여 설명하라.

(1) 3.1416
(2) 7.500
(3) 0.00012
(4) 10.020
(5) 250000

풀이

(1) 3.1416의 유효숫자는 소수점 이상 1자리와 소수점 이하 4자리로 총 5자리이다.
(2) 7.500의 유효숫자는 0을 포함하여 모두 4자리이다.
(3) 0.00012의 앞에 있는 4개의 영은 자릿수를 표시하기 위한 것으로 유효숫자가 아니다. 따라서 유효숫자는 2개이다.
(4) 10.020의 유효숫자는 영을 모두 포함하여 5자리이다.
(5) 250000의 경우에는 보통은 앞의 두 자리가 유효숫자이고 뒤에 있는 4개의 0은 자릿수라고 말할 수 있으나 그렇지 않을 수도 있다. 이러한 경우에는 지수를 이용하여 이러한 혼돈을 피한다. 예를 들어, 유효숫자가 두 자리라면, 2.5×10^5과 같이 쓰고, 유효숫자가 3자리이면, 2.50×10^5, 4자리이면 2.500×10^5 등과 같이 표기한다.

1) 덧셈, 뺄셈

더하거나 빼고자 하는 수 중에서 가장 부정확한 수(소수점 이하 자리가 가장 높은 수)의 자릿수보다 한자리 아래 자리까지 반올림한 후 덧셈과 뺄셈을 수행한다. 계산결과를 반올림하여 마지막 자릿수를 하나 없애고 가장 부정확한 숫자의 자릿수에 맞춘다.

다음의 예에서 가장 부정확한 수는 23.1로서 소수점 이하 한자리까지의 유효숫자를 갖는다. 다른 수들을 모두 소수점 이하 두 자리까지 반올림한 후, 덧셈을 실행한다. 덧셈 결과를 반올림하여 소수점 이하 한자리까지 표현한다. 따라서 2.457+0.94+23.1+0.0234 = 26.5이다. 뺄셈의 경우에도 동일하게 적용한다.

예)

$$\begin{array}{r} 2.457 \\ +\ 0.94 \\ +\ 23.1 \\ +\ 0.0234 \\ \hline \end{array} \qquad \begin{array}{r} 2.46 \\ +\ 0.94 \\ +\ 23.1 \\ +\ 0.02 \\ \hline 26.52 \end{array} \Rightarrow 26.5$$

예)

$$\begin{array}{r} 5.69 \\ -\ 0.0231 \\ \hline \end{array} \qquad \begin{array}{r} 5.69 \\ -\ 0.023 \\ \hline 5.667 \end{array} \Rightarrow 5.67$$

2) 곱셈, 나눗셈

곱하거나 나눌 때는 유효숫자의 개수가 가장 적은 수보다 한 자리 많게 다른 수들을 반올림하여 곱셈과 나눗셈을 수행한다. 계산결과를 반올림하여 유효숫자를 한자리 줄인다. 다음의 예에서 유효숫자가 가장 적은 수는 두 자리를 갖는 2.3이다. 따라서 나머지 수들을 모두 3자리까지 반올림하여 계산을 수행하고 마지막 결과를 반올림하여 두 자리만으로 표현한다.

예) $$\frac{(2.3)(3.636)(0.0081)}{3.141592} = \frac{(2.3)(3.64)(0.0081)}{3.14} = 0.0216 \Rightarrow 0.022$$

chapter 1

연습문제

1.1 참값이 1.2 m인 막대의 길이를 줄자를 이용하여 재보니 측정값이 1.23 m였다. 절대오차와 상대오차는 각각 얼마인가?

1.2 다음 두 경우의 상대오차를 비교하라.
(1) 직경 50 mm 원통의 측정값이 49.5 mm인 경우
(2) 길이 2 m인 막대의 측정오차가 5 mm인 경우

1.3 원주율 π를 3.14로 계산하였을 때의 상대오차는 얼마인가?

1.4 두 사람이 100 mm짜리 막대를 각각 6번씩 측정하여 결과를 비교하였다. A의 측정값은 99.1, 99.3, 99.4, 99.5, 99.6, 99.8이었고, B의 측정값은 99.1, 99.4, 99.7, 99.8, 100.0, 100.5이었다. 두 사람의 정확도와 정밀도를 비교하라.

1.5 0~10 kN 범위에서 0~5 V의 출력신호를 내는 로드셀의 감도를 구하라.

1.6 위 로드셀과 동일한 감도를 갖고 있으며 영점오차가 0.1 V인 경우에 대하여 보정곡선을 그려라. 여기서 2 kN일 때의 출력은 얼마인가?

1.7 표준분동 10 kg 짜리를 저울에 올려놓고 무게를 측정해 보니, 10.1, 10.1, 10.3, 10.0, 10.2, 10.1, 10.0, 10.3, 10.0이었다. 이때 이 저울의 편이오차와 최대 정밀오차는 각각 얼마인가?

1.8 측정범위가 0~5 V인 전압계로 측정한 전압이 3.0 V이었다. 전압계의 정확도가 ±5% FS이라면 측정값의 범위와 %오차는 얼마인가?

1.9 5자리 유효숫자를 갖는 디지털 멀티미터의 측정범위가 0~100 V이다. 전압측정상의 분해능은 얼마인가?

1.10 가스온도계는 이상기체방정식($PV=mRT$)에 의하여 온도를 측정한다. 체적이 일정한 용기 내에 가스를 충진하고 압력변화를 읽어 온도변화를 측정한다. 이 가스온도계의 감도를 구하라. 또 초기 충진 압력에 따라서 감도가 어떻게 변화하겠는가?

1.11 0~200 kPa의 범위를 갖는 압력계의 오차가 사양에 1% FS로 주어져 있다. 이 압력계를 이용하여 측정한 압력이 10 kPa이었다면 이때의 상대오차는 몇 %인가?

1.12 다음의 물리량들을 기본차원(M, L, T)의 조합으로 표시하라.

(1) 밀도 (2) 압력 (3) 일률

1.13 지구에서 태양까지의 평균거리는 1.49x10^8 km이고, 태양의 직경은 1.39x10^6 km이다. 지구에서 바라본 태양의 입체각은 얼마인가?

1.14 SI 단위로 101.3 kPa인 대기압을 영국계 단위인 psi(pound per square inch)로 표시하면 얼마인가?

1.15 측정값 2.50과 2.5의 차이를 설명하라.

1.16 유효숫자를 고려하여 다음의 계산을 수행하라.

(1) $1.2+505+0.05-387.432$

(2) $3.141592\times1.51^2/0.172$

CHAPTER 02

계측시스템의 구성 및 반응

(Measurement System and Response)

CHAPTER 02

계측시스템의 구성 및 반응

2.1 계측시스템의 구성 (Measurement System)

계측이 이루어지는 과정은 측정대상이 되는 물리량을 감지하여 기계적 또는 전기적 신호를 발생시키는 검출 과정과 검출된 신호를 증폭, 변조, 여과 등과 같은 처리를 하여 판별이 용이한 신호로 바꾸어 주는 변환과정, 그리고 이를 지시계 등을 통하여 아날로그 또는 디지털 신호로 출력시켜주는 표시과정으로 나누어 생각할 수 있다. 이와 같은 계측과정이 그림 2.1에 나타나 있다.

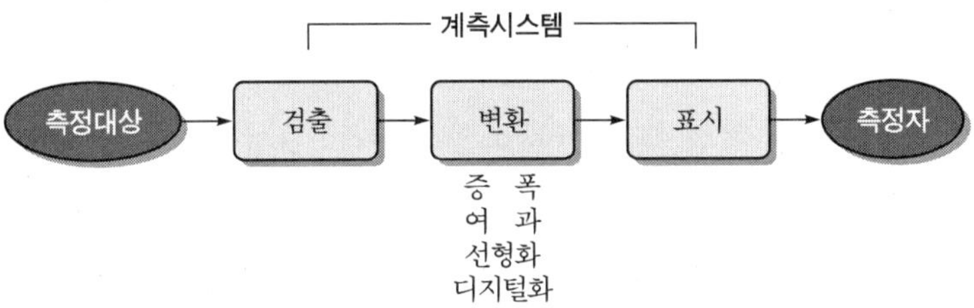

그림 2.1 계측시스템의 구성

예를 들어 그림 2.2와 같이 열전대를 이용한 온도측정시스템에서 열 감지부인 열전대 접점으로부터 온도에 따라 미세한 기전력이 발생된다. 이와 같은 기전력 신호는 온도계측기 내의 전기회로에서 증폭되고 온도량으로 변환되어 지시계로 나타나게 된다.

또한 기계적인 출력을 내는 계측기도 마찬가지이다. 흔히 사용되고 있는 부르돈 압력계를 살펴보면, 우선 압력에 따라 탄성 변화를 나타내는 부르돈관(검출)은 미세한 형상변화를 보인다. 이러한 형상변화는 직접 읽기가 용이하지 않으므로 여기에 붙어있는 지렛대와 피니언의 작용으로 바늘의 회전 움직임으로 변환시킨다(변환). 지시침의 위치는 압력계의 눈금을 가리킴으로써 압력값을 읽을 수 있도록 한다(표시).

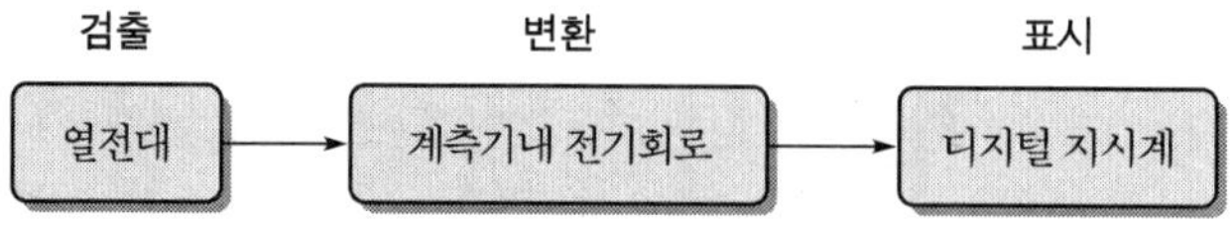

그림 2.2 전기적 계측시스템의 예

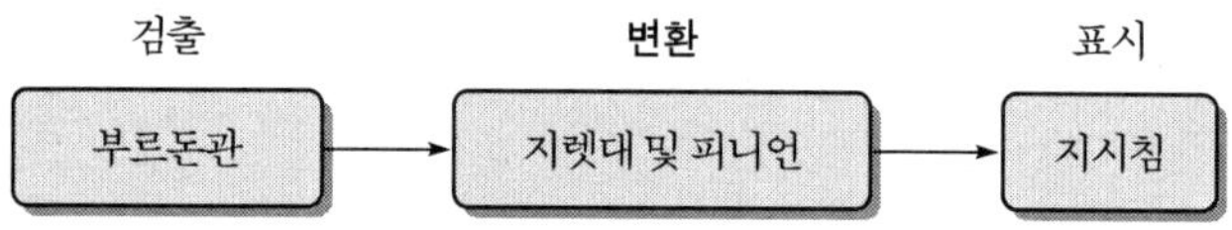

그림 2.3 기계적 계측시스템의 예

1) 검출

직접 접촉하여 물리량의 변화를 감지하는 센서부분을 감지부 또는 검출부라고 한다. 측정하고자 하는 특정한 물리량의 변화에 따라서 물리적 또는 전기적 변화를 나타낼 수 있는 물질이면 무엇이든지 센서로 이용될 수 있다.

습도의 변화에 따라서 길이가 변화하는 머리카락을 이용하여 습도센서를 만들 수가 있고 온도의 변화에 따라서 부피가 변화하는 알코올을 이용하여 온도계를 만들 수 있다. 또한 길이나 부피와 같이 기계적인 양의 변화가 나타나는 센서보다는 전기적인 신호를 내는 센서를 이용하면 신호전송이 용이하고 자동화가 가능할 것이다. 온도변화에 따라서 기전력을 내는 현상을 열전(熱電, thermo-electric)현상이라고 하고, 빛의 강도에 따라서 전기력을 내는 현상을 광전(光電, photo-electric)현상, 그리고 압력을 받으면 전자의 움직임에 의하여 전하가 발생하는 현상을 압전(壓電, piezo-electric)현상이라고 한다. 이러한 전기적 신호를 내는 현상을 이용하여 온도계, 압력계, 광도계를 제작할 수 있다.

2) 변환

검출부에서 검출된 신호는 매우 미약하거나 잡음 성분 등을 내포하고 있기 때문에 출력하기 전에 다른 형태의 정제된 신호로 변환할 필요가 있다. 이와 같은 변환과정에는 다음과 같은 것이 있다.

- 증폭(amplification)
- 선형화(linearization)

- 여과(filtering)
- 디지털변환(A/D conversion)

검출부에서 발생한 신호가 미약한 경우에 증폭과정이 필요하다. 증폭이란 전기적인 신호의 증폭뿐만 아니라 기계적인 변화량의 증폭도 의미한다. 부르돈 압력계에서 부르돈 관의 작은 형상변화는 지렛대를 이용하여 회전량으로 나타나며, 이것이 긴 지시침에 의하여 증폭되어 나타난다. 또 알코올온도계에서 온도감지부에 있는 알코올의 작은 부피변화가 가는 모세관을 통하여 가시적인 길이 변화로 나타남으로써 신호를 증폭시키는 결과가 된다.

검출된 신호가 선형적이지 않을 경우 변환부에서 전기적인 회로를 이용하거나 기구학적으로 지렛대나 형상 등을 변화시킴으로써 입력량에 대하여 출력량이 선형적으로 나타날 수 있도록 해 준다.

여과작업은 고주파의 잡음 성분을 제거하는 등의 전기적 여과가 주로 해당되지만, 기계적인 계측기의 경우에는 센서 자체의 관성력이나 느린 반응속도 때문에 고주파성분이 자동으로 여과되는 결과가 되기도 한다. 예를 들어 압력변화를 측정하는 마노미터의 경우 관내의 압력변화가 빠르게 변동한다고 해도 마노미터가 읽는 눈금은 고주파 성분이 제거된 평균값의 변화만을 측정할 것이다. 그 밖에 변환과정으로 아날로그 신호를 디지털 신호로 바꾸는 A/D 변환을 생각할 수 있다. 디지털 신호로 변환함으로써 컴퓨터와 같은 디지털기기와의 인터페이스를 가능하게 해준다.

3) 표시

변환된 신호는 표시기나 지시기로 출력되어 측정자가 읽을 수 있게 된다. 눈금의 변화 등과 같은 기계적인 출력은 자동적으로 기록을 남기기 어려우나, 전기적인 출력은 기록펜, 플로터 등을 이용하여 기록할 수 있다. 디지털로 변환된 신호는 디지털 출력계로 출력하거나 컴퓨터에 저장할 수 있다.

2.2 계측시스템의 반응 (System Response)

시간에 따라 변화하지 않는 물리량을 측정하는 것을 정적측정이라 하고, 시시각각으로 변화하는 물리량을 측정하는 것을 동적 측정이라 한다. 정적측정에서는 계측시스템의 응답속도와 같은 것은 고려할 필요가 없고 앞에서 설명한 바와 같이 정적 상태에서의 오차, 계측기의 감도, 그리고 이력현상 등을 고려한다.

계측시스템의 반응이란 주로 동적인 반응(dynamic response)을 의미한다. 동적 측정에서 문제가 되는 것은 응답속도와 동오차이다. 출력신호가 입력신호와 동일시에 나타나는 것이 바람직하나 실제로는 출력신호가 입력신호보다 지연되어 나타나고 진폭이나 주파수가 변형되어 나타난다. 또한 정적 상태에서 발생하는 오차에 추가하여 지연된 계측기의 반응에 의하여 오차가 발생하는데, 이를 동오차라고 한다. 동오차는 계측기의 응답속도와 입력신호의 형태에 따라 변화하는 계측기의 응답특성에 의하여 결정된다.

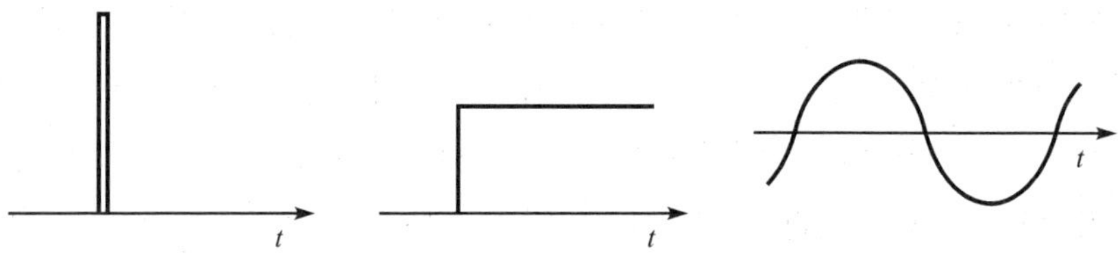

(a) 펄스 (b) 스텝 (c) 정현파

그림 2.4 계측시스템의 응답성 관찰을 위한 대표적 입력신호

계측시스템의 응답특성을 구하기 위하여 대표적으로 펄스(pulse), 스텝(step), 그리고 정현파(sine wave) 형태의 입력신호에 따른 반응을 관찰한다. 여기서는 우선 스텝 변화에 따른 응답반응을 살펴보기로 한다.

1) 1차시스템 (1st order system)

온도나 농도의 측정에서와 같이 외부 변동량에 대한 계측기의 응답반응이 1차 미분방정식의 형태로 주어지는 경우를 1차시스템이라고 한다. 질량이 관련되지 않는 기계적 물리량의 측정은 많은 경우 1차시스템으로 나타난다. 1차 미분방정식의 일반 형태는 다음과 같이 표시된다.

$$\tau\frac{dy}{dt}+y=f(t) \tag{2.1}$$

여기서 $f(t)$는 측정하고자 하는 온도, 변위, 전압 등의 물리량의 시간에 따른 변동량을 의미하고, y는 계측기의 측정값으로 이해하면 된다.

입력신호가 스텝형태로 주어지는 경우에

$$t<0 \ : \ f(t)=y_i$$

$$t\geq 0 \ : \ f(t)=y_\infty$$

라고 하면, 위 미분방정식의 해는 다음과 같이 구해진다.

$$y=y_\infty+(y_i-y_\infty)e^{-t/\tau} \tag{2.2}$$

또는 이를 무차원화하여 표현하면

$$\frac{y-y_\infty}{y_i-y_\infty}=e^{-t/\tau} \tag{2.3}$$

와 같이 된다. 여기서 y_i는 $t=0$일 때의 초기 상태값이며, y_∞는 스텝형태로 갑자기 주어진 상태값이다. 시간에 따른 출력신호 y의 변화는 그림 2.5와 같이 나타난다.

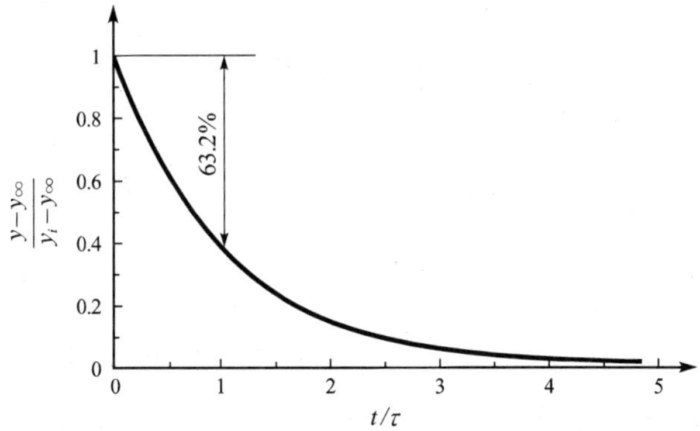

그림 2.5 1차 시스템의 반응

외부의 갑작스런 변화에 대하여 지수적으로 추종하여 결국은 정상상태 값에 도달하게 된다. 여기에 나타난 τ는 시간의 차원을 가지며, 이를 시정수 또는 시간상수(time constant)라고 한다. 시간이 시간상수만큼 경과한 후에는 전체 변화량에 대하여 63.2%의 변화를 보인다. 2배, 3배, 4배의 시간상수 후에는 86.5%, 95.0%, 98.2%의 변화를 보인다. 또 5배의 시간상수 후에는 99% 이상의 변화를 보이기 때문에 보통 시간상수의 5배를 계측기의 응답시간으로 보고 있다.

시간상수는 시간에 따라 변화하는 비정상상태에 대한 물체 또는 계측기의 응답특성을 나타내는 중요한 변수이다. 즉, 상태의 변화가 주어졌을 때 그 변화에 의한 비정상상태가 감쇠하여 정상상태로 도달하는 빠르기를 의미한다. 쉬 더운 방이 쉬 식는다고 한 것은 외부적 변화에 빠르게 추종한다는 말이고 그 방의 시간상수가 작다는 뜻이다. 시간상수의 개념은 열적시스템, 진동시스템, 전기회로시스템, 화학반응시스템 등에 모두 동일하게 적용된다.

예제 2.1A

알코올온도계를 갑자기 차가운 물(또는 뜨거운 물)에 담근 후 온도계가 읽는 온도의 변화과정을 설명하라.

풀이

온도계가 나타내는 온도, T는 온도 감지부의 순간 온도이다. 주위의 온도, T_s가 온도계의 온도보다 낮은 경우에 온도계는 주위로 열을 뺏긴다. 이때 열전달량은 다음의 식으로 표현된다.

$$Q = hA(T - T_s)$$

여기서, A는 온도계 감지부의 표면적이고, h는 온도계 주위의 열전달계수이다. 이때의 열전달에 의하여 온도계의 온도는 감소하게 된다. 온도계의 온도는 위치에 관계없이 균일하다는 집중열용량계(lumped heat capacity system)로 가정하면 열전달량과 온도변화는 다음의 식으로 표현된다.

$$Q = -mc\frac{dT}{dt}$$

여기서, m과 c는 각각 온도계의 질량과 비열을 의미한다. 따라서 위의 두 식을 종합하면

$$\frac{mc}{hA}\frac{dT}{dt} + T = T_s$$

와 같은 1차 미분방정식이 된다. 여기서, $\tau = \dfrac{mc}{hA}$라 놓으면, 이것은 시간의 차원을 갖는다. 온도계의 초기 온도를 T_i라고 하면 해는 다음과 같이 구해진다.

$$\frac{T - T_s}{T_i - T_s} = e^{-t/\tau}$$

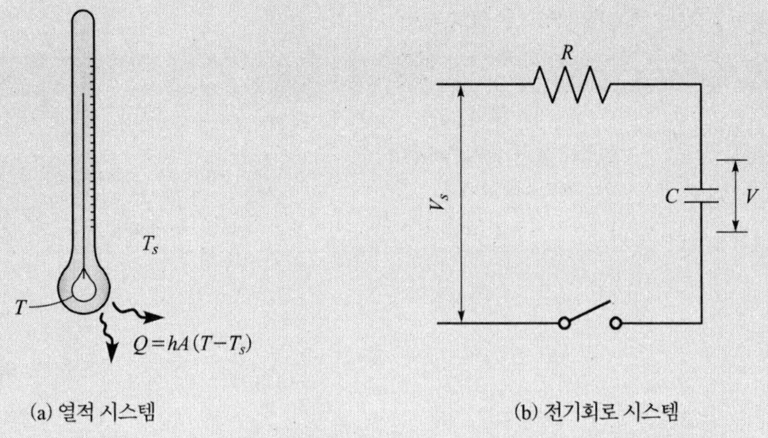

그림 2.6 1차시스템의 예 (열적 시스템과 전기회로 시스템)

예제 2.1B

그림 2.6(b)와 같이 간단한 저항-콘덴서 회로에서 갑자기 스위치가 접속되어 전원 V_s가 연결되는 경우에 대하여 시간에 따른 콘덴서 주위의 전압변화 V를 구하라.

풀이

전압 V와 콘덴서 내의 전하량 Q는 다음과 같은 관계로 주어진다.

$$Q = V \cdot C$$

그리고 컨덴서에 걸리는 전압과 저항 주위의 전압강하($=IR$)의 합은 V_s와 같다.

$$I \cdot R + V = V_s$$

여기서, 전류 I는 $\dfrac{dQ}{dt}$이므로 $I = C\dfrac{dV}{dt}$가 되어 다음과 같은 V에 관한 1차 미분방정식이 유도된다.

$$RC\frac{dV}{dt} + V = V_s$$

초기의 전압이 V_i이며 V_s가 스텝 형태로 주어지면 앞의 온도계의 예에서 구한 것과 동일한 형태의 해가 얻어진다.

$$\frac{V - V_s}{V_i - V_s} = e^{-t/\tau}$$

여기서, $\tau = RC$이며 이 회로의 시간상수이다. 표 2.1은 온도계와 RC 회로의 경우를 비교하여 보여주고 있다.

표 2.1 열적시스템과 전기회로시스템의 비교

	Thermometer	RC Circuit
τ	mc/hA	RC
y	T : temperature indicated by thermometer	V : voltage across capacitor
y_s	T_s: surrounding temperature	V_s : input voltage

예제 2.2

30℃를 가리키던 온도계를 갑자기 80℃의 뜨거운 물속에 넣었다. 70초 후 온도계가 읽는 온도는 얼마인가? 이 온도계의 시간상수는 50초라고 한다.

풀이

$$T = T_s + (T_i - T_s)e^{-t/\tau} = 80 + (30-80)e^{-70/50} = 67.67\ ℃$$

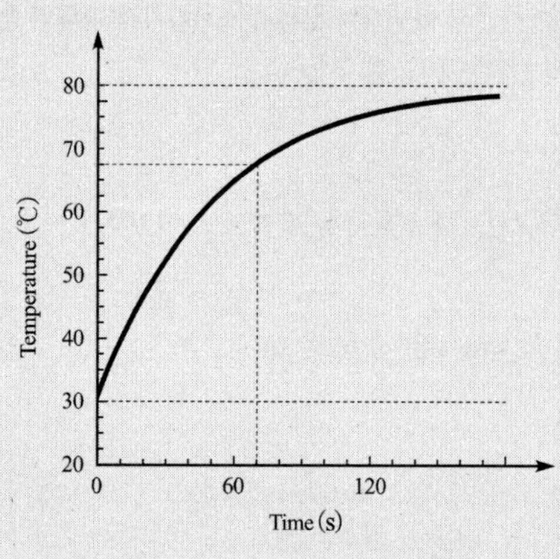

2) 2차시스템 (2nd order system)

관성력이 관련된 측정은 2차 미분방정식으로 설명이 되는데, 이를 2차시스템이라고 한다. 기계적인 2차시스템은 그 핵심요소로서 질량(mass), 감쇠기(damper), 그리고 스프링(spring)으로 구성된다. 그림 2.7은 한 개의 자유도를 갖는 단순한 2차시스템의 핵심요소를 보여주고 있다. 이와 같은 시스템에는 무게를 재는 저울, 전력계의 지침, 부르돈 압력계의 바늘 등과 같은 예가 있다.

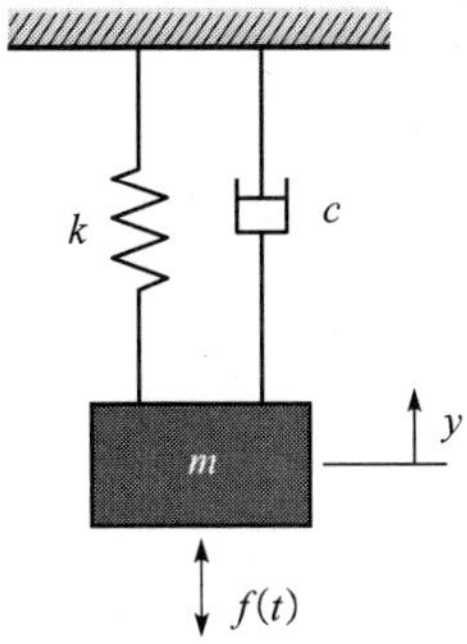

그림 2.7 질량, 스프링으로 표현된 2차시스템

질량 m에 작용하는 힘은 감쇠기에 의한 힘과 스프링에 의한 힘, 그리고 외부에서 주어지는 힘 $f(t)$의 합으로 이루어지며 이로 인하여 질량은 가속도를 받게 된다. 그런데 스프링에 의한 힘은 m의 변위에 비례하며 변위의 반대방향으로 작용한다. 또한 감쇠기에 의한 힘은 m의 속도에 비례하며 속도의 반대방향으로 작용한다. 따라서 Newton의 법칙으로부터 질량 m에 작용하는 힘의 평형식으로부터

$$m\frac{d^2y}{dt^2}+c\frac{dy}{dt}+ky=f(t) \tag{2.4}$$

와 같이 표현할 수 있다. 여기서, m은 질량, c는 감쇠상수, 그리고 k는 스프링상수이다. 이것은 기계진동의 기본방정식이다. 입력신호, 즉 외력이 스텝형태로 주어지는 경우에

$$t<0 : f(t)=0$$
$$t\ge 0 : f(t)=f_o$$

와 같다. 위 2차 미분방정식의 해를 구하기 위하여 감쇠의 정도에 따라서 임계감쇠상수를 중심으로 부족감쇠와 과감쇠로 구분하여 생각한다.

첫째, 부족 감쇠(under-damping)일 경우, 즉 $\frac{k}{m}>\left(\frac{c}{2m}\right)^2$일 때, 식 (2.4)의 해는 다음과 같이 구해진다.

$$y=e^{-t/\tau}[A\cos\omega_{nd}t+B\sin\omega_{nd}t]+\frac{f_0}{k} \tag{2.5}$$

여기서, A와 B는 초기조건에 의해서 결정되는 상수이며, ω_{nd}은 감쇠 고유진동(damped natural frequency)수이다.

$$\omega_{nd} = \sqrt{\frac{k}{m} - \left(\frac{c}{2m}\right)^2}$$

$$\tau = \frac{2m}{c}$$

초기조건이

$$y = 0$$

$$dy/dt = 0$$

인 경우에 위의 해는 다음과 같이 계산되고 결과 그래프는 그림 2.8에 나타나 있다. 여기서, $y_\infty = \dfrac{f_o}{k}$ 로서 정상상태의 진폭이다.

$$\frac{y}{y_\infty} = 1 - e^{-\xi\omega_n t}\left[\frac{\xi}{\sqrt{1-\xi^2}}\sin\sqrt{1-\xi^2}\,\omega_n t + \cos\sqrt{1-\xi^2}\,\omega_n t\right] \tag{2.6}$$

또는 이 식을 위상각을 이용하여 다른 형태로 표시할 수도 있다.

$$\frac{y}{y_\infty} = 1 - e^{-\xi\omega_n t}\sqrt{\frac{1}{1-\xi^2}}\cos(\omega_{nd}t - \beta) \tag{2.7}$$

$$\beta = \tan^{-1}\left(\frac{\xi}{\sqrt{1-\xi^2}}\right) \tag{2.8}$$

여기서, $\omega_n = \sqrt{\dfrac{k}{m}}$ = 고유진동수

$\omega_{nd} = \omega_n\sqrt{1-\xi^2}$ = 감쇠 고유진동수

$\xi = \dfrac{C}{C_c}$ = 임계 감쇠비

$C_c = 2\sqrt{mk}$ = 임계 감쇠상수

그림 2.8에서 보는 바와 같이 감쇠상수가 커질수록 진동 폭은 작아지고 정상상태 조건에 빨리 접근한다. 감쇠상수가 0일 경우에는 y_∞를 중심으로 계속해서 아래위로 정현파 진동을 한다.

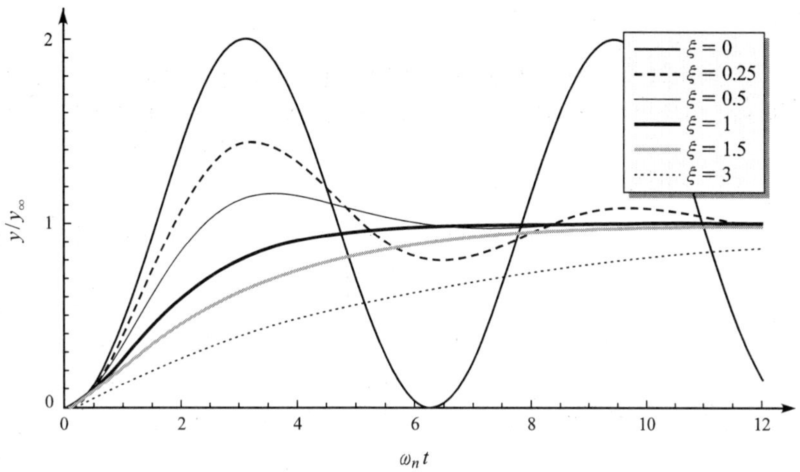

그림 2.8 감쇠정도에 따른 2차시스템의 반응

둘째, 과감쇠(over-damping)일 경우, 즉 임계 감쇠비 $\xi = C/C_c > 1$일 때, 미분방정식 (2.4)의 해는 다음과 같이 구해진다.

$$\frac{y}{y_\infty} = \frac{-\xi - \sqrt{\xi^2 - 1}}{2\sqrt{\xi^2 - 1}} e^{(-\xi + \sqrt{\xi^2 - 1})\omega_n t} + \frac{\xi - \sqrt{\xi^2 - 1}}{2\sqrt{\xi^2 - 1}} e^{(-\xi - \sqrt{\xi^2 - 1})\omega_n t} + 1 \tag{2.9}$$

$\xi = 1.5$인 경우와 3.0인 경우가 그림 2.8에 중첩되어 나타나 있다. 과감쇠의 경우에는 y값이 y_∞를 초과하는 오버슈트(overshoot)현상이나 진동현상을 보이지 않으며 응답곡선이 1차시스템의 경우와 흡사하게 나타난다. 감쇠상수가 증가할수록 정상상태 조건에 도달하는데 오랜 시간이 걸린다.

이와 같이 2차시스템의 경우에는 1차시스템과 달리 감쇠상수에 따라서 오버슈트가 발생할 수 있다. 따라서 압력계나 저울과 같은 2차시스템을 선정할 때에는 측정하고자 하는 범위보다 넓은 측정범위를 갖는 것을 선정해야 한다. 즉, 압력계의 경우 측정하고자 하는 압력 최댓값에 비하여 오버슈트를 감안해서 3~4배 정도 여유를 두는 것이 필요하다. 그렇지 못할 경우, 오버슈트에 의하여 안전범위를 벗어나 계측기가 파손되거나 오동작을 보일 수 있다. 온도계와 같은 1차시스템에서는 이러한 오버슈트를 고려할 필요가 없다.

예제 2.3

고유진동수가 70 Hz이고 임계감쇠비가 0.25인 압력계로 용기 내의 압력을 측정하고 있다. 압력용기 내의 압력이 100 kP이다가 갑자기 180 kPa로 변화하였을 때, 압력계에 나타나는 최대압력은 얼마인가?

풀이

임계감쇠비 $\xi = 0.25 < 1$이므로 부족감쇠이다. 따라서 오버슈트가 발생하며 그림 2.8에서 보는 바와 같이 첫 번째 피크가 최댓값이 된다.

$$\frac{y}{y_\infty} = 1 - e^{-\xi\omega_n t}\left[\frac{\xi}{\sqrt{1-\xi^2}}\sin\sqrt{1-\xi^2}\,\omega_n t + \cos\sqrt{1-\xi^2}\,\omega_n t\right] \tag{2.6}$$

를 미분하여 미분값이 영이 되기 위해서는 sine 함수 내의 값 $\sqrt{1-\xi^2}\,\omega_n t = \pi$가 되어야 한다. 즉, $t = \dfrac{\pi}{\sqrt{1-\xi^2}\,\omega_n} = 0.00738$ sec일 때 최댓값 $\dfrac{y_{\max}}{y_\infty} = 1 + e^{-\xi\omega_n t}$을 갖는다.

그런데 $\omega_n = 2\pi f_n = 2(3.14)70 = 439.8$ rad/s이므로 $\dfrac{y_{\max}}{y_\infty} = 1 + e^{-\xi\omega_n t} = 1.444$이 된다. 즉, 최대진폭은 정상상태 진폭보다 44.4% 크다.

따라서 압력계에 나타나는 최고 압력은 $100 + 1.444(180-100) = 215.5$ kPa와 같이 계산된다.

3) 정현파에 의한 시스템 반응 (Response by sine wave)

여태까지 스텝형태의 변화에 따른 시스템의 반응을 살펴보았다. 정현파형태의 입력신호에 대해서도 1차시스템이나 2차시스템의 응답특성을 구할 수 있다. 입력신호의 주파수에 따라서 진폭비가 달라지고 위상각이 변화한다. 이상적인 경우란 진폭비가 1이고, 위상각 변화가 0이 되는 경우이다. 여기서는 구체적인 수식의 유도는 생략하고 결과에 대한 개략적인 설명만 하기로 한다.

다음과 같이 입력신호의 진폭이 A_{in}이고 주파수가 Ω 인 정현파를 생각한다.

$$f(t) = A_{in}\sin\Omega t \tag{2.10}$$

시스템의 응답반응은 그림 2.9와 같이 나타난다.

$$g(t) = A_{out}\sin(\Omega t - \phi) \tag{2.11}$$

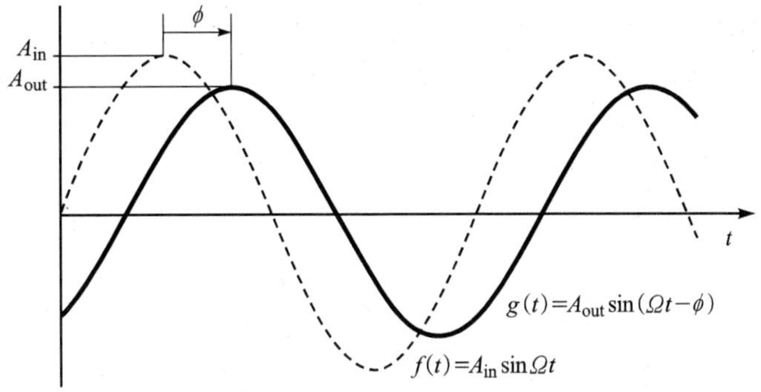

그림 2.9 정현파 입력신호에 따른 응답반응

1차시스템의 경우에는 시스템의 시간상수와 입력신호의 주기 T의 비, τ/T에 따른 진폭비와 위상각 지연은 다음과 같이 구해진다. 여기서, 주기 T는 $2\pi/\Omega$이다.

$$\frac{A_{out}}{A_{in}} = \frac{1}{\sqrt{1+(2\pi\tau/T)^2}} \tag{2.12}$$

$$\phi = \tan^{-1}[2\pi\tau/T] \tag{2.13}$$

계측기의 시간상수가 입력신호주기의 1/100 이하인 경우 진폭비가 0.998이 되고 지연되는 위상각은 4도 이내이다.

2차시스템의 경우에는 정현파의 주파수와 계측시스템의 고유진동수와의 비, Ω/ω_n에 따라서 진폭비와 위상각 변화가 다음과 같이 구해진다.

$$\frac{A_{out}}{A_{in}} = \frac{1}{\sqrt{[1-(\Omega/\omega_n)^2]^2+[2\xi\Omega/\omega_n]^2}} \tag{2.14}$$

$$\phi = \tan^{-1}\left[\frac{2\xi\Omega/\omega_n}{1-(\Omega/\omega_n)^2}\right] \tag{2.15}$$

1차시스템의 경우와 달리 가진진동수(excitation frequency)가 고유진동수와 유사한 경우에 공명에 의하여 진폭비가 1을 넘을 수 있다. 그러나 과감쇠의 경우에는 진동수에 관계없이 진폭비가 1을 넘지 않는다.

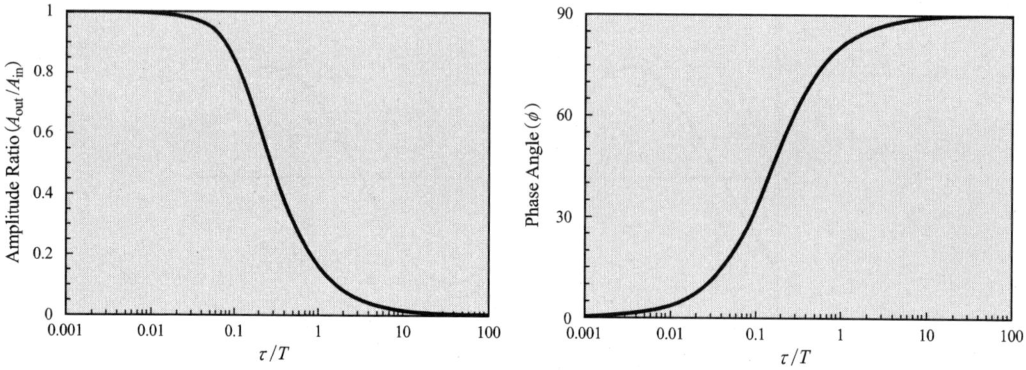

그림 2.10 정현파에 의한 1차시스템의 진폭비와 위상각 변화

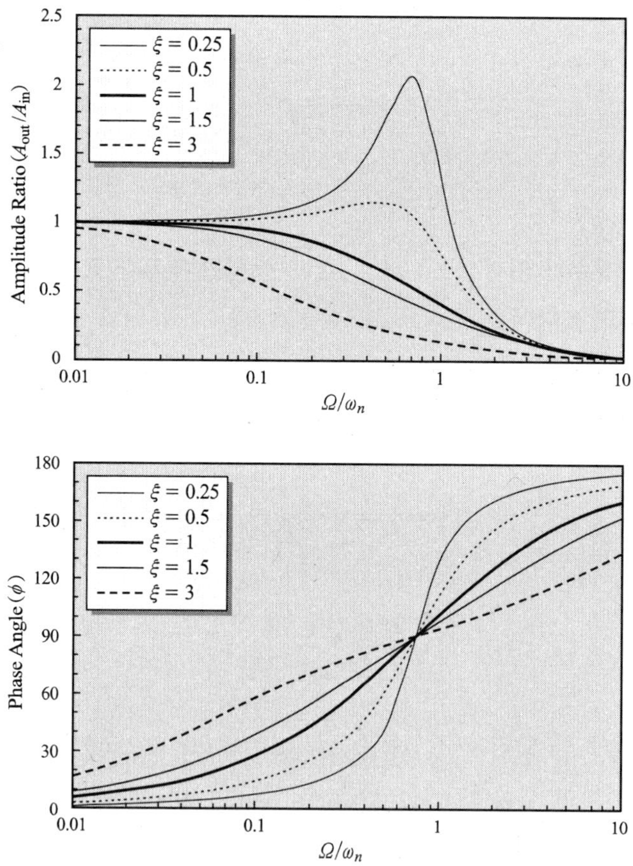

그림 2.11 정현파에 의한 2차시스템의 진폭비와 위상각의 변화

예제 2.4

특정기체의 온도가 60℃에서 300℃ 사이를 20초의 주기(0.05 Hz)를 가지고 조화적으로 변한다. 이 기체온도를 측정하기 위하여 시간상수가 12초인 온도계를 이용할 때 측정되는 온도변화를 시간 함수형태로 표시하라. 또 온도 변동량을 1℃ 이내로 정확하게 측정하기 위해서는 온도계의 시간상수는 얼마 이하로 되어야 하는가?

풀이

평균온도 $T_{mean}=\left(\dfrac{300+60}{2}\right)$이고, 온도변동량 크기 $A_{in}=\left(\dfrac{300-60}{2}\right)$이므로, 기체의 온도변화는 다음과 같이 표현된다.

$$T_{in}=180+120\cdot\sin\left(\frac{2\pi}{20}t\right)$$

입력변동량에 대한 측정되는 변동량의 비는

$$\frac{A_{out}}{A_{in}}=\frac{1}{\sqrt{1+(2\pi/20\cdot 12)^2}}=0.2564$$

이므로, 측정된 온도 변동량은

$$A_{out}=A_{in}\cdot 0.2564=120\cdot 0.2564=30.8$$

위상지연은

$$\phi=\tan^{-1}\left[\frac{2\pi\tau}{T}\right]=75.14°$$

이다. 또는 시간지연(time lag)으로는 75.14/360 · 20 = 4.2 s이다. 따라서 측정되는 온도는 다음과 같은 시간의 함수로 표현된다.

$$T_{out}=180+30.8\cdot\sin\left(\frac{\pi}{10}(t-4.2)\right)$$

온도를 실제 변동량의 1℃ 이내로 측정하려면

$$\frac{A_{out}}{A_{in}}=\frac{1}{\sqrt{1+(2\pi\tau/20)^2}}=\frac{119}{120}$$ 에서 $\tau=0.414\ s$이어야 한다.

chapter 2

연습문제

2.1 냄비와 뚝배기의 시간상수를 비교하여 설명하라.

2.2 초기농도가 20 ppm인 상태에서 농도측정계를 갑자기 180 ppm의 농도에 노출시켰다. 이 농도계의 시간상수는 30초라고 하면, 과정이 시작된 후 60초가 지났을 때 농도계는 얼마를 가리키겠는가?

2.3 20℃의 방안에 있던 체온계로 체온을 재고자 한다. 체온계의 시간상수를 10초라고 할 때, 최소 몇 분 정도 기다려야 0.1℃ 이내로 정확하게 측정할 수 있는가?

2.4 직경이 5 mm이며 구리로 만들어진 구형 온도계가 있다. 주위의 열전달계수가 10 W/m^2 ℃일 때, 이 온도계의 시간상수를 구하라.

2.5 공기 중에서 시간상수가 30초인 온도계가 있다. 주위의 온도가 20℃인 공기 중에 있던 온도계를 100℃의 오븐 속에 1분 동안 넣었다가 다시 밖으로 꺼내어 1분 후에 온도를 읽었다. 몇 도를 가리키겠는가?

2.6 초기온도가 25℃인 알코올 온도계를 100℃의 끓는 물에 넣고 3초 지난 후에 온도를 측정하니 82℃이었다. 이 온도계의 시간상수를 구하라.

2.7 RC 회로에서 $R = 20\ \mathrm{k}\Omega$이고, $C = 1.0\ \mu\mathrm{F}$일 때, 시간상수를 구하라.

2.8 주파수 f가 60 Hz인 신호의 회전각속도 ω는 몇 rad/s인가? 또 주기는 몇 초인가?

2.9 용수철에 질량 1kg을 매달았더니 길이가 20 mm 늘어났다. 이 경우 고유진동수는 얼마인가?

2.10 임계감쇠비 ξ가 0.5일 때, 감쇠고유진동수 ω_{nd}는 고유진동수 ω_n의 몇 배인가?

2.11 2차 시스템에 외력이 스텝형태로 주어지는 경우, 고유진동수가 20 Hz이고 임계감쇠비 ξ가 1.5일 때, $t = 0.05\ \mathrm{s}$에서 정상상태 진폭의 몇 %가 되는가?

2.12 위 문제에서 진폭의 99%에 도달하기 위해 필요한 시간 t를 구하라.

2.13 압력트랜스듀서는 2차계의 거동 특성을 갖는다. 감쇠되지 않은 고유진동수가 4000 Hz이고 임계감쇠비가 75%일 때 측정오차가 5% 이내로 되는 주파수의 범위를 구하라.

2.14 온도계의 시간상수가 0.05초이고 주기적으로 변화하는 온도를 측정하고 있다. 측정오차가 5% 이내로 되기 위한 온도변동 주파수의 범위를 구하라.

2.15 로드셀(load cell)의 감쇠비가 0.3이고 고유진동수가 180 Hz이다. 95 Hz의 주기로 변화하는 힘을 측정할 때 오차와 위상각의 크기는 얼마인가?

CHAPTER 03

실험데이터의 분석

(Analysis of Experimental Data)

Mechanical Measurements

CHAPTER 03

실험데이터의 분석

실험데이터의 신뢰도를 높이고, 실험결과에 물리적 의미를 부여하기 위해서는 측정된 데이터에 대한 불확도 해석이나 통계분석과 같은 데이터 분석이 필요하다. 여기서는 오차의 전파와 통계분석, 그리고 곡선맞춤 등에 관하여 살펴보기로 한다.

3.1 불확도의 해석 (Uncertainty Analysis)

1) 오차의 원인

측정은 측정대상과 측정기, 그리고 측정자의 3가지 요소에 의해서 이루어지며 각각의 요소는 오차의 발생 원인으로 작용한다. 오차는 이들이 복합적으로 결합되어 나타나며 그 발생 원인에 따라서 다음과 같이 세 가지로 나누어 생각할 수 있다.

(a) 우연오차 (Random error)

그 원인을 알 수 없는 오차로서 보통 말하는 오차에 해당한다. 같은 양을 측정하여도 어제 측정한 값과 오늘 측정한 값이 서로 다르게 나타나는 원인이 주변의 온도나 습도 변화 때문인지, 태양의 위치변화나 행성의 움직임 때문인지, 아니면 계측기 자체에 의한 것인지 그 이유를 알 수 없어야 한다. 그 원인을 안다면 그것은 더 이상 무작위성 우연오차가 아니며 측정조건을 보다 세심하게 설정함으로써 오차를 줄여나갈 수 있다. 우연오차는 정밀오차(precision error)의 형태로 나타난다.

(b) 계통오차 (Systematic error)

항상 참값보다 작게 또는 크게 측정되는 경향을 보이는 것으로서 교정되지 않은 계측기의 특성에 의한 계기적 오차(instrumental error)와 개인적 측정습성에 의한 개인적 오차(personal error)가 있다. 계통오차는 편이오차(bias error)의 형태로 나타난다. 어느 목욕탕의 저울이 실제 몸무게보다 항상 조금씩 작은 값을 읽는다거나 하는 경우가 계기적 계통오차에 해당한다. 개인적 계통오차란 개인적인 측정습관이나 자세에 따라서 다른 사람에 비하여 눈금을 항상 작게 또는 크게 읽는 경향에 의한 오차를 말한다.

(c) 과오오차 (Stupid error, mistake)

측정자가 계측기의 지시값을 실수로 잘못 읽거나 잘못 기록하는 경우를 말하며, 이런 오차는 발생하지 않도록 주의해야 한다.

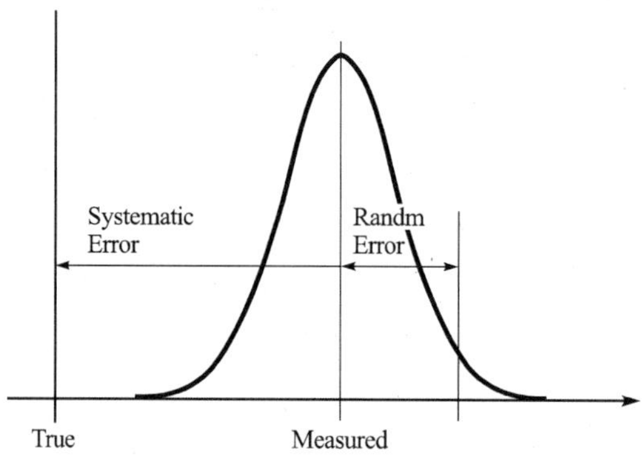

그림 3.1 계통오차와 우연오차

2) 오차의 추정

우연오차는 앞에서 설명한 바와 같이 그 이유를 알 수 없고 무작위적이기 때문에 평균값을 중심으로 해서 이보다 크거나 작게 측정될 확률이 동일하다. 따라서 우연오차를 줄이는 방법은 측정회수를 늘려서 평균값을 이용하는 것이다. 95% 신뢰수준(20대 1 확률)을 이용하는 경우 우연오차는 표준편차의 2배에 해당한다. 측정장치와 관련된 정밀오차가 유일한 것이라면 우연오차는 아날로그 계기인 경우 최소 눈금의 절반을 취한다. 물론 눈금이 꽤 큰 경우에는 최소 눈금의 절반 이하로 추정할 수도 있다. 디지털 계기의 경우에는 최소 단위(LSB)의 1/2을 계기 정밀도로 잡는다.

계측기 자체의 계통오차는 보정작업을 통하여 줄이거나 이론적으로 완전히 배제할 수 있다. 그러나 참값이 주어지지 않는 경우 계통오차는 전혀 알 수가 없다. 계통오차도 우연오차의 경우와 마찬가지로 보통 95%의 신뢰수준을 이용한다. 계통오차는 동반되는 오차이외에 데이터 수집과 데이터 분석과정에서도 발생한다. 데이터 수집과정에서 발생하는 오차는 계측기의 설치상태나 설치환경에 따른 것으로 주위 환경으로부터 받는 영향과 반대로 계측기가 측정대상에 미치는 영향에 의한 요인에 의한다. 예를 들어 완벽하게 보정된 온도계라 할지라도, 온도계의 설치상태에 따라서 물체와의 불완전한 접촉에 의해 주위 온도의 영향을 받을 수도 있고, 또 반대로 온도계가 가지고 있는 열용량 때문에 대상이 되는 온도를 변화시킬 수도 있다.

3) 오차의 전파 (Propagation of uncertainty)

각 측정값들은 오차를 수반하기 때문에 이들로부터 결과값을 계산하는 경우 측정값들의 각각의 오차가 이 결과값의 오차를 결정하게 된다. 이것을 오차의 전파(propagation of error)라고 하며 불확도 해석(uncertainty analysis)을 통하여 각 측정값의 오차로부터 결과값의 오차범위를 추정할 수 있다.

예를 들어 가로와 세로의 길이를 측정하여 면적을 계산하는 경우, 가로나 세로의 길이 측정상의 오차 때문에 이로부터 계산된 결과값, 즉 면적에도 오차가 내포된다. 실험을 할 때, 모든 측정값에는 오차가 내포되어 있을 뿐만 아니라 이로부터 계산되는 결과값에도 오차가 내포되어있다는 사실을 인식하고 그 범위를 파악하고 이를 보고하는 것이 중요하다.

실험적으로 x_1, x_2, x_3 등의 값들을 측정하여 결과값, Y를 구하고자 하는 경우, 함수 관계를 다음과 같이 쓸 수 있다.

$$Y = Y(x_{1,} x_{2,} x_{3,} \cdots) \tag{3.1}$$

여기서, i번째 독립변수 x_i는 Δx_i 만큼의 오차를 가지고 있다고 하면 이 i번째 변수의 오차, Δx_i에 의하여 발생한 결과값의 오차는 $\left(\frac{\partial Y}{\partial x_i} \Delta x_i\right)$와 같이 나타낼 수 있다. 여기서, $\frac{\partial Y}{\partial x_i}$는 절대 민감도계수(absolute sensitivity coefficient)라고 하며 독립변수 x_i의 변화에 따라서 결과 Y에 미치는 영향의 정도를 나타낸다. 즉, 이 값이 크면 결과값 Y가 측정값 x_i에 따라서 민감하게 변화하며, 측정값에 포함되어 있는 오차도 결과값의 오차에 많은 영향을 미친다. 측정값에 따라서는 결과에 지대한 영향을 미치는 측정값이 있고 반대로 결과에 크게 영향을 미치지 않는 변수가 있다.

결국 결과값의 최종오차는 각각의 독립변수 $x_i(i=1,\ 2,\ 3,\ \cdots)$에 의하여 발생하는 오차들이 모두 합해진 결과로 나타나는데, 이렇게 합산하는 방법에 다음과 같은 두 가지 방법이 있다.

(a) **최대 가능오차** (Maximum possible error)

각 측정값 오차에 의하여 발생한 각각의 계산값의 오차들의 절댓값을 단순 합산하는 방법으로 이렇게 하여 추정한 오차를 최대가능오차라 한다. 변수가 많은 경우 각 측정값의 오차가 계속 누적되므로 실제 결과값의 오차 범위보다 너무 크게 추정되는 경향이 있다. 결과값의 최대 가능오차를 결과값으로 나눈, 즉 상대오차로 표현하면 다음과 같다.

$$\left|\frac{\Delta Y}{Y}\right|_{\max}=\sum_i\left|\frac{\partial Y}{\partial x_i}\frac{x_i}{Y}\frac{\Delta x_i}{x_i}\right| \tag{3.2}$$

(b) **기대 최고오차** (Expected highest error)

각 측정값 오차에 의하여 발생한 계산값의 오차를 제곱하여 합하고 이것의 제곱근을 구하여 추정하는 방법(root sum of square)으로 기대 최고오차라 한다. 최대가능오차보다 그 값이 작게 추정되며 주로 사용되는 방법이다. 기대 최고오차를 상대오차로 표현하면 다음과 같이 된다.

$$\left|\frac{\Delta Y}{Y}\right|_{\exp}=\sqrt{\sum\left(\frac{\partial Y}{\partial x_i}\frac{x_i}{Y}\frac{\Delta x_i}{x_i}\right)^2} \tag{3.3}$$

최대가능오차나 기대 최고오차의 경우, 모두 측정값에 의한 우변의 각 항은 $\frac{\partial Y}{\partial x_i}\frac{x_i}{Y}$과 상대오차 $\frac{\Delta x_i}{x_i}$의 곱으로 이루어져 있다. 여기서, $\frac{\partial Y}{\partial x_i}\frac{x_i}{Y}$는 앞에서 설명한 민감도계수의 무차원 형태이며 정규민감도계수(normalized sensitivity factor)라고 한다. 이것은 측정값의 상대오차가 결과값에 미치는 배수를 나타내므로 불확도의 확대계수(UMF : uncertainty magnification factor)라고도 한다. 불확도의 확대계수가 1보다 크면 측정값의 상대오차가 결과값에 증폭되어 전파되는 것을 의미하며, 1보다 작으면 감쇠되어 전파되는 것을 의미한다.

예제 3.1

원통형 물체의 부피를 측정하기 위하여 원통의 길이와 직경을 측정하였다. 길이와 직경의 측정값과 오차가 다음과 같을 때 이로부터 계산된 원통의 부피는 얼마이며 부피에 대한 불확도는 얼마인가?

풀이

원통의 길이 : $L = 10\ \mathrm{mm} \pm 3\%$

원통의 직경 : $D = 5\ \mathrm{mm} \pm 2\%$

원통의 부피 : $V = \frac{\pi}{4} D^2 L$

L의 오차에 의하여 발생하는 V의 오차는

$$\frac{\Delta V}{V}\bigg|_L = \left(\frac{\partial V}{\partial L}\frac{L}{V}\right)\frac{\Delta L}{L}$$

인데, $\frac{\partial V}{\partial L} = \frac{\pi}{4}D^2$이므로 $UMF_L = \left(\frac{\partial V}{\partial L}\frac{L}{V}\right) = 1$,

즉 $\frac{\Delta V}{V}\bigg|_L = 1\frac{\Delta L}{L}$이 되어 L의 측정상의 오차가 그대로 V의 오차에 반영된다. 또한

$$\frac{\Delta V}{V}\bigg|_D = \left(\frac{\partial V}{\partial D}\frac{D}{V}\right)\frac{\Delta D}{D}$$

인데, $\frac{\partial V}{\partial D} = \frac{\pi}{2}DL$이므로 $UMF_D = \left(\frac{\partial V}{\partial D}\frac{D}{V}\right) = 2$,

즉 $\frac{\Delta V}{V}\bigg|_L = 2\frac{\Delta D}{D}$이 되어 D의 측정상의 오차가 2배로 확대되어 V의 오차에 반영된다.

여기서는 L의 상대오차가 3%이므로 이에 의하여 V에 발생하는 오차는 3%이고, D의 상대오차 2%에 의하여 발생하는 V의 오차는 4%이다. 따라서 이들 두 변수에 의하여 발생하는 V의 기대 최고 오차는 이들의 제곱의 합의 제곱근으로 계산하면 다음과 같이 된다.

$$\left(\frac{\Delta V}{V}\right) = \sqrt{\left(1 \cdot \frac{\Delta L}{L}\right)^2 + \left(2 \cdot \frac{\Delta D}{D}\right)^2} = \sqrt{(0.03)^2 + (2 \cdot 0.02)^2} = 0.05$$

따라서 $V = 196\ \mathrm{mm}^3 \pm 5\%$이다.

예제 3.2

압축공기탱크가 대기온도 25℃에 있다. 이상기체 방정식을 이용하여 탱크 내에 있는 압축공기의 밀도를 계산할 때 밀도의 불확도는 얼마인가? 온도측정상의 오차는 2℃이며, 압력측정상의 오차는 1%라고 한다.

풀이

이상기체방정식은 $\rho = \frac{p}{RT}$ 이므로 각 변수에 대한 UMF를 구하면 다음과 같다.

$$UMF_p = \frac{p}{\rho}\frac{\partial\rho}{\partial p} = \frac{p}{\rho}\left(\frac{1}{RT}\right) = 1$$

$$UMF_R = \frac{R}{\rho}\frac{\partial\rho}{\partial R} = \frac{R}{\rho}\left(\frac{-p}{R^2T}\right) = -1$$

$$UMF_T = \frac{T}{\rho}\frac{\partial\rho}{\partial T} = \frac{T}{\rho}\left(\frac{-p}{RT^2}\right) = -1$$

따라서

$$\left(\frac{\Delta\rho}{\rho}\right) = \sqrt{\left(1\cdot\frac{\Delta p}{p}\right)^2 + \left(-1\cdot\frac{\Delta R}{R}\right)^2 + \left(-1\cdot\frac{\Delta T}{T}\right)^2}$$

에서 기체상수 R의 오차는 무시하고 압력과 온도에 따른 오차만을 고려하면

$$\left(\frac{\Delta\rho}{\rho}\right) = \sqrt{\left(\frac{\Delta p}{p}\right)^2 + \left(\frac{\Delta T}{T}\right)^2} = \sqrt{(0.01)^2 + \left(\frac{2}{298}\right)^2}$$

이다. 따라서 $\frac{\Delta\rho}{\rho} = 0.012$ 또는 1.2%이다.

4) 오차의 전파의 응용

오차의 전파를 이용하여 측정된 데이터의 오차부터 결과의 불확도를 유추해낼 수 있다. 또한 역으로 원하는 결과의 오차범위를 유지하기 위하여 계측장비를 선정할 때, 필요한 계측기의 정밀도를 결정할 수 있다. 일반적으로 정밀한 계측기일수록 고가이기 때문에 원하는 오차범위의 실험결과를 얻기 위하여 필요한 최소한의 정밀도를 갖는 계측기를 선택하게 된다. 또한 정밀한 계측기와 그렇지 않은 것을 동시에 사용하는 경우, 측정값이 실험결과에 영향을 많이 미치는, 즉 불확도의 확대계수(UMF)가 큰 측정변수를 측정하는데 정밀한 것을 이용하는 것이 좋다. 이와 같이 실험을 계획하는 단계에서부터 계측기를 선정하거나 배치하는데 이용할 수 있다. 마찬가지로 오차의 전파개념을 실험방법을 결정하는 데에도 응용할 수 있다. 이것을 설명하기 위한 예를 다음에 보인다.

예제 3.3

직류회로 내의 저항에서 발생하는 발열량을 측정하기 위하여 DMM(digital multimeter)를 사용하고자 한다. 이 DMM은 전류나 전압 또는 저항을 측정할 수 있으며 각각의 측정상의 오차는 2%로 알려져 있다. 다음의 두 가지 측정방법을 이용할 때, 발열량 측정상의 불확도를 비교하라.

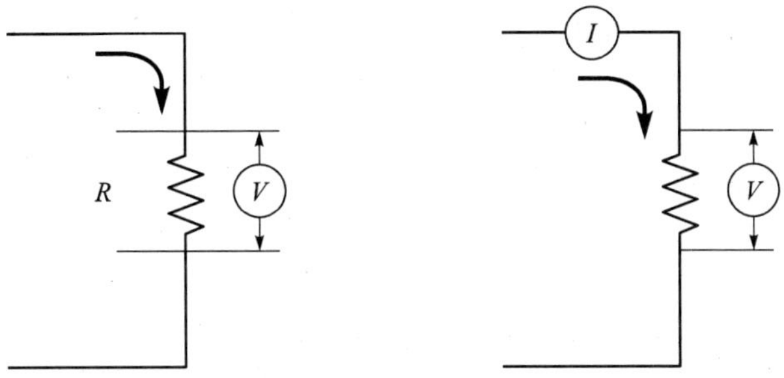

(1) 저항에 걸리는 전압강하와 저항값의 측정

(2) 도선 내 흐르는 전류량과 전압강하의 측정

풀이

(1) 저항에 걸리는 전압강하 V와 저항값 R로부터 발열량 $Q = V^2/R$를 계산할 때 V와 R에 의한 불확도 확대계수는 다음과 같다.

$$UMF_V = \frac{V}{Q}\frac{\partial Q}{\partial V} = \frac{V}{Q}\left(\frac{2V}{R}\right) = 2$$

$$UMF_R = \frac{R}{Q}\frac{\partial Q}{\partial R} = \frac{R}{Q}\left(\frac{-V^2}{R^2}\right) = -1$$

따라서

$$\left(\frac{\Delta Q}{Q}\right)_{(1)} = \sqrt{\left(2 \cdot \frac{\Delta V}{V}\right)^2 + \left(-1 \cdot \frac{\Delta R}{R}\right)^2} = \sqrt{(0.04)^2 + (0.02)^2}$$

이므로 발열량 측정상의 불확도는 4.47%가 된다.

(2) 반면 도선 내 흐르는 전류와 저항에서의 전압강하 측정값으로부터 발열량 $Q = I \cdot V$를 계산할 때의 UMF값은 다음과 같이 된다.

$$UMF_I = \frac{I}{Q}\frac{\partial Q}{\partial I} = \frac{I}{Q}(V) = 1$$

$$UMF_V = \frac{V}{Q}\frac{\partial Q}{\partial V} = \frac{V}{Q}(I) = 1$$

따라서

$$\left(\frac{\Delta Q}{Q}\right)_{(2)} = \sqrt{\left(1 \cdot \frac{\Delta I}{I}\right)^2 + \left(1 \cdot \frac{\Delta V}{V}\right)^2} = \sqrt{(0.02)^2 + (0.02)^2}$$

이므로 발열량 측정상의 불확도가 2.83%가 된다. 결론적으로 동일한 정밀도를 갖는 계측기를 이용하여 발열량을 측정할 때 저항과 전압을 측정하는 것보다는 전류와 전압을 측정하는 것이 결과의 불확도를 줄이는 방법이 된다.

일반적으로 말하면 측정값들을 곱하거나 나누는 횟수가 많아질수록 불확도가 확대 전파된다. 예를 들어 다음과 같은 계산식을 생각해보자.

$$Y = k \cdot X_1^a \cdot X_2^b \cdot X_3^c \tag{3.4}$$

여기서, 지수 a, b, c는 음 또는 양의 상수이고 k는 비례상수이다. Y의 측정상의 오차는 다음과 같이 표현된다.

$$\left(\frac{\Delta Y}{Y}\right) = \sqrt{\left(a \cdot \frac{\Delta X_1}{X_1}\right)^2 + \left(b \cdot \frac{\Delta X_2}{X_2}\right)^2 + \left(c \cdot \frac{\Delta X_3}{X_3}\right)^2} \tag{3.5}$$

X_1, X_2 등의 측정값의 상대오차가 동일하다면 지수값에 큰 값이 생기지 않도록 실험계획을 하는 것이 좋다. 또한 변수들의 지수는 음이건 양이건 동일한 결과를 낳는다.

이러한 제곱근 내에 있는 각 항(지수×상대오차)들은 각 변수에 의한 결과의 불확도를 의미하며, 이들은 제곱되어 합산되기 때문에 상대적으로 큰 값을 갖는 항이 생기지 않게 하는 것이 중요하다.

측정값의 오차의 전파에 관한 일반적인 원칙은 다음과 같다. 각 변수에 의한 결과의 불확도가 상대적으로 큰 변수가 종합적인 결과의 불확도를 거의 결정한다. 두 개의 항으로 이루어져 있는 경우, 한 항이 다른 항에 비하여 $\frac{1}{3} \sim \frac{1}{5}$ 이하이면 작은 값을 갖는 변수에 의한 오차는 무시할 수 있다. 또한 여러 개의 항으로 이루어져 있는 경우에는 가장 큰 항의 $\frac{1}{5}$ 이하의 값을 갖는 항들은 모두 무시할 수 있다.

결과의 불확도를 줄이기 위해서는 각 항의 크기를 줄이는 것이 필요하지만, 특히 크기가 가장 큰 항에 해당하는 변수의 상대오차를 줄이는데 노력을 집중하고 각 항의 크기가 서로 유사한 크기가 되도록 하는 것이 좋다.

3.2 실험데이터의 통계적 분석 (Statistical Analysis)

측정의 목적은 참값에 가까운 측정값을 얻는데 있다. 한번 측정한 값보다는 여러 번 반복 측정하여 구한 평균값이 좀 더 참값에 가까울 것이다. 여기서는 반복 측정한 데이터에 대하여 통계분석을 수행함으로써 측정값의 흩어짐 정도를 파악하고 참값의 범위를 추정하고자 한다. 여러 가지 오차 발생 요인에 의하여 동일한 양을 측정하더라도, 어떤 경우에는 다른 값들에 비하여 약간 크게 또는 약간 작게 측정된다. 이것은 우연오차(random error)에 관련된 것으로 계통오차(systematic error)와는 무관하다. 즉, 통계분석이란 이러한 우연오차를 줄이고자 하는 노력이다.

1) 모집단의 정규분포 (Normal distribution)

동전을 던져서 앞면이 나올 확률과 뒷면이 나올 확률은 동일하다. 여러 번 던져서 모두 앞면이 나오거나 모두 뒷면이 나올 빈도(frequency)는 매우 낮으며 반반 정도의 빈도로 나타날 확률이 가장 높다. 우연오차에 의한 측정값도 평균값 부근에 나타나는 빈도수가 가장 많고 평균값에서 멀리 떨어질수록 빈도수는 점점 적어진다. x와 $x+dx$ 사이의 데이터 값이 나타날 확률을 확률밀도함수(probability density function)라고 한다. 무한히 많은 데이터 값에 대하여 종 모양의 분포를 보이는데, 이것을 정규분포(normal distribution) 또는 가우스 분포(Gaussian distribution)라고 하며 다음과 같은 식으로 표현된다.

$$P(x) = \frac{1}{\sigma\sqrt{2\pi}} e^{-(x-\mu)^2/2\sigma^2} \tag{3.6}$$

확률밀도함수, $P(x)$를 전 구간에 걸쳐서 적분한 값, 즉 곡선의 아래 면적은 1이다. 이때의 평균값은 무한개의 측정값에 대한 산술평균이다.

$$\mu = \lim_{N\to\infty} \frac{1}{N} \sum_{i=1}^{N} x_i \tag{3.7}$$

개별 데이터와 평균값과의 차이를 편차(deviation)라고 하며 편차가 양이 될 확률과 음이 될 확률은 동일하다. 따라서 데이터의 분산정도를 표시하기 위해서는 편차의 절댓값을 이용하거나 편차의 제곱을 이용한다. 편차의 제곱의 평균에 대하여 제곱근을 취해준 것을 표준편차(standard deviation)라고 한다.

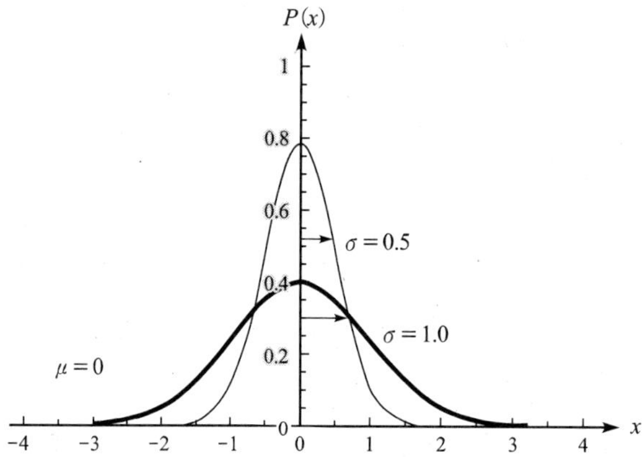

그림 3.2 무한개 측정값의 통계적 분포

$$d_i = x_i - \mu \tag{3.8}$$

$$\sigma = \lim_{N \to \infty} \sqrt{\frac{1}{N} \sum_{i=1}^{N} (x_i - \mu)^2} \tag{3.9}$$

확률 밀도함수는 평균값 μ를 중심으로 좌우대칭이며 표준편차 σ는 데이터의 분산정도를 나타낸다.

측정값 x가 $\mu - z\sigma$에서 $\mu + z\sigma$ 사이의 값을 가질 확률은 확률밀도함수의 아래 면적으로 주어진다.

$$\text{Prob}(\mu - z\sigma \le x \le \mu + z\sigma) = \int_{\mu - z\sigma}^{\mu + z\sigma} P(x)\, dx \tag{3.10}$$

여기에 식 (3.6)의 $P(x)$를 대입하고, 적분구간을 x 대신 $z = \dfrac{x - \mu}{\sigma}$로 바꾸어 표시하면 다음과 같이 된다.

$$\text{Prob}\left(-z \le \frac{x - \mu}{\sigma} \le z\right) = \int_{-z}^{z} \frac{1}{\sqrt{2\pi}} e^{-z^2/2} dz \tag{3.11}$$

이것은 측정값 x가 평균값을 중심으로 표준편차의 일정 배수 이내($\mu - z\sigma$에서 $\mu + z\sigma$까지)에 들어갈 확률을 말하며 신뢰수준(confidence level)이라고 한다. 또 이때의 z값을 신뢰구간(confidence interval)이라고 한다. 그림 3.3에서 $z = 1$일 때 68.3%인 것을

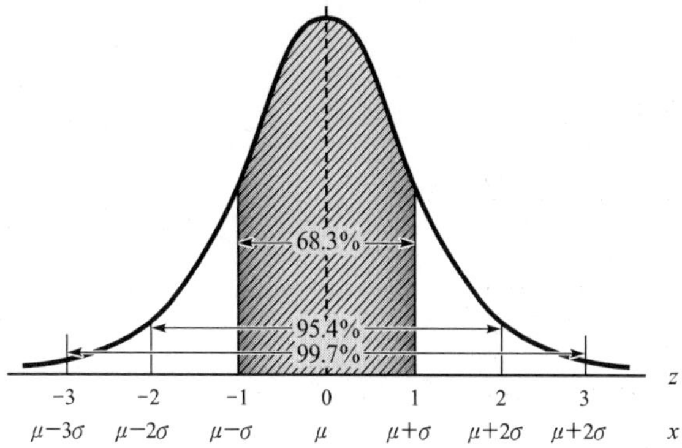

그림 3.3 확률밀도함수의 아래 면적

보인다. 신뢰구간이 증가할수록 신뢰수준이 높아진다. 또 유효수준이란 1에서 신뢰수준을 뺀 값을 말한다. 표 3.1에 신뢰구간에 따른 신뢰수준과 유효수준을 보인다. 예를 들어, 신뢰구간 $z = 1.96$에 대하여

$$\text{Prob}(-1.96 \le \frac{x-\mu}{\sigma} \le 1.96) = 0.95$$

이므로 신뢰수준은 95%이다. 또 99%의 신뢰수준을 갖기 위한 신뢰구간은 $z = 2.57$이다.

표 3.1 신뢰수준에 따른 신뢰구간

신뢰구간 (z)	신뢰수준 (%)	유효수준 (%)
3.30	99.9	0.1
3.0	99.7	0.3
2.57	99.0	1.0
2.0	95.4	4.6
1.96	95.0	5.0
1.65	90.0	10.0
1.0	68.3	31.7
0.5	38.3	61.7

예제 3.4

평균값 $\mu = 5.00$이고 표준편차 $\sigma = 1.00$인 가우스분포에서 측정값이 다음의 범위에 들어갈 확률은 얼마인가?

(a) $x = 4.50 \sim 5.50$ (b) $x = 6.00 \sim 7.00$

풀이

(a) $\mu = 5.00$, $\sigma = 1.00$이므로

$$z_1 = \frac{x_1 - \mu}{\sigma} = \frac{4.50 - 5.00}{1.00} = -0.50$$

$$z_2 = \frac{x_2 - \mu}{\sigma} = \frac{5.50 - 5.00}{1.00} = +0.50$$

따라서 표 3.1에서 $\text{Prob}(-0.5 \le z \le 0.5) = 38.3\%$이다.

(b) $x_1 = 6.00$, $x_2 = 7.00$에서

$$z_1 = \frac{x_1 - \mu}{\sigma} = \frac{6.00 - 5.00}{1.00} = +1.00$$

$$z_2 = \frac{x_2 - \mu}{\sigma} = \frac{7.00 - 5.00}{1.00} = +2.00$$

인데 평균값을 중심으로 대칭이므로 한쪽 구간 내로 들어갈 확률은 절반씩이다.

$$\begin{aligned}\text{Prob}(1.0 \le z \le 2.0) &= \text{Prob}(0 \le z \le 2.0) - \text{Prob}(0 \le z \le 1.0) \\ &= \frac{1}{2}\text{Prob}(-2.0 \le z \le 2.0) - \frac{1}{2}\text{Prob}(-1.0 \le z \le 1.0) \\ &= \frac{1}{2}(0.954) - \frac{1}{2}(0.683) = 13.6\%\end{aligned}$$

2) 표본집단 (Sample population)

앞에서 설명한 바와 같이 완벽한 무작위성을 갖는 무한개의 데이터집단을 모집단(parent population)이라고 하고, 이 중에서 채집된 유한한 개수의 데이터 집단을 표본집단(sample population)이라고 한다. 실제 측정에서는 데이터를 무한대로 얻을 수는 없다. 그러므로 여기서는 유한한 개수의 표본에 대한 통계적 특성에 관하여 살펴본다.

모집단의 경우와 유사하게 표본집단에 대한 평균값과 표준편차는 다음과 같이 구한다.

$$\bar{x} = \frac{1}{N}\sum_{i=1}^{N} x_i \tag{3.12}$$

$$s = \sqrt{\frac{1}{N-1}\sum_{i=1}^{N}(x_i - \bar{x})^2} \tag{3.13}$$

여기서, N은 데이터의 개수이다. 표준편차의 계산에서 모집단의 평균값 μ가 아닌 표본

집단의 평균값 $\overline{x}$ 를 사용하였기 때문에 분모에 N 대신 $N-1$을 사용하였다. 이것을 모집단에 대한 표준편차와 구별하기 위하여 비편중 표준편차(unbiased standard deviation) 또는 표본 표준편차(sample standard deviation)라고 한다.

유한한 표본집단에서의 신뢰수준을 나타낼 때는 가우스 분포에 의한 신뢰구간 z를 사용하지 않고 스튜던트의 $t-$분포(Student's t-distribution)를 사용한다. $N-1$개의 자유도를 갖는 스튜던트의 $t-$분포는 표 3.2에 나타나 있다. t값은 데이터 표본개수 N의 증가에 따라 감소하며 N이 무한대일 때 앞에서 설명한 가우스 분포에 의한 z값에 접근한다. 95% 신뢰수준에 대하여 $N=6$일 때 $t=2.571$이고, $N=31$일 때 $t=2.042$, 그리고 N이 무한대 일 때는 가우스 분포의 값과 동일한 1.96을 갖는다.

표 3.2 스튜던트의 $t-$분포

자유도 $\nu=N-1$	t_{50}	t_{80}	t_{90}	t_{95}	t_{99}	$t_{99.9}$
1	1	3.078	6.314	12.706	63.657	636.619
2	0.816	1.886	2.92	4.303	9.925	31.598
3	0.765	1.638	2.353	3.182	5.841	12.941
4	0.741	1.533	2.132	2.776	4.604	8.61
5	0.727	1.476	2.015	2.571	4.032	6.859
6	0.718	1.44	1.943	2.447	3.707	5.959
7	0.711	1.415	1.895	2.365	3.499	5.405
8	0.706	1.397	1.86	2.306	3.355	5.041
9	0.703	1.383	1.833	2.262	3.25	4.781
10	0.7	1.372	1.812	2.228	3.169	4.587
11	0.697	1.363	1.796	2.201	3.106	4.437
12	0.695	1.356	1.782	2.179	3.055	4.318
13	0.694	1.35	1.771	2.16	3.012	4.221
14	0.692	1.345	1.761	2.145	2.977	4.14
15	0.691	1.341	1.753	2.131	2.947	4.073
16	0.69	1.337	1.746	2.12	2.921	4.015
17	0.689	1.333	1.74	2.11	2.898	3.965
18	0.688	1.33	1.734	2.101	2.878	3.922
19	0.688	1.328	1.729	2.093	2.861	3.883
20	0.687	1.325	1.725	2.086	2.845	3.85
21	0.686	1.323	1.721	2.08	2.831	3.819
22	0.686	1.321	1.717	2.074	2.819	3.792

자유도 $\nu=N-1$	t_{50}	t_{80}	t_{90}	t_{95}	t_{99}	$t_{99.9}$
23	0.685	1.319	1.714	2.069	2.807	3.767
24	0.685	1.318	1.711	2.064	2.797	3.745
25	0.684	1.316	1.708	2.06	2.787	3.725
26	0.684	1.315	1.706	2.056	2.779	3.707
27	0.684	1.314	1.703	2.052	2.771	3.69
28	0.683	1.313	1.701	2.048	2.763	3.674
29	0.683	1.311	1.699	2.045	2.756	3.659
30	0.683	1.31	1.697	2.042	2.75	3.646
40	0.681	1.303	1.645	2.021	2.704	3.551
60	0.679	1.296	1.671	2	2.66	3.46
120	0.677	1.289	1.658	1.98	2.617	3.373
∞	0.674	1.282	1.645	1.96	2.576	3.291

예제 3.5

두께를 10번 측정하여 3.61, 3.62, 3.60, 3.63, 3.61, 3.62, 3.60, 3.62, 3.64, 3.62 mm의 값을 얻었다. 측정값의 평균과 표본 표준편차를 구하라. 또 측정값이 95% 신뢰수준 내에 들기 위한 측정값의 범위를 구하라.

풀이

측정값의 평균값과 비편중 표준편차는 식 (3.12)와 식 (3.13)에 따라서 다음과 같이 계산된다.

$$\bar{x}=\frac{x_1+x_2+\cdots+x_{10}}{10}=3.617\text{ mm}$$

$$s=\sqrt{\frac{(x_1-\bar{x})^2+(x_2-\bar{x})^2+\cdots+(x_{10}-\bar{x})^2}{10-1}}=0.0125\text{ mm}$$

모집단에 대한 95% 신뢰구간은 $z=1.96$이다. 그러나 표본집단의 경우에는 스튜던트 t 분포를 사용하여야 한다. 표 3.2에서 $\nu=10-1=9$이고 95% 신뢰수준에 대하여 $t=2.262$이다. 따라서

$$\begin{aligned} x &= \bar{x}\pm ts \\ &= 3.617\pm(2.262)(0.0125) \\ &= 3.617\pm 0.028\text{ mm} \end{aligned}$$

3) 평균값의 표준편차

유한한 개수의 표본데이터의 평균값이 측정하고자 하는 참값, 즉 모집단의 평균값을 추정하는데 사용된다. 그러나 실험을 추가적으로 수행하여 데이터 수를 늘리거나 또는 새로 실험을 수행하여 새로운 데이터 세트를 구하게 되면 표본데이터의 평균값은 달라진다. 따라서 데이터의 개수에 따라서 이 평균값이 참값에 어느 정도 가깝게 추정되고 있는지를 알아야 한다. 물론 무한히 많은 측정데이터가 있으면 그것의 평균값은 참값에 접근한다고 볼 수 있다. 그렇지 못한 경우, 데이터 세트에 따라서 평균값은 참값 주위에 분포한다. 이때의 표본데이터 평균값의 표준편차는 참값을 중심으로 다음과 같은 표준편차를 갖는다. 이러한 평균값의 표준편차는 앞에서 설명한 측정값 자체의 표준편차와는 다른 개념이다.

$$\sigma_{\bar{x}} = \frac{\sigma}{\sqrt{N}} \tag{3.14}$$

여기서, σ는 모집단 데이터의 표준편차이고, $\sigma_{\bar{x}}$ 는 평균값의 표준편차이다. 측정횟수 N이 커질수록 평균값의 표준편차는 줄어든다. 물론 실제로는 모집단의 표준편차가 알려져 있지 않기 때문에 평균값의 표준편차를 구할 때 다음과 같이 표본집단에 대한 값을 이용한다.

$$s_{\bar{x}} = \frac{s}{\sqrt{N}} \tag{3.15}$$

다음으로 평균값이 어떤 범위 내에 존재할 확률에 관하여 고찰해보기로 한다. 예를 들어 가우스 분포에 의하면 측정값 x는 모집단의 평균값(참값)을 중심으로 신뢰구간이 1.96일 때, 95%의 신뢰수준을 보인다. 즉,

$$\text{Prob}\,(x - 1.96\sigma \le \mu \le x + 1.96\sigma) = 0.95$$

이다. 마찬가지로 표본집단의 평균값 $\bar{x}$는 모집단의 평균값을 중심으로 $\dfrac{\sigma}{\sqrt{N}}$의 표준편차를 갖고 정규분포되어 있다.

$$\text{Prob}\left(\bar{x} - 1.96\frac{\sigma}{\sqrt{N}} \le \mu \le \bar{x} + 1.96\frac{\sigma}{\sqrt{N}}\right) = 0.95$$

따라서 동일한 신뢰수준에 대하여 평균값의 신뢰구간의 범위는 측정값의 신뢰구간 범위보다 $\frac{1}{\sqrt{N}}$ 배로 좁아진다.

다시 한 번 언급하지만 실제 실험에서 모집단의 표준편차 σ를 모르기 때문에 그 추정치로 s를 이용한다. 앞에서 설명한 바와 같이 측정값과 평균값이 95%의 신뢰수준을 보이기 위해서는 각각 다음을 만족시켜야 한다.

$$\text{Prob}\left(-t \le \frac{x-\mu}{s} \le t\right) = 0.95$$

$$\text{Prob}\left(-t \le \frac{\bar{x}-\mu}{s/\sqrt{N}} \le t\right) = 0.95$$

여기서, 유한한 N개의 데이터에 근거한 s를 σ 대신 사용하였기 때문에 t는 더 이상 1.96이 아니다. $\frac{x-\mu}{s}$과 $\frac{\bar{x}-\mu}{s/\sqrt{N}}$는 가우스 분포가 아닌 $N-1$개의 자유도를 갖는 스튜던트의 t분포를 이용하여야 한다.

예제 3.6

예제 3.5에서 구한 평균값의 95% 신뢰구간을 표시하라.

풀이

데이터의 평균값과 표준편차는

$$\bar{x} = \frac{1}{N}\sum_{i=1}^{N} x_i = 3.617\text{mm}$$

$$s = \left[\frac{1}{N-1}\sum_{i=1}^{N}(x_i - \bar{x})^2\right]^{1/2} = 0.0125\text{mm}$$

이고, 평균값의 표준편차는 $s_{\bar{x}} = \frac{s}{\sqrt{N}} = \frac{0.0125}{\sqrt{10}} = 0.00395$이다. 자유도 $\nu = 10-1 = 9$와 95% 신뢰수준에 대한 t값을 표 3.2에서 읽으면

$$t_{95} = 2.262$$

이므로 평균값의 불확도는 다음과 같다.

$$\begin{aligned}\bar{x} &= 3.617 \pm 2.262\,(0.00395)\\ &= 3.617 \pm 0.00895\,\text{mm}\end{aligned}$$

예제 3.7

7번의 측정으로 전압의 평균 $\overline{V}=15\text{V}$, 표준편차 $s=\pm 0.1\text{V}$로 계산되었다. 1%의 유효수준을 결정하라.

풀이

자유도 $\nu=7-1=6$이므로
스튜던트의 t분포 도표에서 $t=3.707(99\%)$
따라서 $\overline{V}$의 불확도는

$$\frac{ts}{\sqrt{N}}=\frac{3.707(0.1)}{\sqrt{7}}=0.140$$

이므로 $\overline{V}=15\pm 0.140\,V$이다.

4) 이상치의 제거

측정된 데이터 중에는 일부 정상적인 범위를 크게 벗어난 데이터가 포함된 경우가 있다. 이러한 데이터는 계측기나 실험장치의 오동작에 의해 일어날 수 있다. 정규분포에서 벗어난 자료로 인해 측정데이터에 대한 평균값을 편향시키고 표준편차를 증가시킨다. 이러한 오자료를 이상치(outlier)라 하며, 측정데이터 집합에서 제거되어야 한다.

그러나 정상적으로 예상되는 분산의 범주에서 벗어난 정도를 어떻게 결정할 것인가 하는 기준이 필요하다. 주관적인 판단에 따라서 임의적으로 제거해서는 안 된다. 의심스러운 데이터가 이상치인가를 판단하는 방법에는 통계학적으로 여러 가지가 있다. 이상치를 탐지하는 가장 간단한 방법은 측정데이터의 통계값을 계산하여 표준편차의 일정 배수 이상의 범주에서 벗어났는지 여부를 파악하는 것이다. 발생확률 99.8%의 범위 밖의 자료점을 찾아내는 방법이 흔히 사용되며 삼편차($3-\sigma$) 검정이라고 한다. 이것은 10개 남짓한 데이터 집합에 적합하고 쉽게 전산화하여 적용할 수 있다.

3.3 곡선맞춤과 그래프 분석 (Curve Fitting and Graphical Analysis)

모든 데이터는 오차를 수반하고 있으므로 데이터를 그래프에 도시하는 경우 종축 또는 횡축 방향으로 오차범위를 갖는다. 개별 데이터의 의미보다는 전체적인 데이터를 적절히 통과하는 곡선 또는 직선식을 구하는 것이 필요한 경우가 많이 있다. 이를 선맞춤(curve fitting)

이라고 한다. 선맞춤은 흩어져 있는 데이터의 뚜렷한 경향을 보이는 맞춤선을 구하여 정밀오차를 평균해내고자 하는 것이다. 주로 맞춤선으로부터 데이터의 제곱편차의 합이 최소화되도록 하는 방법을 사용하는데, 이를 최소제곱법(least square method)이라고 한다.

데이터 (x_i, y_i)를 선맞춤하기 위한 함수형태, Y를 선정한다. 함수식에 사용된 상수들을 결정하기 위하여 $S=\sum_{i=1}^{n}(Y_i-y_i)^2$이 최소화되도록 하는 조건을 이용한다. 여기서, Y_i는 $x=x_i$에서의 맞춤식에 의한 함수값이고 y_i는 측정값이므로 S는 함수값과 측정값과의 오차 제곱의 총합을 의미한다. 최소제곱법이란 이 오차를 최소화하기 위한 함수식을 결정하는 방법이다.

1) 직선맞춤 (Linear fitting)

여기서는 데이터를 직선식으로 선맞춤하는 직선맞춤의 경우를 예로 설명한다. 즉,

$$Y=ax+b \tag{3.16}$$

함수식에서 사용된 상수 a와 b의 값을 결정하기 위하여 위의 S값을 최소화하기 위한 조건, 즉

$$\frac{\partial S}{\partial a}=0,\ \frac{\partial S}{\partial b}=0 \tag{3.17}$$

을 이용하여 풀어 쓰면 다음과 같이 되고

$$\frac{\partial S}{\partial a}=\sum_{i=1}^{n}\frac{\partial}{\partial a}(ax_i+b-y_i)^2=\sum_{i=1}^{n}2x_i(ax_i+b-y_i)=0 \tag{3.18}$$

$$\frac{\partial S}{\partial b}=\sum_{i=1}^{n}\frac{\partial}{\partial b}(ax_i+b-y_i)^2=\sum_{i=1}^{n}2(ax_i+b-y_i)=0 \tag{3.19}$$

위의 두 식을 정리하면 다음과 같은 a와 b에 관한 2개의 연립방정식을 얻는다.

$$\sum_{i=1}^{n}x_i y_i=a\sum_{i=1}^{n}x_i^2+b\sum_{i=1}^{n}x_i \tag{3.20}$$

$$\sum_{i=1}^{n}y_i=a\sum_{i=1}^{n}x_i+bn \tag{3.21}$$

이 두 방정식을 만족시키는 상수 a와 b는 위의 오차 S를 최소화하는 상수이며 함수식

$Y = ax + b$이 데이터 점들을 가장 잘 대표하는 직선식이 된다.

예제 3.8

막대의 열팽창률을 구하기 위하여 온도변화에 따른 길이의 변화를 측정하였다. 최소제곱법에 의한 직선맞춤(linear fitting)을 하여 이 재질의 열팽창률(단위 m/℃)을 구하라.

온도(℃)	15	20	25	30	35	40
길이(m)	0.561	0.570	0.581	0.593	0.603	0.614

풀이

직선맞춤에 필요한 계수를 구하기 위하여 온도를 x, 길이를 y로 하여 다음과 같은 표를 만든다.

i	x_i	y_i	x_1^2	$x_i y_i$
1	15	0.561	225	8.415
2	20	0.570	400	11.4
3	25	0.581	625	14.525
4	30	0.593	900	17.79
5	35	0.603	1225	21.105
6	40	0.614	1600	24.56
	$\Sigma x_i = 165$	$\Sigma y_i = 3.522$	$\Sigma x_i^2 = 4975$	$\Sigma x_i y_i = 97.795$

이 표로부터 a와 b에 관한 연립방정식이 다음과 같이 구해진다.

$$97.795 = 4975a + 165b$$
$$3.522 = 165a + 6b$$

이것을 풀면 $a = 0.002149$, $b = 0.5279$이다. 따라서 이 막대의 열팽창률은 맞춤직선의 기울기인 0.002149 m/℃이다. 온도-길이의 측정결과와 맞춤직선을 중첩하여 나타내면 아래 그림과 같이 된다.

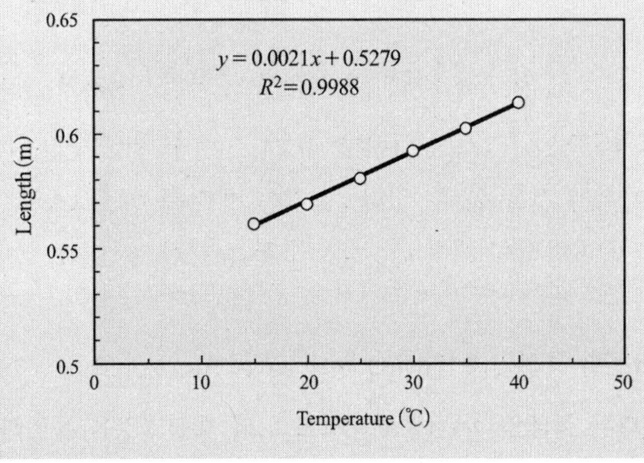

2) 다항식 곡선맞춤 (Polynomial fitting)

일반적인 N차식의 경우에는

$$Y = a_0 + a_1 x + a_2 x^2 + \cdots + a_N x^N \tag{3.22}$$

와 같이 표현되며

$$S = \sum_{i=1}^{n} (Y_i - y_i)^2 \tag{3.23}$$

를 최소화하기 위한 a_0, a_1, $\cdots$, a_N을 구하기 위한 조건은

$$\frac{\partial S}{\partial a_0} = 0,\ \frac{\partial S}{\partial a_1} = 0,\ \cdots,\ \frac{\partial S}{\partial a_N} = 0 \tag{3.24}$$

이다. 이것을 풀어쓰면 다음과 같은 $N+1$개의 선형연립방정식이 구해진다.

$$\sum_{i=1}^{n} y_i = a_0 n + a_1 \sum_{i=1}^{n} x_i + a_2 \sum_{i=1}^{n} x_i^{\ 2} + \cdots + a_N \sum_{i=1}^{n} x_i^N$$

$$\sum_{i=1}^{n} x_i y_i = a_0 \sum_{i=1}^{n} x_i + a_1 \sum_{i=1}^{n} x_i^2 + \cdots + a_N \sum_{i=1}^{n} x_i^{N+1}$$

$$\sum_{i=1}^{n} x_i^{\ 2} y_i = a_0 \sum_{i=1}^{n} x_i^2 + a_1 \sum_{i=1}^{n} x_i^3 + \cdots + a_N \sum_{i=1}^{n} x_i^{N+2}$$

$$\cdots\cdots$$

$$\sum_{i=1}^{n} x_i^N y_i = a_0 \sum_{i=1}^{n} x_i^N + a_1 \sum_{i=1}^{n} x_i^{N+1} + \cdots + a_N \sum_{i=1}^{n} x_i^{2N}$$

이로부터 a_0, a_1, $\cdots$, a_N의 $N+1$개의 미지수를 구한다. 여기서, n은 데이터의 개수이며, N은 다항식 차수이다. 여기서 미지수 a_0, a_1, a_2 등의 계수가 규칙적으로 x에 관하여 한 차원씩 높아지는 것을 볼 수 있다. 이러한 계수를 행렬요소로 하는 $N+1$차 연립방정식을 풀면 N차 다항식의 계수 a_0, a_1, a_2 등을 구할 수 있다.

3) 기타 함수를 이용한 곡선맞춤 (Fitting with other functions)

다항식이 아닌 다른 형태의 함수에 대해서도 위의 계산과정을 동일하게 적용할 수 있다.

단, 결정하고자 하는 계수가 그 함수에 선형적으로 주어져 있어야 한다. 예를 들어

$$Y = a + b\sin 2x + c\ln x^2 \tag{3.25}$$

는 위와 같은 방법으로 선형 연립방정식의 해를 구함으로써 곡선맞춤이 가능하다. 그러나 아래에 주어진 예와 같이 비선형으로 주어지는 문제(구해야 할 계수들이 함수 내에 나타남으로써 결과적으로 이들 계수에 관한 비선형 관계식으로 주어지는 경우)는 비선형 연립방정식을 풀어야 하므로 이들 계수들의 초기값을 부여하고 Newton-Raphson 방법 등에 의한 반복계산을 수행하여야 한다.

$$Y = a + b\sin cx \tag{3.26}$$

여기서는 비선형 곡선맞춤에 대해서는 생략하기로 한다. 계수가 선형적으로 주어지지 않는 경우에도 x나 y를 그대로 사용하지 않고 변수를 변환하여 위의 곡선맞춤 과정을 적용할 수 있는 경우가 있다. 예를 들어 변수 x 대신 $1/x$이나 $\sin^{-1}x$을 사용하거나 y 대신 $\log y$ 또는 e^y 등의 새로운 변수를 이용함으로써 미지계수에 관한 선형적 관계를 만들 수 있는 경우를 말한다. 이와 같은 변수치환에 의하여 선형적 관계로 만들 수 있는 경우가 많이 있다.

예제 3.9

x, y 데이터를 아래의 함수로 선맞춤하려고 할 때, 직선맞춤식을 이용하려면 x와 y를 어떻게 변환하여야 하는가?

(1) $y = \dfrac{x}{a+bx}$ (2) $y = a + b\sqrt{x}$

(3) $y = ax^b$ (4) $y = 1 - e^{-bx}$

풀이

(1) $\dfrac{1}{y} = b + a\left(\dfrac{1}{x}\right)$이므로 $X = \dfrac{1}{x}$, $Y = \dfrac{1}{y}$로 한다.

(2) $X = \sqrt{x}$로 하면 $y = a + bX$로 된다.

(3) 양변에 로그를 취하면 $\ln y = \ln a + b\ln x$이므로 $X = \ln x$, $Y = \ln y$로 한다.

(4) $\ln\left(\dfrac{1}{1-y}\right) = bx$이므로 $X = x$, $Y = \ln\left(\dfrac{1}{1-y}\right)$로 한다.

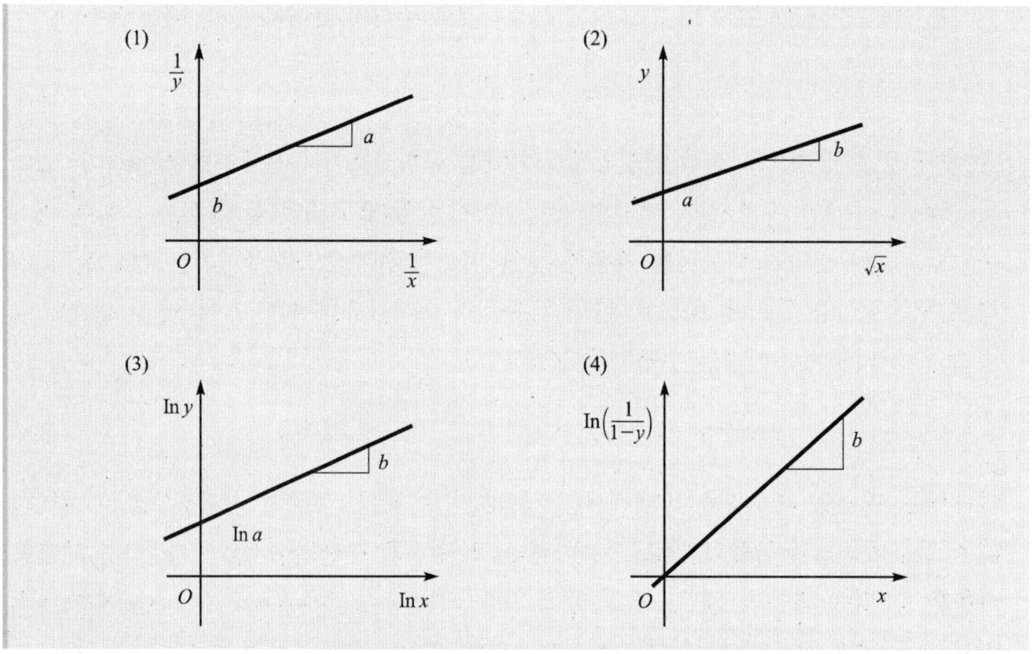

4) 상관계수 (Correlation coefficient)

이렇게 구한 곡선맞춤식에 의하여 분산된 데이터가 얼마나 잘 표현되고 있느냐 하는 결과를 판정하는 방법으로 상관관계, r을 정의한다.

$$r = \sqrt{1 - \frac{\sigma_{y,x}^2}{\sigma_y^2}} \tag{3.27}$$

여기서, σ_y는 데이터 y의 평균값으로부터의 표준편차이며, $\sigma_{y,x}$는 맞춤곡선으로부터의 표준편차이다. 즉,

$$\sigma_y^2 = \frac{\sum_{i=1}^{n}(y_i - y_m)^2}{n-1} \tag{3.28}$$

$$\sigma_{y,x}^2 = \frac{\sum_{i=1}^{n}(y_i - y_{ic})^2}{n-2} \tag{3.29}$$

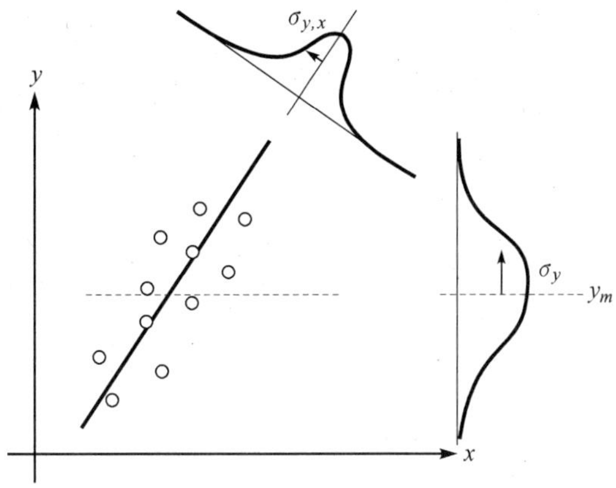

그림 3.4 맞춤식의 상관계수

이다. 여기서, y_i와 y_{ic}는 각각 실제 데이터 y값과 맞춤식에 의한 y값이고, y_m은 y_i의 평균이다. 상관계수가 1에 가까울수록 데이터가 맞춤식을 중심으로 강한 상관관계를 갖는 것을 의미한다. 상관계수가 1.0이면 모든 데이터들이 맞춤곡선상에 존재하게 되는 완벽한 맞춤이 이루어졌다는 뜻이며, 상관계수가 0.0이면 데이터가 완전히 흩어져 있어서 맞춤식이 아무런 의미를 갖지 못하며 상관관계가 전혀 없다는 뜻이다. 무엇보다도 측정데이터와 맞춤곡선을 그래프에 중첩하여 표현해봄으로써 얼마나 적절한 맞춤이 이루어졌나를 알 수 있을 것이다. 중첩하여 그래프를 그릴 때 일반적으로 측정데이터는 연결되지 않는 표식(원, 삼각형, 사각형 등)으로 나타내고, 맞춤선은 표식 없이 실선 또는 점선으로 표현한다.

5) 곡선맞춤 프로그램 (Curve-fitting programs)

과거에는 직접 컴퓨터 프로그램을 작성하여 위에서 설명한 다항식이나 기타 함수관계의 계수들을 결정하였다. 이러한 프로그램에는 기본 함수형태의 미분함수가 입력되어야 하고 데이터의 합산값들을 계수로 하는 연립방정식을 풀 수 있는 역행렬을 구하는 알고리즘이 포함되어있어야 한다. 부록 C.2에는 포트란으로 작성된 곡선맞춤 프로그램의 예를 보인다.

최근 광범위하게 사용되는 엑셀과 같은 상용 스프레드시트 프로그램이나 그래프 작성 소프트웨어에는 기본적으로 곡선맞춤 기능이 포함되어 있다. 일부 소프트웨어에서는 경제학이나 사회학에서 사용하는 회기분석(regressional analysis)이라는 용어가 사용되고 있다. 회기분석이란 데이터를 특정한 함수형태로 맞춤한다는 개념보다는 넓게 분포되어 있는 데이터의 전체적인 경향을 파악한다는 의미로서 기본적인 개념은 곡선맞춤과 동일한 것이다. 이 경우에는 선형적 함수관계 이상의 복잡한 형태의 함수관계를 구하는 경우는 극히 드물다.

또한 Origin이나 CurveExpert, CurveFit 등과 같은 곡선맞춤 전문프로그램이 출시되어 있는데, 이들은 선형문제뿐만 아니라 반복계산에 의하여 비선형 문제의 곡선맞춤도 가능하다.

6) 곡선맞춤의 실제

곡선맞춤을 하기 위해서는 우선 측정된 데이터를 그래프 형태로 출력하여 보고 어떤 형태의 곡선으로 맞춤을 할 것인가를 결정하여야 한다. 변수의 변화에 따라서 측정값이 어떻게 변화하는지를 다음과 같은 관점에서 관찰한다.

(a) 증가함수냐 감소함수냐

우선적으로 데이터를 살펴볼 때, 변수들 간의 관계가 증가관계냐 감소관계냐 하는 것을 파악한다. 또 증가함수(또는 감소함수)일 경우에 선형적 증가(감소)냐 비선형적 증가(감소)냐를 살펴볼 일이다.

(b) 대수관계냐 지수관계냐

비선형적 관계에 있을 때, 이것을 다항식 관계로 볼 것인가 지수적 관계인가를 살펴보아야 한다. 대수적 관계인지 지수적 관계인지 하는 것은 데이터를 로그-로그 또는 세미로그 그래프에 그려보면 알 수 있다.

(c) 점근선이 존재하는 가

또 중요한 것은 x나 y축을 따라서 점근선이 존재하는가를 살핀다. 점근선은 $x = a$ 또는 $y = b$와 같이 좌표축에 나란히 주어지는 경우도 있지만 $y = x$ 식과 같이 x와 y의 관계로 주어지기도 한다.

이와 같은 데이터의 관계를 살펴본 후 곡선맞춤을 하기 위한 함수식을 결정하여야 하는데, 이를 위한 일반적인 법칙은 다음과 같다.

- 정해진 법칙은 없다. 어느 정도의 직관과 경험이 요구될 뿐이다. 무엇보다도 그 물리현상에 대한 기본적인 이해가 바탕이 되어야 한다. 학교에서 기본 역학에 관한 이론들을 공부하는 이유가 여기에 있다. 실제 일어나고 있는 복잡한 현상을 설명하기

위하여 많은 가정 하에서 단순화된 이론식을 그대로 적용할 수는 없으나 전반적인 경향이나 기본적인 함수관계를 이해하는 데에는 필수적이다.

- 물리적 법칙에 의한 특정한 관계를 유추하기 어려운 경우에는, 가능하면 단순한 함수식을 사용한다. 직선식이 가장 먼저 시도해야 할 관계식일 것이다. 2차식이나 3차식 이상의 다항식으로 곡선맞춤을 할 수는 있으나 이러한 다항식에 사용된 계수에 물리적 의미를 부여하기는 매우 어렵다.
- 변수가 두 개 이상인 경우에는 변수별 관계를 따로 파악한다. 변수에 따라서는 함수값에 크게 영향을 미치는 것(strong function)이 있고, 상대적으로 적게 영향을 미치는 변수(week function)가 있다. 우선적으로 큰 영향을 미치는 변수에 대한 관계를 먼저 살핀다. 또한 2개 이상의 변수를 조합하여 하나의 변수를 만들어낼 수 있는 경우도 있다.
- 기본적인 수학적 함수에 대한 특성을 이해하여야 한다. 2차식은 증가-감소하는 형태이고, 3차식은 변곡점이 있는 함수형태이다. 또한 음의 지수를 갖는 함수나 지수함수, 로그함수 등이 어떠한 특성을 갖는지를 이해하고 있어야 한다.

7) 잘못된 곡선맞춤의 예 (Wrong examples)

다음의 3가지 예는 물리적 법칙을 이해하지 못하는 학생이 곡선맞춤을 하는 경우 어떠한 일이 발생할 수 있는가를 보여준다.

예제 3.10

기체의 압력과 부피의 관계

용기 내에 기체를 채우고 부피를 변화시키면서 용기 내의 압력을 측정하여 다음과 같은 결과를 얻었다. 부피를 증가시킴에 따라서 압력이 감소하는 결과를 직선식을 이용하여 관계식을 표현하고자 하였다. 즉,

$$P = aV + b$$

라는 직선식에서 a와 b값을 구하였다.

이 학생은 아마도 열역학에서의 이상기체 방정식을 이해하고 있지 못하기 때문일 것이다. 이것을 이해하고 있었더라면 위의 직선식 대신에

$$P = a/V$$

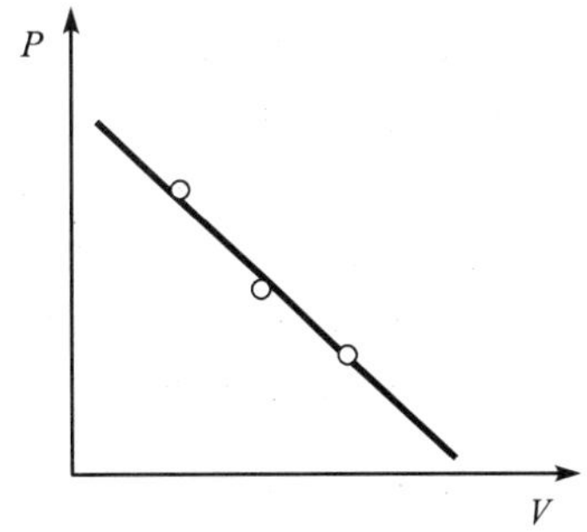

그림 3.5 용기 내 체적 변화에 따른 압력측정 결과

라는 식을 사용하였을 것이다. 그러면 결과도 더 잘 맞고 물리적 의미도 부여할 수 있었을 것이다.
또는 이 식이 만족할만한 결과를 내지 못한다면,

$P = a/(V-b)$ 또는

$P = a/(V-b) + c/V^2$

라는 Van der Waals 식을 시도했을 수도 있을 것이다.

예제 3.11

물체의 자유낙하

시간 $t=0$일 때, 물체를 자유낙하 시키면서 물체의 속도(V)를 측정하여 중력가속도를 측정하고자 하였다. 이때의 시간에 따른 데이터를 그래프에 그려보니 그림과 같았다.

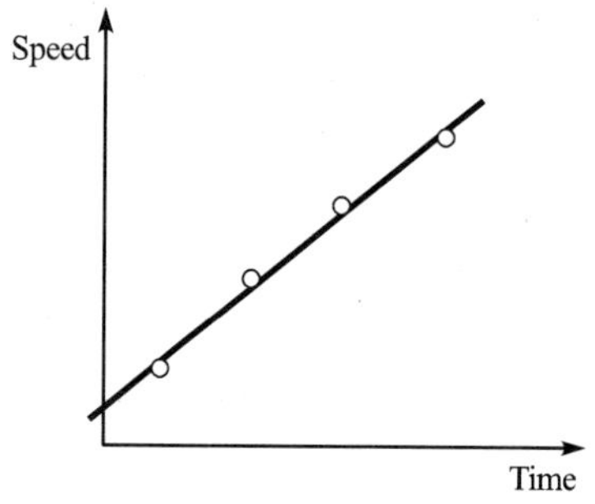

그림 3.6 시간에 따른 속도의 변화 측정결과

자유낙하 시킨 후 시간에 따라 측정된 속도를

$$V = at + b$$

라는 직선식으로 맞춤하여 기울기 a로부터 중력가속도를 구하고자 하였다.

그러나 여기서 상수항 b의 의미를 생각해볼 필요가 있다. 같은 직선맞춤을 하더라도 $V=at+b$라는 식으로 맞춤하는 것과 $V=at$ 라는 식으로 맞춤하는 것과 그 의미가 서로 다르기 때문이다.

반드시 원점을 지나면서 맞춤을 해주어야 하는 경우에는 상수항 b를 두지 않고 맞춤을 하여야 한다. 상수항을 원점에 고정하지 않고 맞춤한 경우가 비록 데이터가 더 잘 맞는다 할지라도 반드시 원점을 지나야 하는 경우에는 그 의미가 살지 못한다.

예제 3.12

대류에 의한 물체의 온도변화

초기온도가 T_i인 물체를 갑자기 $T=T_\infty$인 뜨거운 유체에 노출시켰을 때 주위로부터 열을 흡수하여 이 물체의 온도가 증가하는 과정을 측정하였다. 시간에 따라서 온도가 증가하고 있고, 잘 모르면 일단 가장 단순한 식을 사용하라고 하였으므로 직선식을 이용하여 그림과 같이 직선맞춤을 하였다.

$$T=at+b$$

그러나 이 학생이 대류열전달은 물체와 주위 유체와의 온도차에 비례한다는 Newton의 냉각(가열) 법칙을 이해하고 있었더라면 직선식 대신에 다음과 같은 지수함수를 이용했을 것이다.

$$T=ae^{-bt}+T_\infty$$

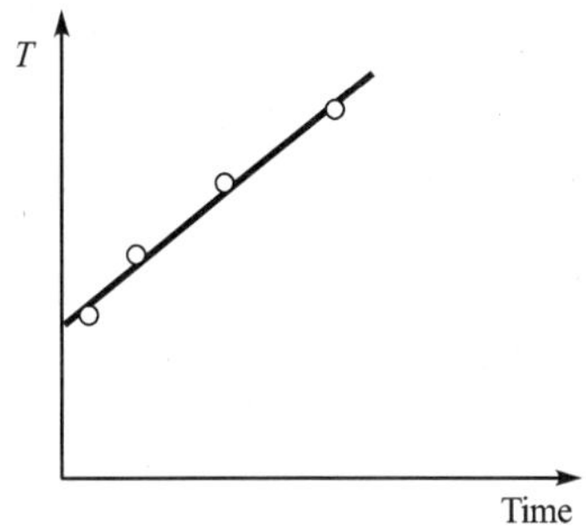

그림 3.7 시간에 따른 물체의 온도변화의 측정결과

물론 이러한 이론이 완전히 정확하다고는 볼 수 없기 때문에 실제 측정결과를 정확히 맞추지 못할 수도 있다. 왜냐하면 실제 문제에서 대류열전달계수가 일정하지 않고 시간에 따라서 또는 온도에 따라서 변화할 수도 있기 때문이다. 그렇다면 이 지수식을 기본 식으로 하여 열전달계수가 일정하지 않다는 가정 하에 유도된 변형된 지수함수의 형태를 이용할 수도 있을 것이다.

아무튼 단순화된 이론식들이 실제 현상을 정확하게 설명하지는 못한다 하더라도 근사하게 설명할 수는 있다. 따라서 이러한 이론식들은 보다 복잡하고 실제적인 문제에 접근하는데 가이드라인을 제공할 수 있을 것이라는 이야기이다.

chapter 3

연 습 문 제

3.1 $y = 1.0 - 0.2x + 0.01x^2$에서 x의 불확도는 ±3%이다. $x = 1$일 때 y의 불확도를 구하라.

3.2 질량이 $m = 24.6\,\mathrm{g} \pm 2\%$인 직육면체 세 변의 길이가 각각 $a = 200\,\mathrm{mm} \pm 1\%$, $b = 150\,\mathrm{mm} \pm 1\%$, $c = 100\,\mathrm{mm} \pm 1\%$일 때, 밀도를 계산하라. 또 밀도측정상의 불확도는 몇 %인가?

3.3 20 kΩ 의 저항과 12 kΩ 의 저항이 병렬로 연결되어 있다. 두 저항은 모두 ±10%의 오차를 갖는다.
(1) 이 병렬조합에 의한 저항값과 불확도를 계산하라.
(2) 나머지는 그대로 이고 20 kΩ 의 저항의 오차만 ±5%로 바뀌었다면 불확도는 어떻게 변화하는가?

3.4 저항이 직렬로 연결되어 있는 경우에 대하여 앞의 문제를 반복하라.

3.5 스프링 저울에 사용되는 스프링의 상수는 $k = \dfrac{GD_w^4}{8D_m^3 N}$으로 표현된다. 여기서 D_m = 코일 직경 (2±0.05 cm), D_w = 철선의 직경(2±0.01 mm), N=코일의 수(40±1/3), G=전단 탄성계수(철강 : $80 \times 10^9\ \mathrm{Pa}$)라고 할 때, 스프링 상수를 계산하고 불확도를 결정하라.

3.6 압력탱크 내의 공기밀도를 측정하기 위하여 온도와 압력을 측정하였더니 각각 25℃, 500 kPa이었다. 온도측정상의 오차는 1℃이고 압력측정상의 오차는 2 kPa이라고 할 때, 밀도 측정상의 불확도는 얼마인가? 이상기체로 가정하고 기체상수에 대한 오차는 없다고 가정하라. ($R_{\mathrm{air}} = 287$ J/kg K)

3.7 위 문제에서 밀도의 불확도 범위를 1% 이내로 하기 위해서는 압력(500 kPa)을 얼마나 정확하게 측정하여야 하는가? 온도 측정값은 25±1℃이고 기체상수의 오차는 없다.

3.8 직경이 100 mm인 노즐을 통과하는 공기의 체적유량을 측정하기 위하여 노를 양단에 마노미터를 연결하여 압력차 ΔP를 측정하였다. 이때 체적유량은 다음의 식으로부터 구할 수 있다.

$$Q = C_o \frac{\pi d^2}{4} \sqrt{\frac{2\Delta P}{\rho}}$$

$$\Delta P = \rho_w g h$$

여기서, Q는 체적유량(m^3/s), d는 관경(100±0.2 mm), ρ는 공기의 밀도(1.2 kg/m^3)이다. 그리고 ρ_w =1000 kg/m^3, g =9.81 m/s^2, C_o =1.0이다.

ΔP를 측정하기 위한 마노미터의 수두 h의 측정상의 불확도는 ±0.5 mm이다.

(1) 마노미터의 압력차가 수두로 h =20 mm일 때 체적유량 Q를 구하고 d와 h의 측정상의 불확도를 감안할 때 RSS(Root Sum of Square)에 의한 Q의 불확도를 계산하라.
(2) $h = 5$ mm일 때 같은 방법으로 Q를 계산하고 Q의 불확도를 계산하라.
(3) 위의 결과로부터 노즐을 이용한 유량 측정 시에 적용될 수 있는 결론을 유추하라.

3.9 막대의 길이를 10번 측정하였더니 8.5, 8.4, 8.5, 8.6, 8.7, 8.6, 8.5, 8.6, 8.4, 8.3으로 측정되었다. 평균값과 편중 표준편차를 구하라. 또 비편중 표준편차를 추정하라.

3.10 앞 문제의 측정값에 대하여 95%신뢰수준에 들기 위한 측정값의 범위를 구하라.

3.11 길이 측정상의 정밀도가 ±0.5 mm(95% 신뢰수준)로 알려진 줄자를 이용하여 막대의 길이를 측정하고자 한다. 측정된 평균값이 동일한 신뢰수준에서 ±0.2 mm 이내의 정밀도를 갖기 위해서는 몇 번의 측정이 이루어져야 하는가?

3.12 생산과정에서의 무작위적인 불확도 때문에 제품의 두께 분포가 정규분포를 보인다. 두께의 평균값이 4 mm이고, 표준편차가 0.1 mm일 때 두께가 4.2 mm 이상이 되는 것은 몇 %인가?

3.13 어느 물질의 비열을 온도를 변화시키며 측정하였더니 다음과 같은 결과를 얻었다. 최소제곱법을 이용하여 직선맞춤식을 구하라. 직선맞춤식에 의하여 57℃에서의 비열을 구하라. 또 55℃와 60℃ 사이를 선형 보간하여 구한 결과와 비교하라.

온도 (℃)	50	55	60	65	70
비열 (cal/g℃)	1.46	1.49	1.56	1.57	1.59

3.14 충전된 콘덴서에 걸린 전압 V는 시간 경과에 따라서 다음과 같이 방전된다.

$$V = Ke^{-\frac{t}{\tau}}$$

다음 결과로부터 K와 τ값을 계산하라.

t (sec)	0	1	2	3	4	5
V (Volt)	8.4	5.5	3.5	2.3	1.5	0.9

3.15 이론적으로 변수 x와 y는 다음과 같은 관계를 갖는다고 한다.

$$y = A + Bx^2$$

다음의 측정결과로부터 A와 B값을 구하라.

x	0	1	2	3	4
y	0.1	0.9	2.7	6.4	12.1

3.16 어느 재질의 막대에 대하여 온도변화에 따른 길이를 측정하였더니 다음과 같은 결과를 얻었다. 직선 맞춤(linear curve fitting)을 이용하여 이 재질의 열팽창률(단위 m/℃)을 구하라.

온도 (℃)	15	20	25	30
길이 (m)	1.212	1.235	1.267	1.289

3.17 $y = ax + \frac{b}{x}$의 형태로 주어지는 함수를 이용하여 (1, 10.5), (3, 8), (8, 18)의 데이터를 맞춤하고자 한다. 최소제곱법에 의하여 계수 a와 b를 구하라.

3.18 집중열용량계(lumped heat capacity system)로 해석이 가능한 작은 쇠구슬의 온도를 시간에 따라서 측정한 다음의 결과로부터 이 쇠구슬의 시간상수 τ와 초기온도 T_i를 구하여 보라(주위의 온도는 0℃이며 온도 T는 다음의 식으로 표현된다).

$$T = T_i e^{-t/\tau}$$

시간 (min)	1	2	3	4
온도 (℃)	35	24	16	10

3.19 위의 문제에서 초기온도 T_i가 정확하게 55℃로 주어졌다면 쇠구슬의 선맞춤에 의한 시간상수는 얼마로 계산되는가? 위 문제에서 주어진 맞춤식을 적용하였을 때와의 차이점은 무엇인가?

3.20 용기 내에 들어있는 1 kg의 기체에 압력을 가하면서 체적의 변화를 측정하였더니 다음 표와 같았다. 이때 기체와 용기의 온도는 300 K로 일정하게 유지하였다. 이 결과를 최소제곱법을 이용하여 다음의 식으로 곡선맞춤하여 이 기체의 기체상수 R과 b값을 구하라.

$$P = \frac{RT}{V-b}$$

P (Pa)	0.8×10^5	1.013×10^5	1.2×10^5	1.5×10^5
V (㎥)	1.74	1.43	1.18	0.94

3.21 온도에 따른 물의 포화증기압을 표현하기 위하여 다음과 같은 식이 종종 사용되고 있다. 계수 A와 B를 구하고 이 맞춤식에 의하여 계산된 포화증기압과 실제 포화증기압을 하나의 그래프에 그려서 비교해 보라.

$$\ln p = A + \frac{B}{T}$$

여기서, p는 포화증기압(kPa)이고 T는 절대온도(K)이다.

Temperature (℃)	Saturation Pressure (kPa)
0	0.6108
10	1.227
20	2.337
30	4.241
40	7.375
50	12.335
60	19.92
70	31.16
80	47.36
90	70.11
100	101.33

3.22 위의 포화증기압을 3차 다항식으로 곡선 맞춤하여 위의 문제를 반복하라. 각 점에서의 오차와 전체적인 상관계수를 구하여 위의 결과와 비교하라.

CHAPTER 04

신호처리
(Signal Processing)

Mechanical Measurements

CHAPTER

04 신호처리

신호처리는 일반적으로 시간에 따라서 변화하는 물리량을 분석하고 해석하는 것을 말한다. 신호는 짧은 시간동안에 일어나는 과도적인 것일 수도 있고 반복적이며 주기적으로 변화하는 것일 수도 있으며 전혀 예측을 할 수 없는 무작위적인 것일 수도 있다. 신호처리의 응용분야는 통신, 제어시스템, 지질학, 기계진동, 유체역학, 레이더 설계 등 매우 다양하다. 최근 컴퓨터 장비가 널리 보급됨에 따라 디지털 신호처리 기법에 관하여 많은 발전을 하고 있으며 응용범위도 더욱 넓어지고 있다.

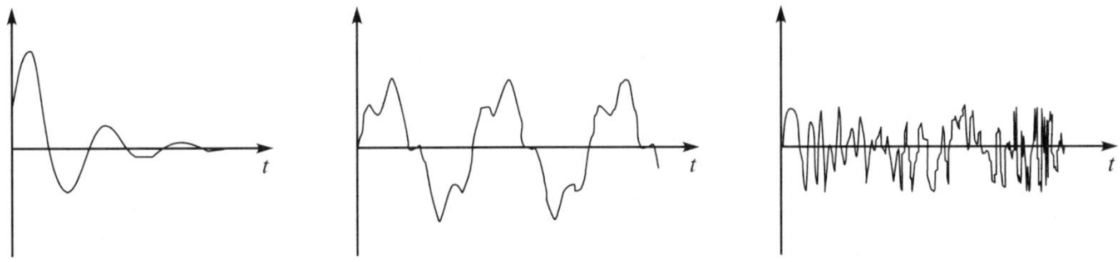

(a) 과도적 신호 (b) 주기적 신호 (c) 무작위적 신호

그림 4.1 여러 가지 신호의 예

4.1 푸리에 급수 (Fourier Series)

시간에 따라서 변화하는 신호를 이해하기 위해서는 그 신호 내에 포함되어 있는 주파수 성분에 관하여 이해하여야 한다. 수학시간에 배운 푸리에 해석은 시간대역(time domain)에서의 신호를 주파수대역(frequency domain)으로 변환하는 작업을 해준다.

이러한 개념을 이해하기 위해서 각속도가 ω_o인 정현파 신호에 관하여 생각해 보기로 한다.

$$f(t) = a \cdot \sin \omega_0 t \tag{4.1}$$

이것을 시간대역에서 표시하기 위해서는 각 시간 t에 대하여 $f(t)$값이 연속적으로 주어져야 하지만, 주파수대역에서는 주파수가 $\omega_o = 2\pi/T$이며 크기가 a라는 두 개의 값만 주어지면 위 함수에 대한 재현이 가능하다. 다음의 표는 $f(t) = 2 \cdot \sin 3t$라는 함수를 표시하기 위한 데이터 세트를 보여준다.

표 4.1 t-대역과 ω-대역에서의 함수의 표현

(a) t-대역에서의 함수 표현

Time t	Function value f
0	0
0.1	0.591
0.2	1.129
0.3	1.567
0.4	1.864
0.5	1.995
0.6	1.948
0.7	1.726
0.8	1.351
…	…

(b) ω-대역에서의 함수 표현

Frequency ω	Magnitude a
3	2

마찬가지로

$$f(t) = a_1 \cdot \sin \omega_0 t + a_2 \cdot \sin 2\omega_0 t + a_3 \cdot \sin 3\omega_0 t \tag{4.2}$$

라는 함수는 3개의 단순 주기함수의 합으로 표현되어 있으며 a_1과 a_2 그리고 a_3는 $f(t)$ 내에 포함되어 있는 $\sin \omega_o t$ 함수와 $\sin 2\omega_o t$ 함수, 그리고 $\sin 3\omega_o t$ 함수의 크기 성분을 나타내고 있다고 말할 수 있다. 여기서 ω_o는 기본주파수로서 $\omega_o = 2\pi/T$이다. 아래의 그림은 $a_1 = 0.8$, $a_2 = 0.4$, $a_3 = 0.2$일 때 위 함수에 대한 시간대역과 주파수대역에서의 표현을 보여주고 있다.

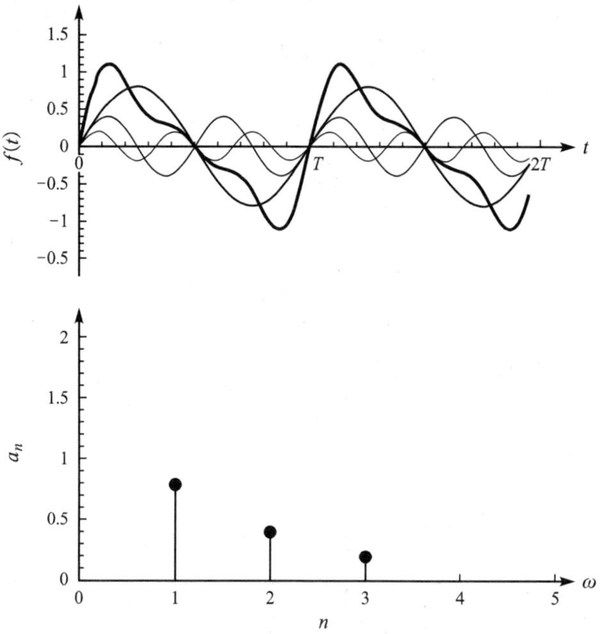

그림 4.2 간단한 신호에 대한 시간대역과 주파수대역에서의 표현

아무리 복잡한 주기함수일지라도 이와 같이 여러 가지 주파수를 갖는 sine함수의 합으로써 표현할 수 있다. 또는 역으로 말하면 sine함수를 조합함으로써 어떠한 주기함수라도 만들어낼 수 있다는 뜻이다.

좀 더 엄밀히 말하면, 일반적인 함수 $f(t)$는 기함수와 우함수의 성분을 가지고 있으므로 sine함수와 cosine함수를 이용하여 표현할 수 있다. 이것을 Fourier 급수라고 한다. 기본적인 T의 주기를 갖는 함수에 대한 푸리에급수는 다음과 같이 표현된다.

$$f(t) = \frac{A_o}{2} + \sum_{n=1}^{\infty}(A_n \cos n\omega_o t + B_n \sin n\omega_o t) \tag{4.3}$$

여기서, 기본 주파수 $\omega_o = 2\pi/T$이고, 함수 $f(t)$는 이 기본주파수의 정수배의 주파수를 갖는 정현파들의 조합으로 계산이 된다는 말이다. 여기서 계수 A_o와 A_n, B_n 등의 계수는 sine함수와 cosine함수의 직교성을 이용하여 다음 식으로부터 구해진다.

$$A_n = \frac{2}{T}\int_{-\frac{T}{2}}^{\frac{T}{2}} f(t) \cos n\omega_o t \, dt \tag{4.4}$$

$$B_n = \frac{2}{T}\int_{-\frac{T}{2}}^{\frac{T}{2}} f(t)\sin n\omega_o t\,dt \tag{4.5}$$

여기서, A_n과 B_n은 $\cos n\omega_o t$와 $\sin n\omega_o t$ 함수의 계수로서, $f(t)$가 기함수이면 A_o와 A_n은 영이 되며, 우함수이면 B_n이 영이 된다.

예제 4.1

그림과 같이 주어지는 신호에 대한 Fourier급수를 구하라.

$-\pi < t < 0$일 때 $f(t) = -1$
$0 < t < \pi$일 때 $f(t) = 1$

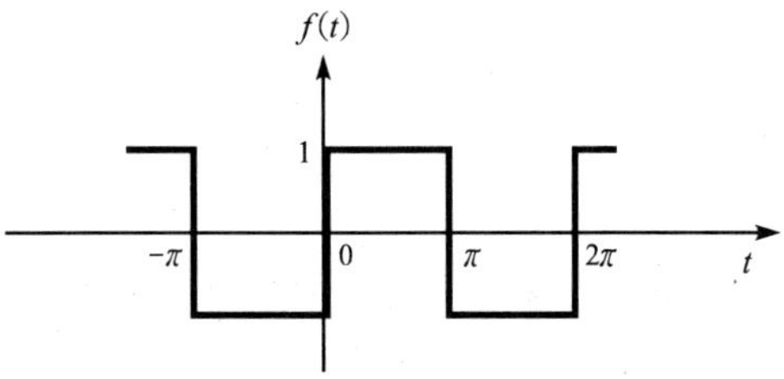

풀이

주어진 신호는 주기 $T = 2\pi$이고 $\omega_o = 1$ rad/s이다.

$$f(t) = \frac{A_o}{2} + \sum_{n=1}^{\infty}(A_n\cos nt + B_n\sin nt)$$

또, 기함수이므로 A_o, A_n은 영이 되고, sine함수의 계수 B_n만 구하면 된다.

$$B_n = \frac{1}{\pi}\left\{\int_{-\pi}^{o}(-1)\sin nt\,dt + \int_{o}^{\pi}(1)\sin nt\,dt\right\}$$

$$= \frac{2}{n\pi}[1 - \cos n\pi]$$

$$= \frac{2}{n\pi}[1 + (-1)^{n+1}]$$

따라서

$$f(t) = \frac{2}{\pi}\sum_{n=1}^{\infty}\frac{1+(-1)^{n+1}}{n}\sin nt$$

와 같이 된다. 급수에서 n이 홀수일 때만 계수가 영이 아니기 때문에 다음과 같이 표현할 수도 있다.

$$\frac{4}{\pi}\sum_{n=1}^{\infty}\frac{1}{(2n-1)}\sin(2n-1)t$$

$$=\frac{4}{\pi}\left\{\sin t+\frac{1}{3}\sin 3t+\frac{1}{5}\sin 5t+\cdots\right\}$$

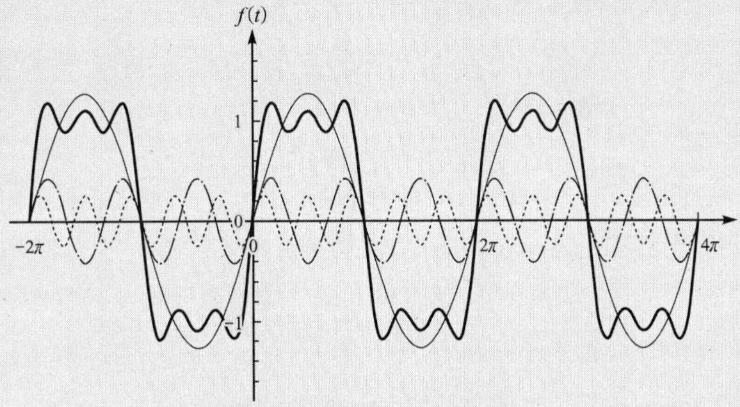

이 그림은 앞에서 3개의 정현파를 합한 결과를 보인다. n의 개수를 늘려 합산을 하게 되면 그래프는 좀 더 매끈하고 원래 신호에 가깝게 될 것이다.

4.2 연속 푸리에 변환 (Continuous Fourier Transform)

앞에서 설명한 Fourier 급수를 sine이나 cosine 대신 복소수 지수함수를 이용하여 표현하면

$$f(t)=\sum_{n=-\infty}^{\infty}C_n e^{jn\omega_o t} \tag{4.6}$$

$$C_n=\frac{1}{T}\int_{-\frac{T}{2}}^{\frac{T}{2}}f(t)e^{-jn\omega_o t}\,dt \tag{4.7}$$

와 같이 된다. 여기서, ω_o는 기본 주파수이다. Fourier 급수는 주기함수에 대하여 적용이 가능하다. 주기함수가 아닌 일반 함수에 대해서는 기본 주파수가 무한소로 작아서 주기가 무한대가 되어야 한다. 즉, 기본 주파수를 영으로 접근시킴으로써 기본주파수의 정수 배에

해당하는 주파수 $n\omega_o$를 갖는 정현파에 대한 계수가 아니라 연속적인 주파수 스펙트럼을 얻을 수 있게 된다. 그러면 급수형태의 표현은 적분형태로 나타나고 계수 C_n은 $F(j\omega)$라는 ω의 연속적인 함수형태로 나타난다. 즉,

$$f(t) = \frac{1}{2\pi}\int_{-\infty}^{\infty} F(j\omega)\, e^{j\omega t}\, dt \tag{4.8}$$

$$F(j\omega) = \int_{-\infty}^{\infty} f(t)\, e^{-j\omega t}\, dt \tag{4.9}$$

와 같은 Fourier Transform의 쌍으로 나타난다. $F(j\omega)$는 $f(t)$의 푸리에 변환이며, $f(t)$는 $F(j\omega)$의 푸리에 역변환(Inverse Fourier Transform)이라고 한다. 우함수 $f(t)$를 연속 푸리에 변환시키면 $F(j\omega)$는 실수 우함수로 나타나고 기함수를 푸리에 변환하면 $F(j\omega)$는 허수의 기함수로 나타난다.

푸리에 변환은 복소수이므로 크기와 위상을 갖는다. 크기와 위상은 $F(j\omega)$의 실수부와 허수부로부터 구한다.

예제 4.2

그림과 같이 주어지는 신호에 대한 Fourier변환을 하라.

$-1 \le t \le 1$일 때 $f(t) = 1$

$t < -1,\ t > 1$일 때 $f(t) = 0$

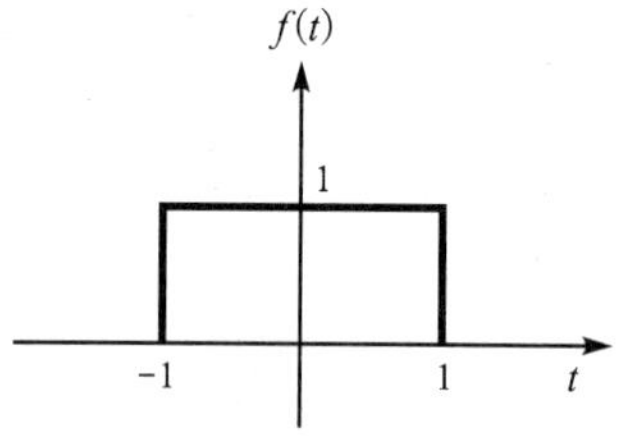

풀이

$$F(j\omega) = \int_{-\infty}^{\infty} f(t) e^{-j\omega t}\, dt$$

$$= \int_{-\infty}^{-1} 0 \cdot e^{-j\omega t}\, dt + \int_{-1}^{1} 1 \cdot e^{-j\omega t} dt + \int_{1}^{\infty} 0 \cdot e^{-j\omega t} dt$$

$$= \frac{1}{-j\omega} e^{-j\omega t} \Big]_{-1}^{1}$$

$$= \frac{1}{-j\omega} \left(e^{-j\omega} - e^{+j\omega} \right)$$

$$= \frac{2\sin\omega}{\omega}$$

따라서

$$Re\left[F(j\omega)\right] = \frac{\sin\omega}{\omega}$$

$$Im\left[F(j\omega)\right] = 0$$

이고 $|F(j\omega)|$는 다음 그림과 같이 된다.

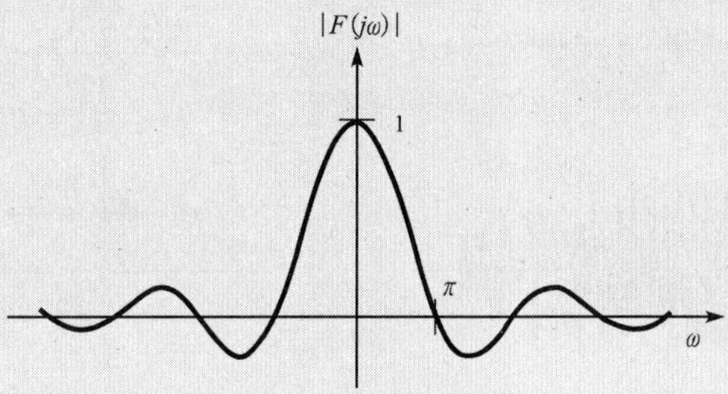

이와 같이 주기가 무한대인 함수, 즉 일반적인 함수 $f(t)$를 푸리에 변환하여 주파수 ω의 함수 $F(j\omega)$를 얻는 것을 주파수분석(frequency analysis) 또는 스펙트럼분석(spectrum analysis)이라고 한다. 그림 4.3은 몇 가지 대표적인 Fourier 변환 쌍의 예를 보여주고 있다.

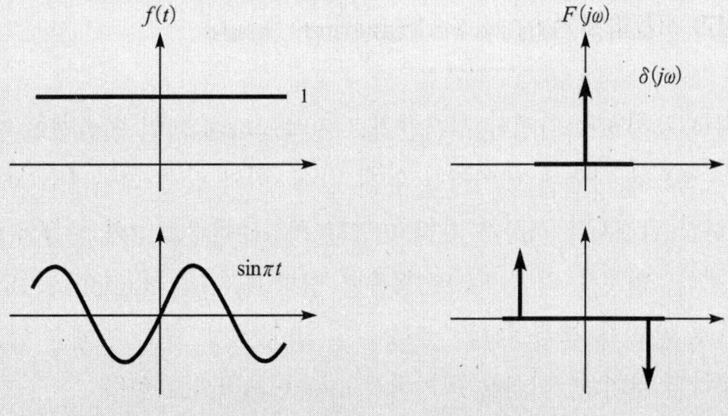

그림 4.3 몇 가지 Fourier변환의 쌍

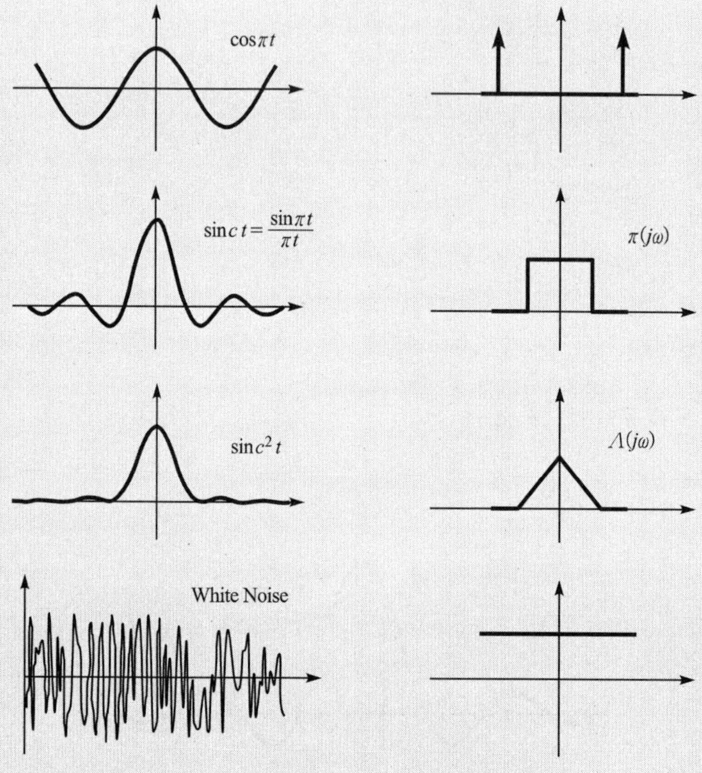

그림 4.3 몇 가지 Fourier변환의 쌍(계속)

4.3 샘플링과 신호측정 (Sampling and Measurement Signals)

연속적으로 변화하는 신호를 일정한 시간간격으로 측정하게 되면 연속적인 함수를 얻는 것이 아니라 불연속적으로 나열된 데이터를 얻게 된다. 이와 같은 데이터로부터 원래의 함수를 그대로 재현하기 위해서는 $f(t)$가 가지고 있는 최고주파수의 2배 이상의 속도로 데이터를 수집하여야 한다. 이것을 나이키스트 샘플링 법칙(Nyquist sampling theorem)이라고 한다. 또는 역으로 우리가 샘플링하는 주파수의 절반 이상 되는 주파수 성분에 대해서는 측정이 불가능하다는 뜻이다. 이것을 엘리어싱(aliasing)이라고 한다.

한 예로 빠르게 회전하는 자전거의 바퀴가 거꾸로 느리게 회전하는 것처럼 보이는 것은 우리의 눈이 바퀴살 주파수의 2배보다 느리게 샘플링하는 경우 원래 주파수를 분해해내지 못하지 때문이다. 이러한 현상은 그림 4.4로 설명될 수 있다.

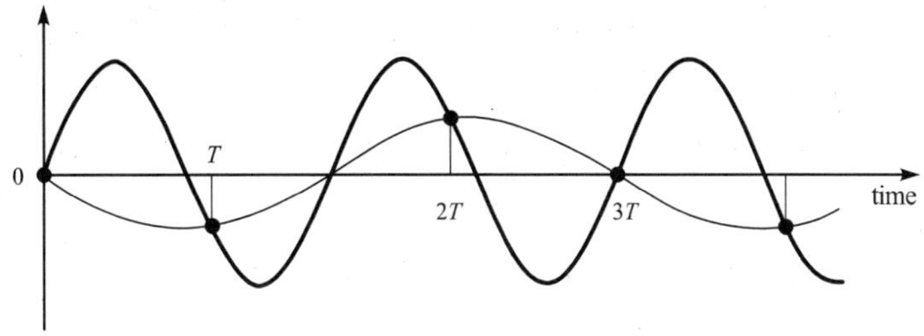

그림 4.4 엘리어싱 주파수 이하로 샘플링된 데이터의 예

4.4 이산 푸리에 변환 (Discrete Fourier Transform)

연속적인 함수가 아니라 일정한 주기로 샘플링된 데이터에 대하여 주파수 분석을 하기 위해서는 앞에서 설명한 연속 푸리에 변환을 이용할 수 없다. 이산 Fourier 변환은 함수가 아닌 샘플링된 데이터에 대해서는 Fourier 변환을 수행할 때 사용한다. 변환작업도 함수에 대한 적분형태가 아니라 다음과 같이 데이터에 대한 합산으로 이루어진다.

$$\overline{F}(j\omega) = \sum_{-\infty}^{\infty} f(nT)\, e^{-j\omega n T} \tag{4.10}$$

여기서, T는 샘플링 주기이고 $f(nT)$란 다름 아닌 n번째 데이터이므로 f_n이라고 간략히 써도 무방하다. 이것을 실수부와 허수부로 나누어 표현하면 다음과 같다.

$$\overline{F}(j\omega) = \sum_{-\infty}^{\infty} f_n \cos \omega n T - j \sum_{-\infty}^{\infty} f_n \sin \omega n T \tag{4.11}$$

이로부터 다음과 같은 성질을 유추할 수 있다.

1. 함수 $f(t)$가 우함수일 때, 즉 $f_n = f_{-n}$일 때 $\overline{F}(j\omega)$는 실수 우함수이다.
2. 함수 $f(t)$가 기함수일 때, 즉 $f_n = -f_{-n}$일 때 $\overline{F}(j\omega)$는 허수 기함수이다.
3. $\overline{F}(j\omega)$와 $\overline{F}(-j\omega)$는 서로 공액복소수이다.
4. $\overline{F}(j\omega)$는 $2\pi/T$를 주기로 하는 주기함수이다.

즉, $\overline{F}(j\omega) = \overline{F}\left(j\left(\omega + \frac{2\pi}{T}\right)\right)$이다.

앞의 세 가지 성질은 연속 푸리에 변환에서도 동일한 성질을 가지나 네 번째 성질은 이산푸리에 변환이 갖는 독특한 성질이다.

일반적으로 연속 푸리에 변환(CFT)과 이산 푸리에 변환(DFT)에 의한 결과는 다음과 같은 관계에 있다.

$$T\,\overline{F}(j\omega) \approx F(j\omega) \tag{4.12}$$

실제로 이산 푸리에 변환을 계산하는 과정에서는 무한히 많은 데이터를 대상으로 할 수 없기 때문에 영이 아닌 구간에 대하여 취득한 유한한 N개의 데이터를 이용한다. 데이터가 $t=0$부터 시작된다고 하면

$$\overline{F}(j\omega) = \sum_{n=0}^{N-1} f_n e^{-j\omega n T} \tag{4.13}$$

와 같이 되고 네 번째 성질로부터 $\overline{F}(j\omega)$는 ωT가 0에서 2π 사이에서 n개의 독립적인 값을 가질 수 있다. 즉,

$$\omega = \frac{2\pi m}{NT} \qquad m = 0, 1, \cdots, N-1 \tag{4.14}$$

이므로 N개의 $F_m = \overline{F}\left(j\frac{2\pi m}{NT}\right)$ 값을 얻을 수 있다. 실제로는 실수부와 허수부가 있기 때문에 $2N$개의 값을 얻으나 서로 공액복소수이므로 N개의 독립성을 갖는다. 다시 말하면, 실제로는 $m=0$부터 $N/2$까지의 계산만이 요구된다. 요약해서 이산 푸리에 변환과 역변환을 정리하면 다음과 같이 표현된다.

연속 푸리에 변환과 구별하기 위하여 DFT의 경우 $\overline{F}(j\omega)$와 같이 표기하였으나 DFT가 명백한 F_m의 경우에는 굳이 $\overline{F_m}$과 같이 쓰지 않더라도 혼돈의 우려가 없으므로 여기서는 위의 바를 생략하여 표기한다.

$$F_m = \sum_{n=0}^{N-1} f_n e^{-j(2\pi mn/N)} \qquad m = 0, 1, \cdots, N-1 \tag{4.15}$$

$$f_n = \frac{1}{N}\sum_{m=0}^{N-1} F_m e^{+j(2\pi mn/N)} \qquad n = 0, 1, \cdots, N-1 \tag{4.16}$$

여기서, $\omega = \dfrac{2\pi m}{NT}$ rad/s이고, N과 T는 샘플데이터의 개수와 샘플링 간격이다. 이와 같은 이산 푸리에 변환은 연속 푸리에 변환과 같이 완벽하지 못하고 약간의 함정이 있다. 함정에는 다음과 같은 것들이 있다.

- 엘리어싱(aliasing) : 샘플링 주파수가 유한하기 때문에 샘플링 주파수의 절반 이상이 되는 주파수 성분에 대하여 분해가 불가능하다.
- 절단(truncation) : 데이터 개수가 유한하기 때문에 주기신호의 정수배를 포함하지 못함으로써 발생한다.
- 누설(leakage) : 여러 개의 반복적인 신호를 여러 사이클에 걸쳐서 충분히 취득하지 못한 경우에 발생한다.
- 피켓펜스 효과(picket fence effect) : 데이터의 개수가 2^N개와 같지 않음으로써 주된 주파수가 하나의 값으로 나타나지 않고 나란한 두 개의 주파수로 나타난다. 끝부분에 0이라는 임의의 데이터를 추가해서 데이터 개수를 2^N개에 맞춰주면 없앨 수 있다.

예제 4.3

연속신호 $f(t) = 10\sin 2\pi t$에 대하여 시간 간격 0.125 s로 얻은 16개의 데이터를 이산 푸리에 변환하라.

풀이

신호의 주파수 : $\omega = 2\pi$ rad/s 또는 $f = \dfrac{\omega}{2\pi} = 1\,\text{Hz}$

데이터 개수 : $N = 16$

샘플링 주기 : $T = 0.125\text{s}$, 샘플링 주파수 : $\dfrac{1}{T} = 8\,\text{Hz}$

입력 데이터 :

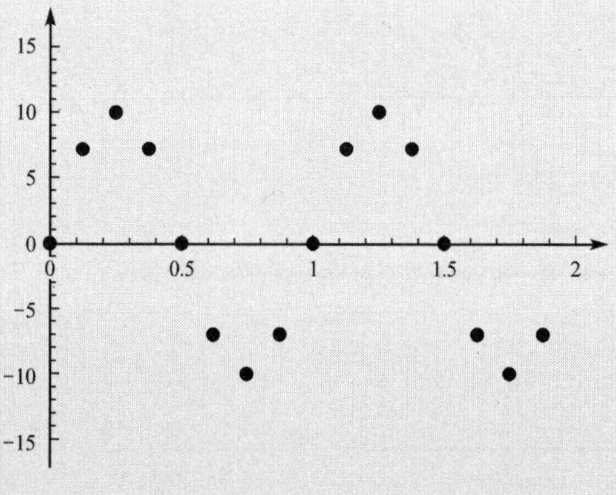

n	t	f_n
0	0	0
1	0.125	7.071
2	0.25	10
3	0.375	7.071
4	0.5	0
5	0.625	−7.071
6	0.75	−10
7	0.875	−7.071
8	1	0
9	1.125	7.071
10	1.25	10
11	1.375	7.071
12	1.5	0
13	1.625	−7.071
14	1.75	−10
15	1.875	−7.071

기함수이므로 F_m의 실수부는 모두 영이다. 식 (4.15)의 코사인 항을 모두 더하면,

$$F_0 = f_0\cos\left(\frac{2\pi\cdot 0\cdot 0}{N}\right)+f_1\cos\left(\frac{2\pi\cdot 0\cdot 1}{N}\right)+f_2\cos\left(\frac{2\pi\cdot 0\cdot 2}{N}\right)+\cdots+f_{15}\cos\left(\frac{2\pi\cdot 0\cdot 15}{N}\right)=0$$

$$F_1 = f_0\cos\left(\frac{2\pi\cdot 1\cdot 0}{N}\right)+f_1\cos\left(\frac{2\pi\cdot 1\cdot 1}{N}\right)+f_2\cos\left(\frac{2\pi\cdot 1\cdot 2}{N}\right)+\cdots+f_{15}\cos\left(\frac{2\pi\cdot 1\cdot 15}{N}\right)=0$$

$$\cdots$$

$$F_{15} = f_0\cos\left(\frac{2\pi\cdot 15\cdot 0}{N}\right)+f_1\cos\left(\frac{2\pi\cdot 15\cdot 1}{N}\right)+f_2\cos\left(\frac{2\pi\cdot 15\cdot 2}{N}\right)+\cdots+f_{15}\cos\left(\frac{2\pi\cdot 15\cdot 15}{N}\right)=0$$

따라서 $Re(F_m)=0$을 확인할 수 있다.

식 (4.15)의 허수부를 구하면,

$$F_0 =-f_0\sin\left(\frac{2\pi\cdot 0\cdot 0}{N}\right)-f_1\sin\left(\frac{2\pi\cdot 0\cdot 1}{N}\right)-f_2\sin\left(\frac{2\pi\cdot 0\cdot 2}{N}\right)-\cdots-f_{15}\sin\left(\frac{2\pi\cdot 0\cdot 15}{N}\right)=0$$

$$F_1 =-f_0\sin\left(\frac{2\pi\cdot 1\cdot 0}{N}\right)-f_1\sin\left(\frac{2\pi\cdot 1\cdot 1}{N}\right)-f_2\sin\left(\frac{2\pi\cdot 1\cdot 2}{N}\right)-\cdots-f_{15}\sin\left(\frac{2\pi\cdot 1\cdot 15}{N}\right)=0$$

$$F_2 =-f_0\sin\left(\frac{2\pi\cdot 2\cdot 0}{N}\right)-f_1\sin\left(\frac{2\pi\cdot 2\cdot 1}{N}\right)-f_2\sin\left(\frac{2\pi\cdot 2\cdot 2}{N}\right)-\cdots-f_{15}\sin\left(\frac{2\pi\cdot 2\cdot 15}{N}\right)=-80$$

$$\cdots$$

$$F_7 =-f_0\sin\left(\frac{2\pi\cdot 7\cdot 0}{N}\right)-f_1\sin\left(\frac{2\pi\cdot 7\cdot 1}{N}\right)-f_2\sin\left(\frac{2\pi\cdot 7\cdot 2}{N}\right)-\cdots-f_{15}\sin\left(\frac{2\pi\cdot 7\cdot 15}{N}\right)=0$$

$$\cdots$$

$$F_{14} =-f_0\sin\left(\frac{2\pi\cdot 14\cdot 0}{N}\right)-f_1\sin\left(\frac{2\pi\cdot 14\cdot 1}{N}\right)-f_2\sin\left(\frac{2\pi\cdot 14\cdot 2}{N}\right)-\cdots-f_{15}\sin\left(\frac{2\pi\cdot 14\cdot 15}{N}\right)=80$$

$$F_{15} =-f_0\sin\left(\frac{2\pi\cdot 15\cdot 0}{N}\right)-f_1\sin\left(\frac{2\pi\cdot 15\cdot 1}{N}\right)-f_2\sin\left(\frac{2\pi\cdot 15\cdot 2}{N}\right)-\cdots-f_{15}\sin\left(\frac{2\pi\cdot 15\cdot 15}{N}\right)=0$$

따라서 F_2와 F_{14}를 제외하면 모두 영이다.

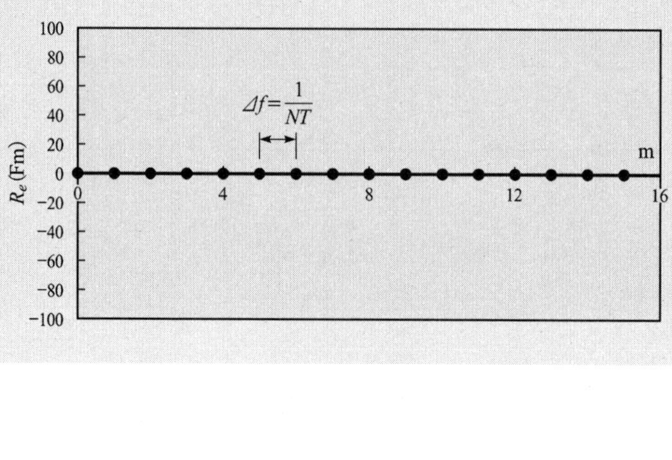

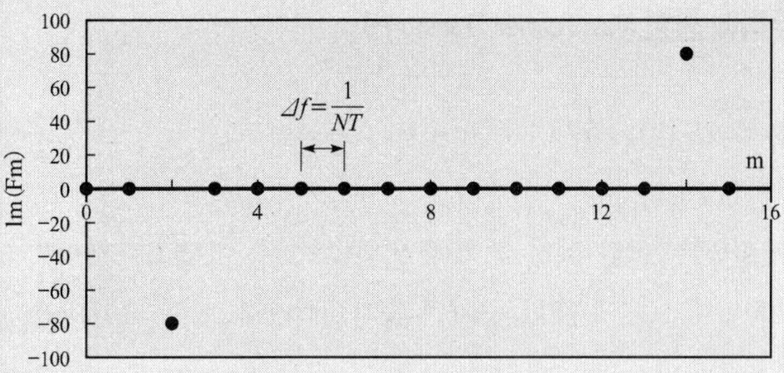

실수와 허수 각각 16개의 데이터가 생성된다. 그러나 실수부의 경우 $m=8$을 중심으로 대칭이고 허수부의 경우 부호가 바뀐 상태로 대칭이다. 따라서 $N/2$까지의 계산만이 의미가 있다. 여기서 m의 1 증가는 $\Delta\omega=\dfrac{2\pi}{NT}=\pi\ \mathrm{rad/s}$ 또는 $\Delta f=\dfrac{1}{NT}=0.5\,\mathrm{Hz}$에 해당한다. 따라서 $m=n$에서의 각속도는 $m\,\Delta\omega$ 또는 주파수로는 $m\,\Delta f$이다. $m=8$일 때의 주파수는 4 Hz로서 샘플링 주파수의 절반, 즉 나이키스트 주파수에 해당한다.

DFT에 의한 결과는 연속푸리에 변환 결과와 샘플링 주기 T배 만큼 차이가 난다. 따라서 각 주파수별 푸리에 변환의 진폭은 다음과 같이 구할 수 있다.

$$|F(j\omega)|=T|\overline{F}(j\omega)|=TF_m$$

x축에 m 대신 주파수를, y축에 진폭을 그리면 다음과 같은 진폭 스펙트럼 그래프가 된다. 예상할 수 있는 바와 같이 1 Hz의 주파수에 집중된 10 V의 스파이크가 나타난다.

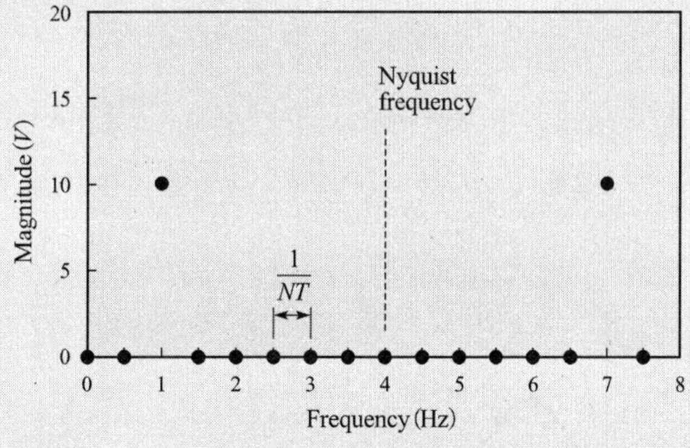

4.5 고속 푸리에 변환 (Fast Fourier Transform)

이산 푸리에 변환의 계산시간은 N^2에 비례하여 증가하므로 N이 큰 집합의 데이터에 대해서는 많은 시간이 소요된다.

고속 푸리에 변환(FFT)이란 이산 푸리에 변환(DFT)을 효율적으로 계산해주는 알고리즘이다. 이것은 1960년대 MIT에 재학 중이던 공과대학생에 의해 고안되었다. 식 (4.15)에서 보는 바와 같이 DFT계산에 있어서 지수 함수 $\left(e^{-j\frac{2\pi}{N}}\right)^{mn}$ 를 수없이 계산하여야 한다. 그는 급수계산과정에서 지수 mn의 곱이 같은 것이 여러 번 반복해서 나타나며($W_N^{mn+N} = W_N^{mn}$), 이것을 재차 계산을 수행하고 있다는 사실을 발견하고 중복계산을 최대한 줄이는 알고리즘을 고안하였다.

$$F_m = \sum_{n=0}^{N-1} f_n W_N^{mn} \qquad m = 0, 1, \cdots, N-1 \tag{4.17}$$

$$f_n = \frac{1}{N}\sum_{m=0}^{N-1} F_m W^{-mn} \qquad n = 0, 1, \cdots, N-1 \tag{4.18}$$

여기서, $W_N = e^{-j\frac{2\pi}{N}}$ 이다.

예제 4.4

$f(t) = e^{-t}\sin t$로 주어지는 신호를 $T = 0.375\ s$ 간격으로 $N = 16$회 측정하였다. 주파수 분석결과를 구하라.

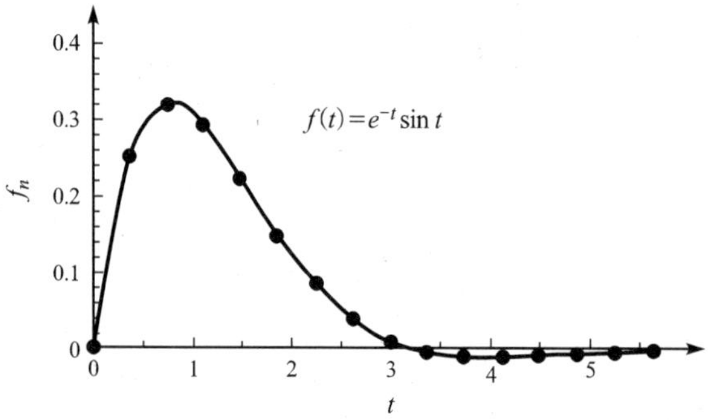

풀이

예제 4.3과 같은 방법으로 DFT에 의하여 주파수 분석결과를 구할 수 있다. 일단 $T=0.375$ 간격으로 입력데이터 $f_0, f_1, \cdots, f_{15}$를 계산한 후, 다음의 식에 따라서 각각의 m값에 대하여 실수부와 허수부를 계산하면 된다.

$$Re(F_m)=f_0\cos\left(\frac{2\pi\cdot m\cdot 0}{N}\right)+f_1\cos\left(\frac{2\pi\cdot m\cdot 1}{N}\right)+f_2\cos\left(\frac{2\pi\cdot m\cdot 2}{N}\right)+\cdots+f_{15}\cos\left(\frac{2\pi\cdot m\cdot 15}{N}\right)$$

$$Im(F_m)=-f_0\sin\left(\frac{2\pi\cdot m\cdot 0}{N}\right)-f_1\sin\left(\frac{2\pi\cdot m\cdot 1}{N}\right)-f_2\sin\left(\frac{2\pi\cdot m\cdot 2}{N}\right)-\cdots-f_{15}\sin\left(\frac{2\pi\cdot m\cdot 15}{N}\right)$$

여기서는 DFT계산은 생략하고 프로그램을 통하여 FFT계산을 하는 방법을 살펴본다. 부록 D.1에는 FORTRAN으로 작성된 FFT 프로그램이 소개되어 있다. 본 예제에 대한 테스트 프로그램과 출력결과가 아울러 수록되어 있어서 그대로 실행시켜 보면 좋은 경험이 될 것이다. 프로그래밍에 익숙하지 않은 경우에는 엑셀과 같은 상용프로그램을 통하여 FFT 결과를 구할 수도 있다. 엑셀의 푸리에 분석 기능을 이용한 FFT분석방법이 부록 B.3에 나와 있다.

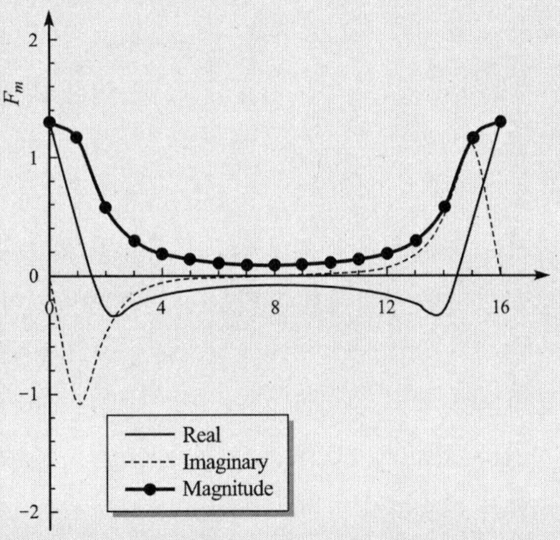

위 그래프는 FFT 결과를 그래프에 보인 것으로 다음과 같은 부가설명을 할 수 있다.

1. 16개의 f_n데이터로부터 FFT변환을 하면 F_m의 실수부와 허수부 값 8개씩이 얻어진다.
2. F_m의 9번째 이후의 정보는 1~8까지의 정보의 반복이다. 실수부의 경우에는 좌우대칭이고 허수부의 경우에는 부호가 반대이며 대칭이다.
3. $f(t)$의 신호가 $NT(=16\times0.375=6$초)를 주기로 반복되는 신호에 대하여 FFT하면 동일한 결과를 얻을 것이다.
4. F_m의 기본주파수는 $\omega=2\pi/NT$이며 $m=1, 2, 3, \cdots$에 대하여 $\omega=2\pi/NT$씩 증가한다.
5. F_m의 값은 $\omega_m=2\pi m/NT$에서의 값을 말한다.

6. 8번째 ω_m은 샘플링 주기 T로부터 분해가 가능한 최고 주파수이며, 그 값은 샘플링 주파수 $\omega = 2\pi / T$의 절반이다. (Nyquist sampling theorem)

4.6 주파수분석의 응용

주파수분석은 매우 다양하게 이용되고 있다. 스펙트럼 분석기는 전기적 신호를 분석해서 주파수대역에서의 스펙트럼 분포를 보여준다. 오실로스코프는 전기적 신호를 연속적으로 화면에 출력하여 보여주는 기계이다. 최근에 나오는 디지털 오실로스코프는 이러한 시간대역의 신호를 버튼 하나만 누르면 바로 푸리에 변환하여 주파수대역의 분포를 보여주는 스펙트럼 분석기의 기능도 가지고 있다.

이러한 스펙트럼 분석기는 유체유동에서 난류 섭동량의 크기와 난류 스펙트럼을 분석하는데 이용되고 있으며, 자동차와 같은 각종 기계적인 진동이나 지진에 의한 파형 등을 분석하는 데 광범위하게 활용되고 있다.

주파수분석은 오디오 장치에서 음파 신호를 주파수별로 분석하여 잡음과 같은 특정한 주파수의 신호를 제거한다거나 원하는 주파수대역의 신호만을 통과시키는 필터를 설계하는 데 이용되고 있다. 우리가 오디오 장치에서 흔히 보는 이퀄라이저라는 것은 아날로그적으로 신호를 필터링하는 기구이다. 디지털 필터링은 CD와 같은 디지털데이터로 수록되어 있는 신호를 필터링하는 것으로 특정한 장치가 있는 것이 아니라 데이터에 대하여 각종 연산작업을 수행하는 것을 말한다. 이러한 디지털 필터링 작업을 위해서는 앞에서 설명한 주파수분석 및 적절한 필터설계가 필요하다.

또한 데이터를 압축하는 데에도 주파수분석이 이용된다. 예를 들어 0 1 0 1 0 1 0 1 0 1 0 1 0 1 0 1이라는 데이터를 저장하기 위해서는 데이터 개수만큼의 공간(16개)이 필요하다. 이것을 주파수 대역에서 이해하면 파장의 길이(또는 주기)가 2이고 변동 폭이 1이 된다. 따라서 2와 1이라는 두 개의 데이터만 저장하면 푸리에 역변환을 통하여 위의 데이터를 다시 만들어낼 수 있다.

영상압축에도 주파수분석이 사용된다. 영상데이터란 2차원 데이터이다. 이것을 1차원적으로 배열하여 위와 같은 방식을 취할 수도 있고 2차원 푸리에 변환을 이용할 수도 있다. 예를 들어, 컴퓨터 영상을 비트맵으로 분해하여 저장하기 위해서는 픽셀의 개수만큼의 데이터용량이 필요하다. 그러나 데이터의 압축에서와 같이 주파수분석을 통하여 수평, 수직방향으로의 주파수(여기서는 파장이라고 이해하는 것이 더 정확할 것 같음)와 신호의 크기들만 저장하면 된다.

증권시장에서 주가는 매시간, 매일, 그리고 매월 변동한다. 이러한 주가변화를 주파수분석을 통하여 주가의 변동에 영향을 미치는 순환주기를 찾아내서 이로부터 앞으로의 주가를 잘 예측할 수 있으면 돈을 많이 벌수도 있을 것이다.

chapter 4

연습문제

4.1 다음 주기함수의 각주파수 ω, 주파수 f, 주기 T를 구하라.

(1) $y = \sin 10t$

(2) $y = 3\cos\frac{2\pi}{3}t$

4.2 시간에 따라서 다음과 같이 변화하는 신호에 대해서 다음에 답하라.

$$f(t) = 1 + 0.2\sin 8t + 0.3\cos 8t$$

(1) 이 신호의 주파수를 Hz로 표시하라.

(2) 이 신호를 하나의 sine 항으로 표시하라.

4.3 두 개의 조화 항으로 이루어진 다음과 같은 단순한 압력-시간 함수를 분석하라.

$$P = 10\sin 40t + 5\cos\left(80t - \frac{\pi}{4}\right)$$

4.4 다음 두 개의 조화항의 맥놀이 현상을 분석해 보라.

$$y = \sin 10t + \sin 11t$$

4.5 사람이 들을 수 있는 가청주파수의 범위는 20 Hz~20 kHz이다. 20 kHz의 고음의 신호를 측정하기 위한 샘플링 주기를 구하라.

4.6 다음과 같은 함수에 대한 푸리에 급수를 구하라. 처음 두 개의 조화 주파수만을 포함하였을 때의 결과를 원래 함수에 중첩하여 그리고 비교하라.

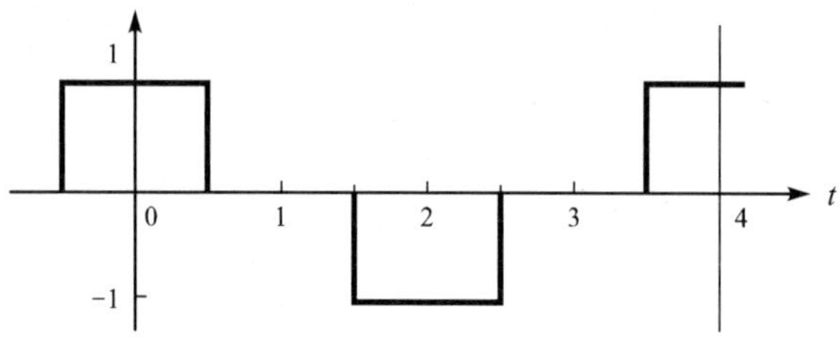

4.7 다음과 같이 $f(t)=\cos t$ 로 주어지는 신호에 대한 푸리에 급수를 구하라.

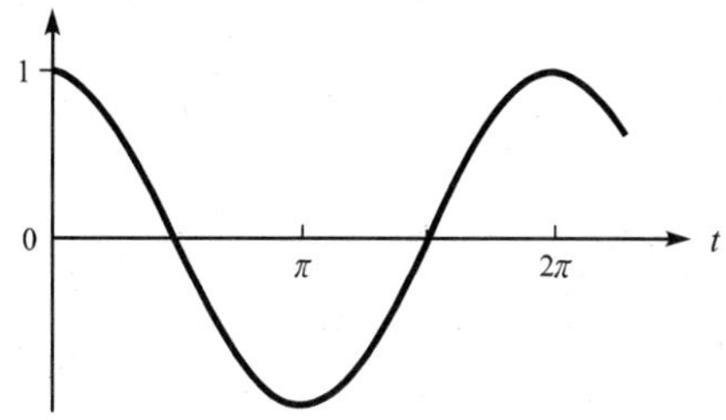

4.8 다음과 같이 $f(t)=\sin t+\dfrac{1}{2}$ 로 주어지는 신호에 대한 푸리에 급수를 구하라.

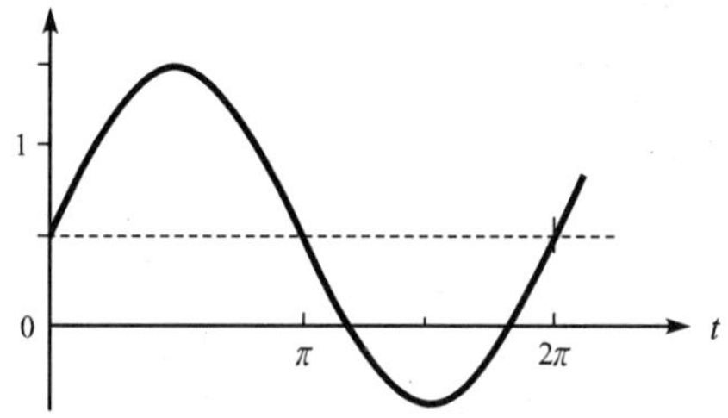

4.9 시간에 따른 압력변화가 아래 그림과 같이 측정되었다. 이 신호에 대한 푸리에 급수를 구하라.

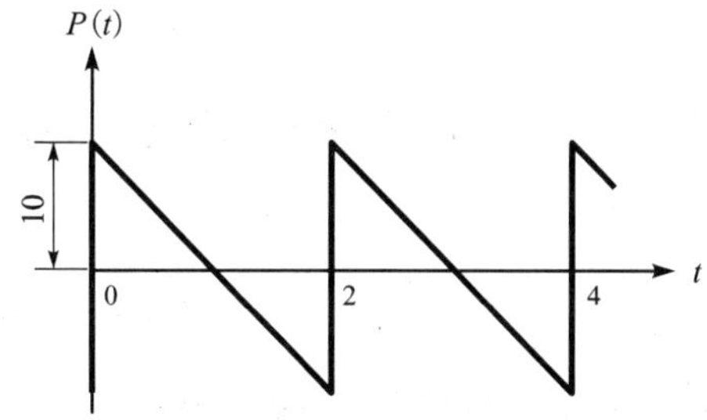

4.10 다음과 같이 삼각형 형태의 신호가 있다.

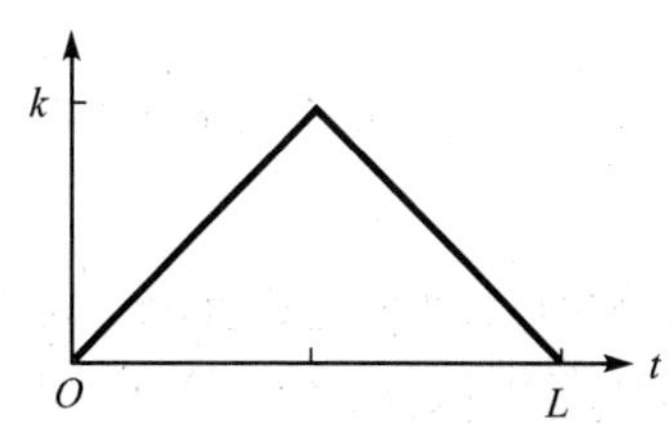

푸리에 급수를 구하기 위해서는 이 신호를 y축에 대하여 (a) 기함수적으로 확장하거나 또는 (b) 우함수적으로 확장한다. 각각의 경우에 대한 푸리에 급수를 구하고 결과를 서로 비교하라.

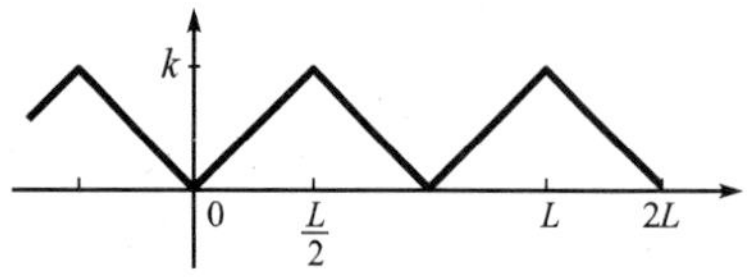

(a) Even extension

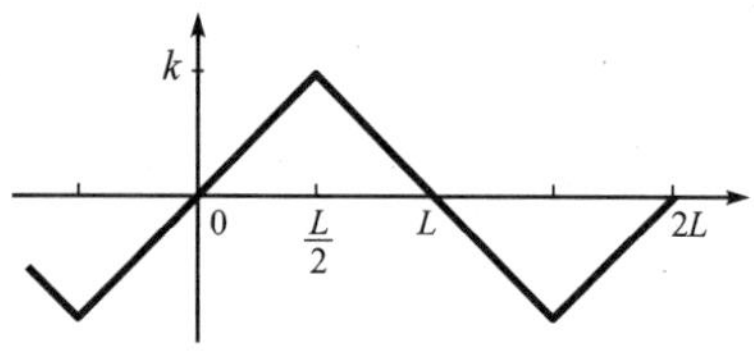

(b) Odd extension

4.11 다음 함수를 연속 Fourier 변환하라.

$t < -1,\ t > 1$일 때 $f(t) = 0$

$-1 \le t \le 0$일 때 $f(t) = t+1$

$0 \le t \le 1$일 때 $f(t) = -t+1$

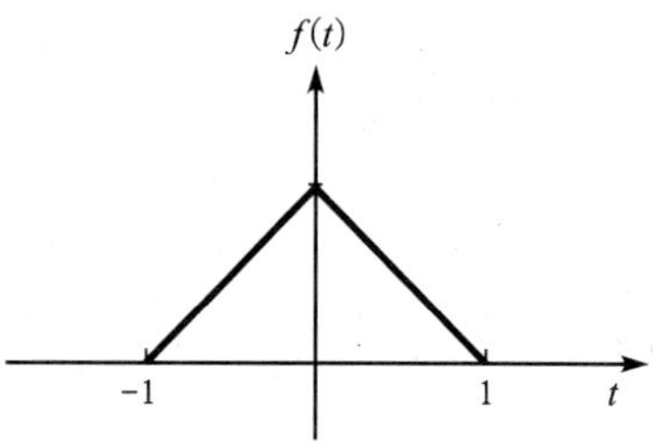

4.12 $f(t) = e^{-|t|}$로 주어지는 함수에 대한 연속 푸리에 변환을 수행하라.

4.13 $f(t) = \cos t$ 로 주어지는 신호에 대하여 $T = \dfrac{\pi}{4}$을 주기로 하여 샘플링한 8개의 데이터를 FFT 분석하라. 또 이것을 연속 푸리에 변환한 결과와 비교하라.

4.14 8개의 데이터 1, 0, −1, 0, 1, 0, −1, 0을 식 (4.14)에 따라서 이산 푸리에 변환하라.

4.15 16개의 데이터 0, 1, 0, 1, 0, 1, 0, 1, 0, 1, 0, 1, 0, 1, 0, 1을 FFT 변환하여 분석하라.

4.16 500 Hz의 정현파형을 1초에 2048번 샘플링하여 1024개의 데이터를 얻었다. Nyquist 주파수는 얼마인가? 또 주파수 분해능은 얼마인가?

CHAPTER 05

전기량의 측정 및 센서

(Basic Electrical Measurements and Sensors)

CHAPTER

05 전기량의 측정 및 센서

센서로부터 회로에 이르기까지 계측장비의 작동에 있어서 전기적 원리를 이용하는 경우가 많다. 따라서 전기량의 측정과정과 기본적인 회로에 관하여 이해하는 것이 필요하다. 여기서는 기본적인 전류와 전압을 측정하는 방법에 관하여 살펴보고 다음으로 입력신호를 조정·변환하는데 이용되는 몇 가지 간단한 회로에 관하여 살펴보기로 한다.

5.1 서론

1) 전자기력 (Electromagnetic force)

전기장 $\boldsymbol{E}$와 자기장 $\boldsymbol{B}$가 부가되어 있는 공간에서 전하량 q가 $\boldsymbol{v}$의 속도로 움직일 때 받는 힘은 Lorentz법칙에 따라서 전기장에 의한 힘과 자기장에 의한 힘의 합으로 생각할 수 있다. 전기장에 의한 힘은 전기장의 강도에 비례하고 그 방향으로 힘을 받으며, 자기장에 대해서는 전하가 움직이는 속도에 비례하여 자기장과 속도방향에 직각방향으로 작용한다. 이것을 벡터형태의 수식으로 쓰면 다음과 같다.

$$\boldsymbol{F} = q(\boldsymbol{E} + \boldsymbol{v} \times \boldsymbol{B}) \tag{5.1}$$

전기장이 걸려있지 않고 자기장만 있는 경우에는 둘째 항만 존재한다. 전류란 시간당 흐르는 전하량이므로 미소 전하 dq와 속도 v의 곱은 다음과 같이 전류와 도선의 미소길이의 곱으로 표현된다.

$$v\,dq = \frac{ds}{dt}\,dq = \frac{dq}{dt}\,ds = i\,ds \tag{5.2}$$

도선이 받는 힘은 다음과 같이 도선의 전체 길이에 대하여 적분하면 구한다.

$$\boldsymbol{F} = \int_0^L i(\boldsymbol{ds} \times \boldsymbol{B}) \tag{5.3}$$

길이가 L인 도선이 자기장에 대하여 수직으로 위치하는 경우에는 자기장에 의하여 도선에 작용하는 힘은 다음과 같이 단순화된다.

$$F = iLB \tag{5.4}$$

도선에 작용하는 힘의 크기를 측정하기 위하여 도선을 그림 5.1과 같이 스프링에 매달아 놓으면($F = kx$) 도선에 흐르는 전류량에 비례하여 스프링의 변위가 결정된다. 즉,

$$i = \frac{k}{BL}x \tag{5.5}$$

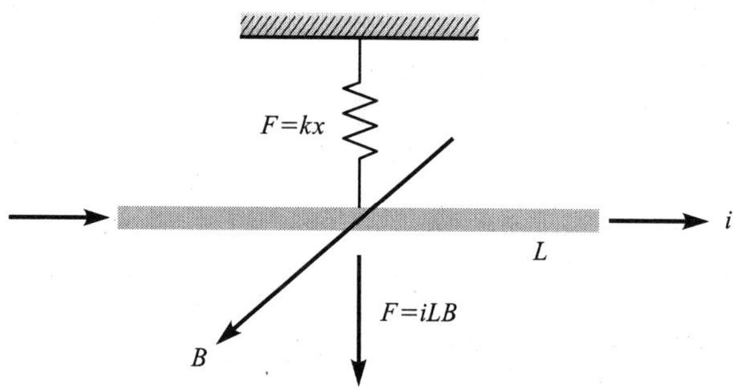

그림 5.1 전류량의 측정원리

여기서, k는 스프링 상수이며 L은 도선의 길이, 그리고 B는 자기장의 세기이다. 스프링의 변위 x를 측정함으로써 도선에 흐르는 전류량을 측정할 수 있다. 이것이 기본적인 아날로그 전류량 측정기의 원리이다.

예제 5.1

1 A의 전류가 흐르고 있는 길이 20 cm짜리 도선이 2000 G의 자장 내에 직각방향으로 놓여있을 때 이 도선에 작용하는 힘은 얼마인가?

풀이

자장 B의 크기는 weber/m^2 또는 gauss의 단위로 표시하고 이들은 다음과 같은 관계에 있다.

$$1\ \mathrm{Wb/m^2} = 1\ N/\mathrm{C(m/s)} = 1\ N/\mathrm{A \cdot m} = 10^4\ \mathrm{G}$$

따라서 이 도선에 작용하는 힘은 다음과 같다.

$$F = iLB = (1\ \mathrm{A})(0.2\ \mathrm{m})(2000/10^4\ \mathrm{Wb/m^2}) = 0.04\ \mathrm{N}$$

2) 파형 (Waveform)

시간에 따라서 방향과 크기가 변화하지 않는 전류를 직류(direct current)라고 하고, 이것을 나타내기 위해서는 하나의 전류값을 표현하는 것으로 충분하다. 그러나 시간에 따라서 변화하는 전류량에 대해서는 평균값이나 최대-최솟값만으로 파형에 따라서 변화하는 교류의 특성을 설명하기에 불충분하다. 파형에 따라 전류가 발생시킬 수 있는 일률이 다르기 때문에 교류신호에 연결되어 있는 저항에서 발생하는 일률의 평균값을 교류신호의 대푯값으로 사용한다. 시간에 따라서 변화하는 전류 $i(t)$에 대하여 저항 R에 발생하는 일률은 다음과 같다.

$$P(t) = Ri^2(t) \tag{5.6}$$

이 저항에 의하여 발생하는 평균일률은 다음과 같고, 여기서 실효전류(effective current)를 정의할 수 있다.

$$P_{ave} = \frac{1}{T}\int_0^T P(t)\,dt = R\left[\frac{1}{T}\int_0^T i^2(t)\,dt\right] \tag{5.7}$$

$$P_{ave} = RI_{eff}^2 \tag{5.8}$$

$$I_{eff}^2 = \frac{1}{T}\int_0^T i^2(t)\,dt \tag{5.9}$$

즉, 실효전류량은 평균제곱근(root mean square)전류량에 해당하고 평균일률은 rms 전류량을 이용하여 다음과 같이 된다.

$$P_{ave} = RI_{rms}^2 \tag{5.10}$$

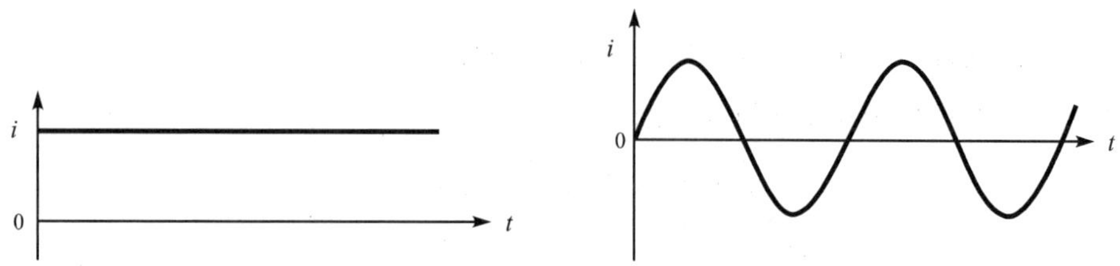

(a) Direct current (b) Alternating current

그림 5.2 직류와 교류

예제 5.2

최댓값이 220 V인 정현파형을 갖는 교류전원에 저항이 150 Ω짜리 전구를 연결하였다. 이때의 실효전류는 얼마이고 소비전력은 몇 W인가?

풀이

$i(t) = i_o \sin\omega t$ 의 파형을 가지므로

$$I_{eff}^2 = \frac{1}{T}\int_0^T (i_o \sin\omega t)^2 dt$$

$$= \frac{i_o^2}{T}\int_0^T \frac{1-\cos 2\omega t}{2} dt$$

$$= \frac{i_o^2}{T}\left| \frac{t}{2} - \frac{\sin 2\omega t}{4\omega} \right|_0^T$$

$$= \frac{1}{2} i_o^2$$

와 같이 된다. 따라서 실효전류는

$$I_{eff} = 0.707\, i_o = 0.707 \frac{220\, V}{400\ \Omega} = 0.389 A$$

이고, 전력량은

$$P_{ave} = R I_{eff}^2 = (400\, \Omega)(0.389 A)^2 = 60.5\, W$$

와 같다.

5.2 전류의 측정

1) 직류 전류량의 측정

앞에서 설명한 기본적인 전류량의 측정원리를 이용하되 도선을 여러 가닥 중첩함으로써 전자기력을 크게 발생할 수 있도록 한다. 자장에 직각방향으로 놓여진 N개의 코일 권선에 전류가 흐르면 다음과 같은 힘이 작용한다.

$$F = iLB \cdot N \tag{5.11}$$

여기서, L은 도선의 길이이고 B는 자장의 세기이다. 영구자석 사이에 있는 회전자에 코일이 감겨져 있고 이것은 스프링에 의하여 복원력을 받고 있다. 스프링 복원력은 $F = k_s\theta$와 같이 회전각도에 비례하므로, 도선에 흐르는 전류 i는 회전각도에 비례한다. 즉,

$$i = \frac{k_s}{LBN}\theta \tag{5.12}$$

이다. 이러한 계기를 다르송발(D'Arsonval) 검류계라고 한다. 회전축에 바늘을 달아 바늘의 회전눈금을 읽는 지시침 검류계와 바늘 대신에 거울을 이용하여 빛의 반사각을 측정하는 반사경 검류계가 있다.

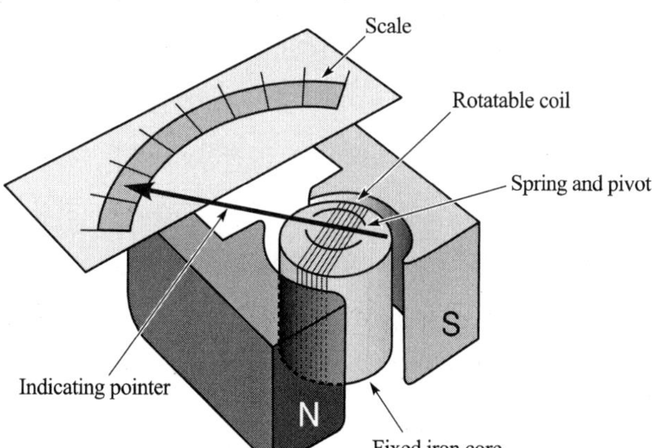

그림 5.3 다르송발 검류계 [참고문헌 17]

2) 교류 전류량의 측정

교류에서는 전류의 방향이 주기적으로 바뀌므로 직류 전류량 측정기로 측정하는 경우 바늘이 진동하거나 교류의 주파수가 높은 경우에는 바늘이 전혀 움직이지 않는다. 교류의 측정에는 보통 아이언베인(iron vane)방식과 전기 동력계(electro dynamometer)방식이 사용되고 있다.

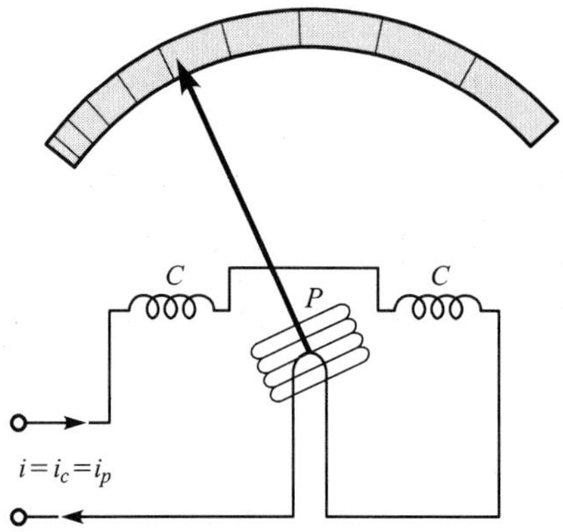

그림 5.4 교류전류량의 측정을 위한 다르송발 전류계

아이언베인 방식은 철심이 코일에 의한 유도력에 의하여 움직이도록 한 것으로 소용돌이 전류에 의한 손실과 여러 가지 이력현상에 의하여 정확성이 제한받고 있다. 전기 동력계는 다르송발 검류계와 유사하나, 이 경우에는 전류의 방향이 바뀜에 따라 자장의 방향을 동기시켜서 바꿔줌으로써 바늘이 진동하지 않고 한 방향으로 움직이게 해준다. 즉, 자장의 방향이 일정한 영구자석 대신에 교류전류에 의한 전자석을 이용한 것이다.

이외에 정류장치를 이용하여 교류신호를 직류로 만들어서 직류 전류량을 측정하기도 한다. 이 경우에는 교류의 신호파형이 변형되어 정상 상태의 직류전류량으로 나타난다.

또한 매우 높은 고주파의 교류 전류에 대해서는 열전대미터를 사용한다. 열전대미터는 교류 전류에 의하여 저항이 가열되는 온도를 측정함으로써 교류의 실효전류량, 즉 rms 값을 나타내게 된다.

5.3 전압의 측정

1) 아날로그 전압계

전류의 흐름을 측정하는 다르송발 검류계를 조금 개조하면 직류전압을 측정할 수 있다. 그림 5.5와 같이 매우 큰 저항을 계기 내부에 직렬로 연결하여 이때 흐르는 전류를 측정함으로써 전압을 측정한다. 내부 저항의 크기를 변화시키면 전압의 측정범위를 바꿀 수 있다. 이러한 기본 회로는 흔히 사용되는 전압-저항계(VOM : volt-ohmmeter) 등에 나타난다.

교류전압에 대해서는 아이언베인(가동 철편)이나 전기동력계 내부에 마찬가지 방법으로 매우 큰 저항기를 연결하거나 또는 교류신호의 정류를 통하여 이루어진다. 정류를 하여 전압을 측정하는 경우에는 직류 전압측정 회로를 그대로 이용할 수 있다. 그러나 정상 상태의 표시값을 얻기 위해서는 정류기의 출력파형을 고려해야 한다. 교류미터는 주기적 교류전류의 rms값에 대하여 민감하게 반응한다. 파형에 관계없이 rms값을 정확하게 나타내는 교류미터는 내부적으로 필요한 신호병합을 수행하여야 한다.

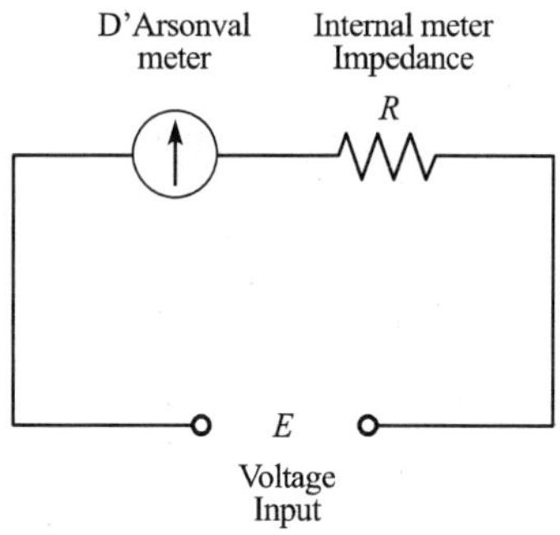

그림 5.5 전압계로 사용된 다르송발 검류계

2) 디지털 멀티미터

디지털미터에서 기본이 되는 것은 진동자(oscillator) 또는 시계(clock)이다. 디지털 전압계(DVM : digital voltmeter)는 내부전압을 일정한 비율로 감소시키면서 외부에서 주어진 입력신호와 비교하여 동일한 전압이 되는 순간까지의 시간펄스의 개수를 카운트함으로써 입력전압을 디지털화한다. 디지털 전압계는 전류나 저항측정에도 쓰일 수 있다. 즉, 정확하게 알고 있는 저항의 양단에 걸리는 전압강하를 측정함으로써 전류량을 측정한다. 미지의 저항을 측정하기 위해서는 주어진 전류를 흘려서 이로 인한 전압강하를 측정함으로써 저항값을 측정한다. 아날로그미터와 디지털미터를 비교하면, 아날로그 미터는 기본적으로 전류량을 측정한다는 것이며 디지털 미터는 기본적으로 전압을 측정한다는 것이다. 디지털 변환에 관해서는 다음 장에서 다룬다.

전압뿐만 아니라, 전류와 저항 등을 측정할 수 있도록 만든 계측기를 디지털 멀티미터(DMM : digital multi-meter)라고 하며 전기량 측정에 널리 이용되고 있다. 많은 DMM은 자동 극성 표시기능과 자동 측정범위 설정기능을 지니고 있다. 이러한 형의 많은 계기들은 1/2 숫자를 표시한다(예를 들어, $3\frac{1}{2}$). 이는 최상위 숫자가 0 또는 1의 값만을 가질 수 있다는 의미로서 예를 들어 $3\frac{1}{2}$ 디지털 미터는 1,999까지, $4\frac{1}{2}$ 디지털미터는 19,999까지 표시할 수 있다는 것을 의미한다.

3) 오실로스코프

음극선 오실로스코프(CRO : cathode-ray oscilloccope)는 시간에 따라 변화하는 전기신호의 동적 파형계측을 가능하게 한다. 전압-저항계와 마찬가지로 전압감지기기이지만, 계기의 지침 대신에 관성이 없는 전자빔을 사용하고 계기의 눈금 대신에 형광 스크린을 사용한다.

이 장치의 핵심은 음극선관(CRT : cathode-ray tube)이다. 음극으로부터 방출된 전자는 형광스크린에 초점이 맞추어진다. 상하좌우 두 쌍의 편향판(deflection plate)은 전자빔의 방향 제어를 통해 스크린 상에서 휘점의 위치를 제어한다. 보통 좌우 편향판에는 톱니파형의 전원이 공급되는 스위프(sweep) 발진기가 연결된다. 톱니파의 형상과 같이 출력이 증가함에 따라 휘점이 일정한 속도로 스크린 상을 수평으로 지나가게 되고

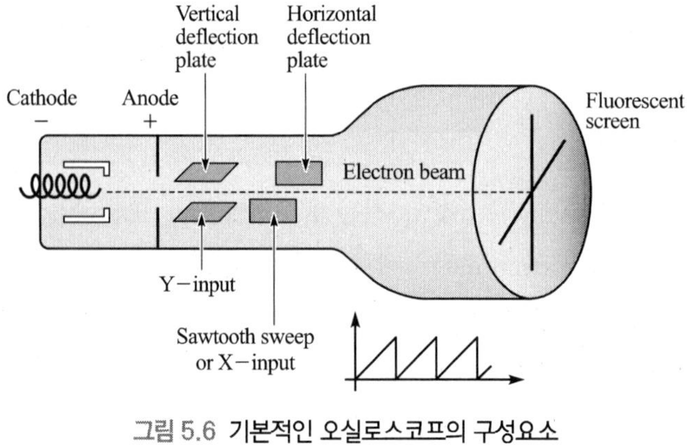

그림 5.6 기본적인 오실로스코프의 구성요소

출력이 최댓값에 이르렀다가 0으로 되돌아가면 휘점은 스크린 상의 출발점으로 돌아가서 다시 사이클을 반복한다. 이러한 방식으로 스크린 상의 수평방향으로 시간축(time base)을 얻게 된다. 또한 상하 편향판에는 측정하고자 하는 전압이 부과된다. 수직방향으로의 전압 측정범위와 수평방향으로의 스위프 주파수를 조절함으로써 적절한 전압입력파형을 관찰할 수 있다.

5.4 저항의 측정

1) 저항계 회로

전기저항의 측정은 전기회로가 단락되었는지 판단하게 해주며, 1 $\mu\Omega$ 정도의 정밀한 저항변화량부터 10^{15} Ω 정도의 절대 저항값의 측정에 이르기까지 넓은 응용영역을 가진다. 광범위한 영역에 걸친 저항값의 응용가능성 때문에, 특정 영역의 저항이나 저항값의 변화를 측정하기 위한 많은 측정기법들이 개발되었다. 정밀한 계측시스템이나 계측회로에는 섬세한 장비를 보호하기 위한 보호기능이나 환경변화에 대한 보상기능, 변환기 기준점의 변화를 조절하는 기능 등을 갖추고 있다. 여기서는 옴의 법칙(Ohm's law)을 이용하여 전압과 전류의 기초적인 기법을 이용한 저항 측정에 관해서 알아본다.

저항값을 측정하기 위해서는 전압을 부과하고 전류계를 사용해 전류를 측정한다. 저항값은 아날로그 저항계의 기초 회로인 그림 5.7과 같은 회로에 의해 구해진다. 이런 아날로그 저항계는 넓은 영역의 저항을 측정하기 위하여 가변저항과 다르송발 기구를 이용한 형태를 갖는다. 측정저항 R_x는 자신을 통해 흐르는 전류량에 의해서 결정된다.

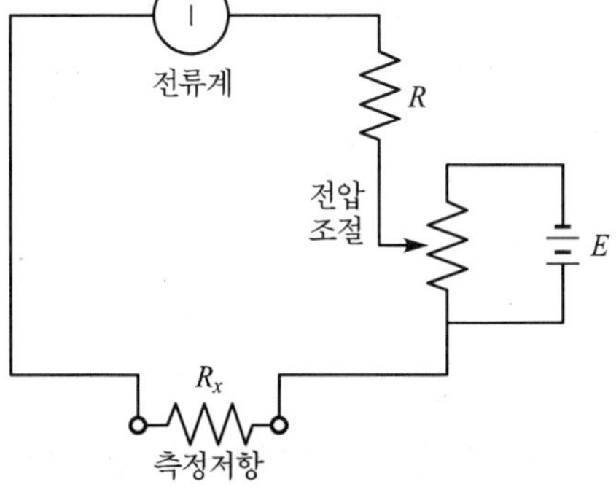

그림 5.7 기본적인 아날로그 저항계

저항을 통해 흐르는 최대 전류의 한계값은 전류에 의해 발생하는 전력(i^2R)을 소모하는 저항의 능력에 의해 좌우된다.

2) 휘스톤 브리지 (Wheatstone Bridge)

브리지 회로는 수동변환기를 측정시스템에 연결하는데 사용되는 가장 보편적인 방법이다. 여러 가능한 형상 중에서 그림 5.8과 같이 전원과 검출기를 가지며 4개의 저항 암(arm)으로 구성된 휘스톤 저항브리지가 가장 널리 사용된다. 여기서, R_2와 R_3는 저항값이 알려져 있는 것이고 R_1은 가변저항, 그리고 R_x는 측정하고자 하는 저항이다. 대각선 간에 전압이 평형을 이루어 중간에 연결되어 있는 검류계(galvanometer)를 통해 전류가 흐르지 않도록 가변저항을 조절하여 미지의 R_x값을 측정한다. 휘스톤 브리지는 보통 1~$10^6\ \Omega$ 범위의 저항값을 비교하고 측정하는데 사용된다.

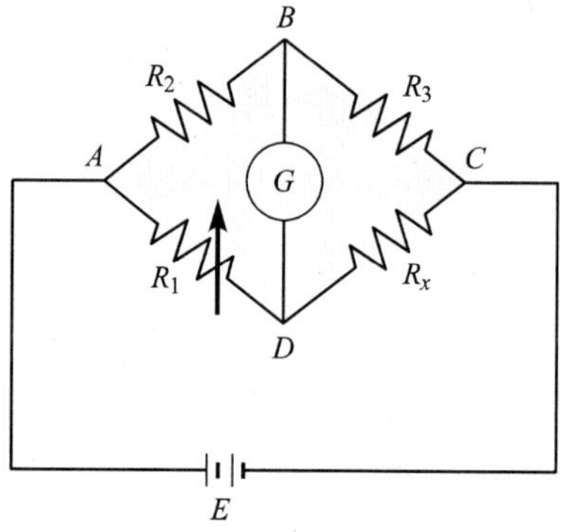

그림 5.8 전형적인 휘스톤 브리지 회로

휘스톤 브리지의 기본관계식은 대각 저항값의 곱이 서로 같다는 것이다. 즉,

$$R_1R_3 = R_2R_x \tag{5.13}$$

따라서 미지의 R_x는 다음 식으로 구해진다.

$$R_x = \frac{R_1R_3}{R_2} \tag{5.14}$$

휘스톤 브리지는 여러 가지 형태로 변형되어 저항값 측정 이외에도 교류 임피던스의 측정에도 이용되고 있다.

5.5 입력회로 (Input Circuits)

센서로부터 나온 전기신호는 입력회로를 거쳐 신호조정회로를 거치게 된다. 트랜스듀서란 물리량을 전기적 신호로 만들어내는 센서를 말한다. 마이크로폰은 압력에 따라 전압을 발생시키고 열전대는 온도에 따라 기전력을 발생시킨다. 또 솔라셀은 조사된 빛을 전류로 변환시킨다. 입력회로란 이러한 전기적 신호를 변형시키지 않으면서 있는 그대로 받아들이기 위한 회로를 말한다.

1) 전류감지 입력회로 (Current sensitive input circuit)

예를 들어, 농도의 변화에 따라 전기적 저항이 변화하는 농도계가 있다고 하자. 저항의 변화를 읽어 들이기 위한 가장 간단한 회로는 그림 5.9와 같고, 전원과 저항 R_i을 직렬로 연결하여 그때 흐르는 전류량을 측정하면 된다.

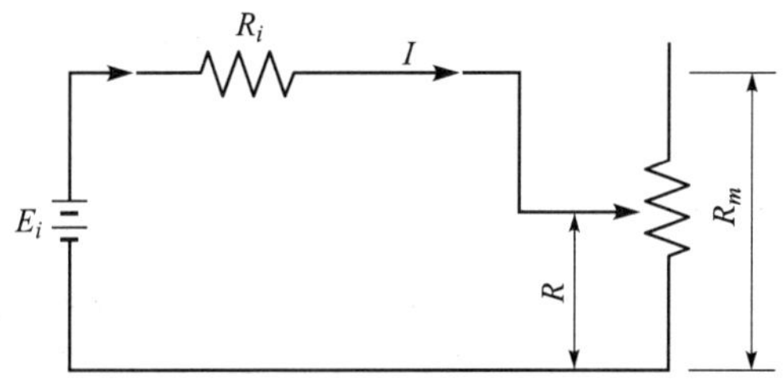

그림 5.9 전류감지 입력회로

이때 전류량은

$$i = \frac{E_i}{R + R_i} \tag{5.15}$$

이고, 이것을 E_i/R_i로 무차원화하면 다음과 같이 된다.

$$\frac{i}{E_i/R_i} = \frac{1}{\left(\frac{R}{R_m}\right)\frac{R_m}{R_i} + 1} \tag{5.16}$$

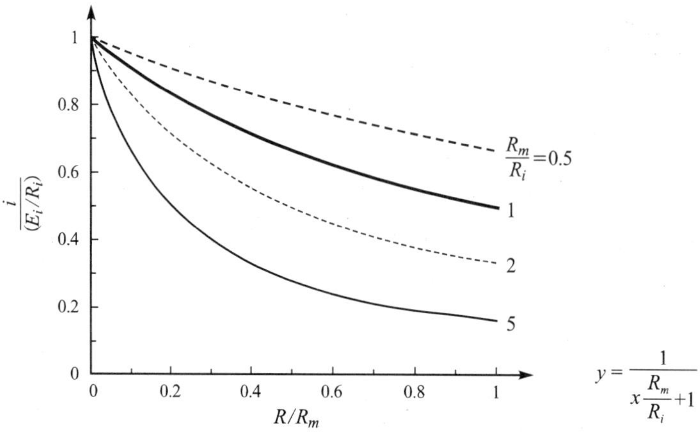

그림 5.10 저항변화에 따른 출력전류의 변화

여기서, R_m은 이 농도 트랜스듀서가 가질 수 있는 최대 저항값이다. 트랜스듀서의 저항 변화에 따라 전류출력이 선형적으로 나오는 것이 바람직한데, 이 경우에는 좁은 작동범위를 제외하고는 그렇지 못하다. 그림 5.10은 R/R_m에 따른 무차원 전류값의 변화를 보인다.

2) 전압감지 입력회로 (Voltage sensitive input circuit)

앞의 회로에 전압계를 추가함으로써 그림 5.11과 같이 수정할 수 있다. 전압계의 내부 임피던스 값이 회로 내의 저항보다 훨씬 크다고 가정하여 전압계로 흐르는 전류는 무시한다.

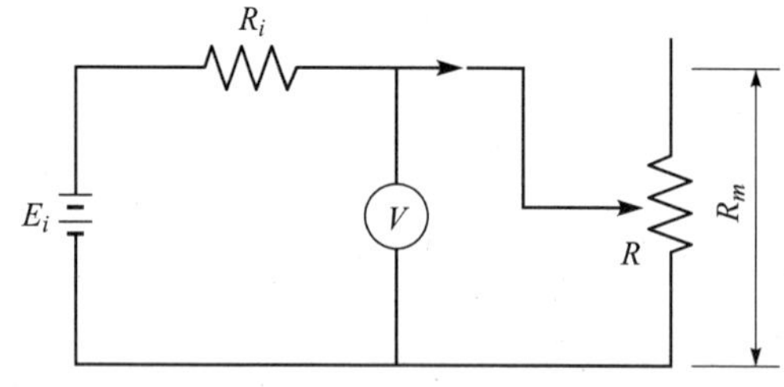

그림 5.11 전압감지 입력회로

이 전압계는 개방된 회로에 있는 것과 마찬가지이며, 이때의 전류는 앞의 경우와 같다.

$$i = \frac{E_i}{R + R_i} \tag{5.17}$$

따라서 트랜스듀서에 걸리는 전압 $E=iR$을 구하여 E_i로 무차원화하면 식 (5.18)과 같이 된다. 그림 5.12는 이러한 계측기의 저항변화에 따른 출력 전압의 변화를 그린 것이다. 앞의 경우와 마찬가지로 비선형성이 존재한다. 그렇지만 전압의 측정이 전류의 측정에 비하여 용이하다는 장점이 있다. 이러한 회로를 안정회로 또는 밸러스트 회로(ballast circuit)라고 부른다.

$$\frac{E}{E_i}=\frac{R}{R+R_i}=\frac{\left(\frac{R}{R_m}\right)\frac{R_m}{R_i}}{1+\left(\frac{R}{R_m}\right)\frac{R_m}{R_i}} \tag{5.18}$$

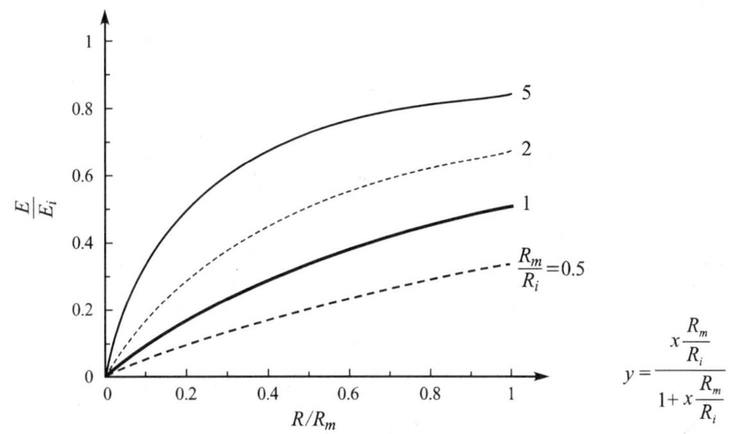

그림 5.12 저항변화에 따른 출력전압의 변화

회로의 감도(sensitivity)는 입력저항의 변화에 따른 출력전압의 변화율로 정의되므로

$$S=\frac{dE}{dR}=E_i\frac{R_i}{(R_i+R)^2} \tag{5.19}$$

우리가 조정할 수 있는 R_i를 조절하여 감도가 최대가 되도록 설계하려면

$$\frac{dS}{dR_i}=0=\frac{E_i(R-R_i)}{(R_i+R)^3} \tag{5.20}$$

이 되어야 한다. 따라서 최대 감도를 얻기 위해서는 $R_i=R$이어야 한다. 그러나 R값은 변화하는 값이므로 감도가 최대가 되어야 하는 R값 부근에서 R_i를 선정한다.

3) 전압분배회로 (Voltage divider circuit)

앞의 두 입력회로는 트랜스듀서에 전류를 흘려보냄으로써 저항변화를 측정하였다. 어떤 경우에는 다음과 같이 전압분배회로를 이용하는 것이 편리할 때가 있다.

고정된 전압 E_o가 전체 트랜스듀서의 총 저항 R_m에 부과되어 있고, 가변 저항에는 내부저항이 R_i인 전압계가 연결되어 있다. 전압계의 임피던스가 매우 크다면 전압 E는 가변저항 R에 선형적으로 비례한다.

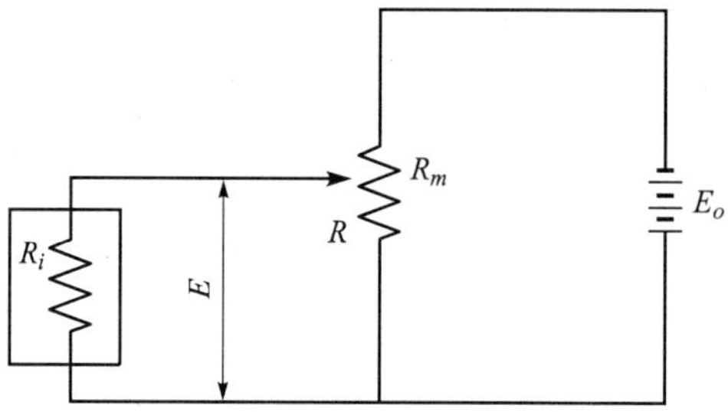

그림 5.13 단순 전압분배회로

$$\frac{E}{E_o} = \frac{R}{R_m} \qquad R_i \gg R \text{인 경우} \tag{5.21}$$

전압계 내의 내부저항이 유한하다면 전압계 내로 전류가 흐르게 되고 전압의 측정에 영향을 미치게 된다. 전압계 내로 유입되는 전류량은

$$i = \frac{E_o}{(R_m - R) + \cfrac{1}{\cfrac{1}{R} + \cfrac{1}{R_i}}} \tag{5.22}$$

이므로, 따라서 이때 나타나는 전압과 또 이것을 무차원화한 값은 각각

$$E = E_o - i(R_m - R) \tag{5.23}$$

$$\frac{E}{E_o} = \frac{\cfrac{R}{R_m}}{\cfrac{R}{R_m}\left(1 - \cfrac{R}{R_m}\right)\cfrac{R_m}{R_i} + 1} \tag{5.24}$$

와 같이 된다. 즉, 내부저항이 유한한 전압계를 연결함으로써 저항 R에 따라 출력전압이

더 이상 선형적 관계를 보이지 않는다. 이때의 부하오차(loading error)는

$$e = \frac{\left(\frac{E}{E_o}\right)_{true} - \left(\frac{E}{E_o}\right)_{ind}}{\left(\frac{E}{E_o}\right)_{true}} = \frac{x^2(1-x)}{x(1-x) + \frac{R_i}{R_m}} \tag{5.25}$$

여기서, $x = \dfrac{R}{R_m}$ 이다. 부하오차는 $x = 0$ 또는 1일 때 영이 된다. 그림 5.14는 전압계를 연결함으로써 발생하는 부하 오차를 보이고 있다.

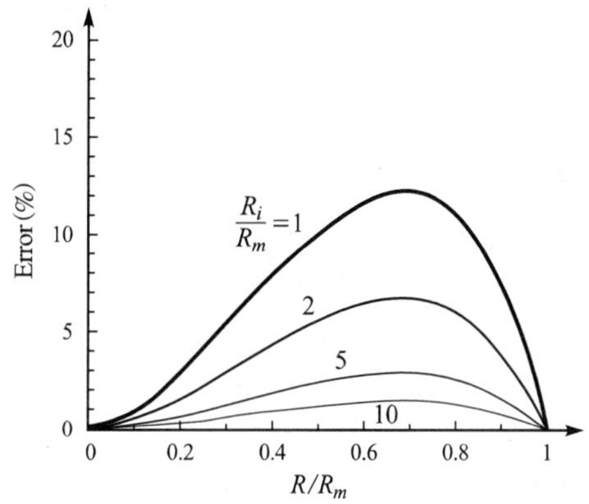

그림 5.14 전압계의 연결에 의한 오차

4) 전압평형회로 (Voltage balancing circuit)

앞에서 설명한 전압분배회로는 전압계를 연결하는 것이 측정상 영향을 미치게 되는 단점이 있다. 이러한 단점을 그림 5.15와 같은 전압평형회로를 이용함으로써 극복할 수 있다.

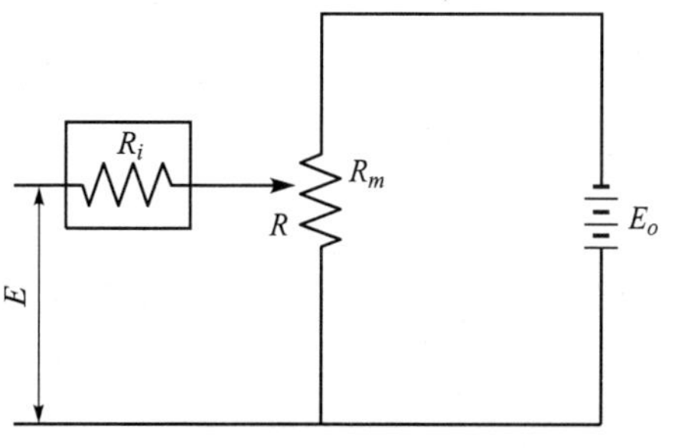

그림 5.15 전압평형회로

고정된 전압 E_o를 전체 트랜스듀서의 총 저항 R_m에 부과하고, 가변 저항에는 내부저항이 R_i인 검류계를 연결한다.

검류계에 전류가 흐르지 않을 때의 미지의 전압 E를 다음 식으로부터 측정한다.

$$\frac{E}{E_o} = \frac{R}{R_m} \tag{5.26}$$

이 경우에는 검류계의 내부저항이 측정에 영향을 전혀 미치지 않는다. 이러한 전압평형 회로는 열전대와 같이 미세한 전압측정에 널리 사용되고 있다. 전압 E를 정확하게 측정하기 위해서는 공급전압 E_o가 정확하게 알려져 있어야 한다.

5.6 신호조정회로 (Signal Conditioning Circuits)

1) 필터 (Filter)

모든 측정량에는 잡음성분이 포함되어 있다. 노이즈(noise)는 일반적으로 무작위적이며 넓은 범위의 주파수를 갖는다. 입력신호에서 노이즈를 제거하기 위하여 필터가 사용된다. 예를 들어 열전대로 대기의 온도변화를 측정할 때 분 단위 이내로 온도 변동이 일어나는 것은 무시해도 상관없을 것이다. 따라서 일정한 주파수 이하의 신호만을 받아들이는 것이 필요하다. 또 20 Hz에서 20 kHz까지의 가청주파수를 피해서 사람에게 들리지 않는 음향학적 신호를 보내야 하는 경우에는 특정한 주파수 범위 내의 신호를 걸러내야 할 것이다.

필터에는 일반적으로 (1) 저역통과필터, (2) 고역통과필터, (3) 대역통과필터가 있다.

(a) 저역통과필터 (Low-pass filter)

차단 주파수(cut-off frequency)보다 낮은 주파수의 신호성분만을 통과시키는 필터를 저역통과필터라고 한다. 그림 5.14는 RC를 이용한 경우와 RL을 이용한 경우의 저역통과필터 회로를 보인다.

저역통과필터에서 입력신호에 대한 출력신호의 전압 비는 다음과 같이 주어진다.

$$\frac{E_o}{E_i} = \frac{1}{\sqrt{1+\omega^2 T^2}} \tag{5.27}$$

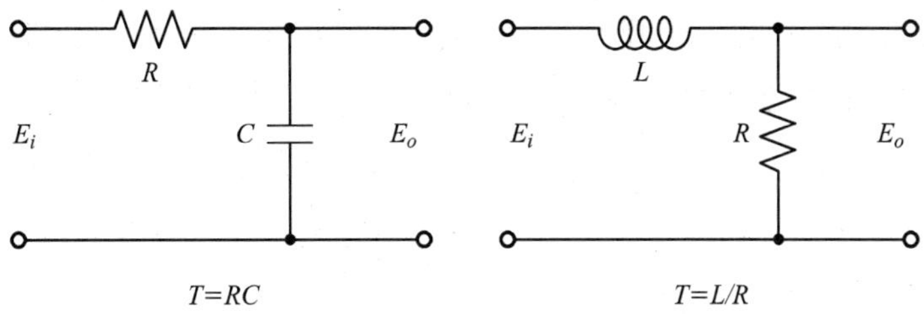

그림 5.16 저역통과필터

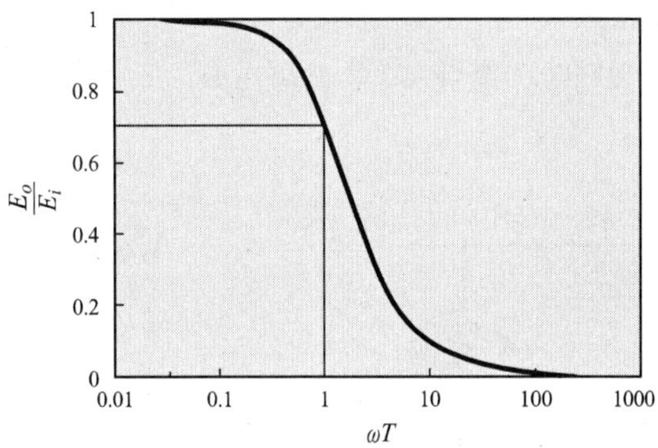

그림 5.17 저역통과필터에 의한 신호의 감쇠율

입력신호에 대한 출력신호의 크기를 표시할 때 종종 데시벨을 이용한다. 데시벨(dB)은 벨(bel)의 1/10이며, 다음과 같이 전력비에 기초한다.

$$dB = 10 \log_{10} \frac{P_o}{P_i} \tag{5.28}$$

그런데 전력량은 E^2/R 또는 I^2R로 표시되기 때문에 $\frac{P_2}{P_1} = \frac{E_2^2}{E_1^2} = \frac{I_2^2}{I_1^2}$와 같다. 따라서 데시벨을 전압이나 전류의 크기로 표시할 때는 다음과 같이 된다.

$$dB = 20 \log_{10} \frac{E_o}{E_i} \tag{5.29}$$

$$dB = 20 \log_{10} \frac{I_o}{I_i} \tag{5.30}$$

출력전압이 입력전압의 1/10로 감소되는 것은 −20 dB에 해당하고 반대로 10배가 되는 것은 20 dB에 해당한다. 100배 또는 1/100의 관계는 ±40 dB이며, 2배 또는 1/2배의 관계는 대략 ±6 dB의 관계이다. 전압비가 아니라 전력비를 데시벨로 나타낼 때는 그 값이 절반씩이다. 여기서 설명되고 있는 수동필터(passive filter)는 전압게인이 1보다 작기 때문에 데시벨로는 음의 값을 갖는다. 차단 주파수란 전압게인이 0.707일 때, 즉 −3 dB일 때의 주파수를 말한다.

(b) 고역통과필터 (High-pass filter)

차단 주파수보다 낮은 주파수 성분을 차단하고 그 이상의 주파수 성분만을 통과시키는 필터를 고역통과필터라고 한다. 그림 5.16은 RC 또는 RL회로를 이용한 고역통과필터를 보인다.

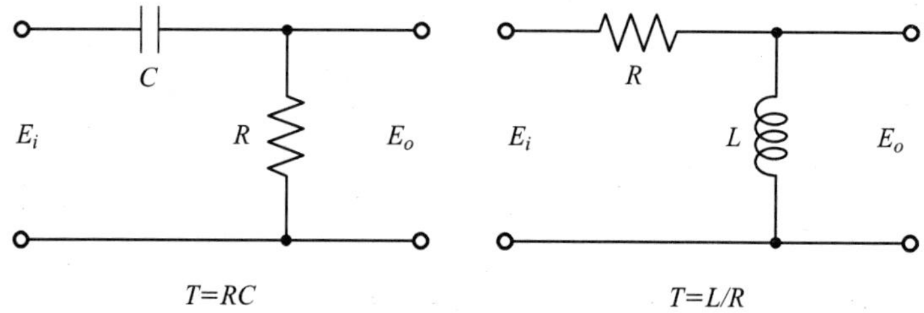

그림 5.18 고역통과필터

고역통과필터에 대한 입력신호에 대한 출력신호의 크기 비는 다음과 같이 주어진다.

$$\frac{E_o}{E_i} = \frac{1}{\sqrt{1+\dfrac{1}{\omega^2 T^2}}} \tag{5.31}$$

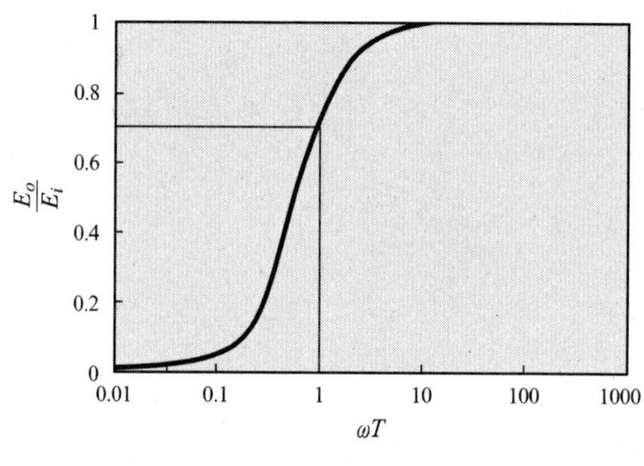

그림 5.19 고역통과필터에 의한 신호의 감쇠율

이러한 필터를 여러 개 중첩하여 사용함으로써 차단주파수(cut-off frequency)를 중심으로 좀 더 명확하게 차단 또는 통과시키는 특성을 갖도록 할 수 있다.

(c) 대역통과필터 (Band-pass filter)

대역통과필터란 특정한 주파수 범위의 신호만을 통과시키는 필터를 말하며, 위의 저역통과필터와 고역통과필터를 조합함으로써 만들 수 있다.

대역통과필터와 반대로 특정 주파수 범위의 신호만을 소거하는 필터를 대역소거필터(band-reject filter) 또는 노치 필터(notch filter)라고 한다.

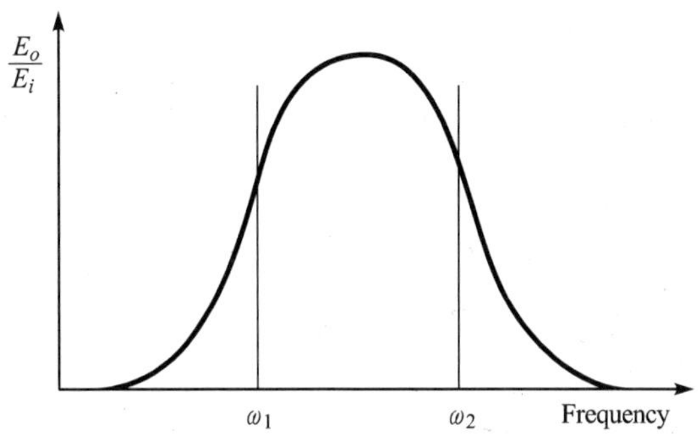

그림 5.20 대역통과필터

예제 5.3

간단한 RC회로($R=1.0\ k\Omega$, $C=1.0\ \mu F$)를 이용하여 저역통과필터를 만들었다. 100 Hz의 입력신호에 대하여 입력전압에 대한 출력전압의 게인은 얼마인가?

풀이

RC회로의 시간상수는

$$T=RC=(1.0\times10^3\ \Omega)(1.0\times10^{-6}\ F)=0.001\ s$$

이고, $\omega=2\pi f$이므로 100 Hz의 신호에 대한 게인은

$$\frac{E_o}{E_i}=\frac{1}{\sqrt{1+\omega^2T^2}}=\frac{1}{\sqrt{1+(2\pi100)^2(0.001)^2}}=0.8467$$

이고, 데시벨로 표시하면

$$dB=20\log_{10}\frac{E_o}{E_i}=-1.45\ dB$$

2) 증폭기 (Amplifier)

센서에서 나타나는 전기적 신호는 그 크기가 매우 작은 것이 보통이다. 이러한 작은 신호를 직접 읽거나 기록하는 것이 어려우므로 증폭기를 이용하여 신호를 증폭한다. 요즈음 증폭기는 대부분 트랜지스터나 집적회로를 이용하고 있으나 특수한 경우에 진공관이 사용되기도 한다.

입력전압이 E_i이고 출력전압이 E_o인 회로에서 피드백 회로가 없으면 게인(gain) 값 G는 다음과 같다.

$$G = \frac{E_o}{E_i} \tag{5.32}$$

(a) 차동증폭기 (Differential amplifier)

차동(differential) 또는 평형(balanced)증폭기는 두 개의 입력신호에 대하여 그 차이에 비례하는 출력을 내는 장치를 말한다. 차동증폭기는 특히 220 V, 60 Hz의 선간 전압(line voltage)에 실려 있는 매우 미세한 신호를 증폭하여 측정하는데 요긴하게 쓰인다.

(b) 연산증폭기 (Operational amplifier)

연산증폭기(op-amp)는 트랜지스터를 이용하여 소형 집적회로를 구성한 직류에 대한 차동증폭기이다. 이것은 직류로부터 1.0 MHz 정도까지의 교류에 대하여 작동한다. 연산증폭기의 구조는 다음 그림 5.19와 같다.

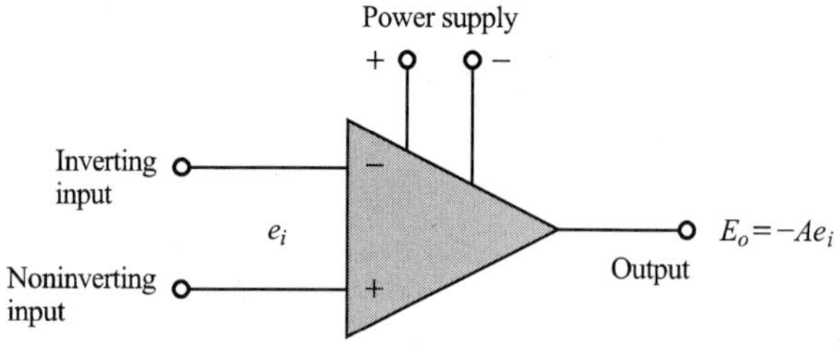

그림 5.21 연산증폭기의 구조

npn 트랜지스터를 이용한 연산증폭기는 1 MΩ 이상의 큰 입력 임피던스를 갖고 있기 때문에 입력전류량은 거의 제로이다. 출력 임피던스는 1.0 Ω보다 작기 때문에 개방 루프(open-loop) 게인은 매우 크다.

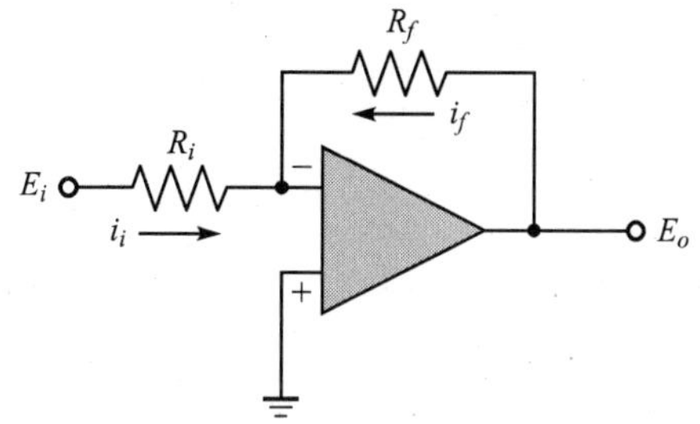

그림 5.22 기본 연산증폭기의 회로

그림 5.22와 같은 기본적인 연산증폭기 회로에서 전류 $i_i = -i_f$와 같으므로

$$\frac{E_i - e}{R_i} = -\frac{E_o - e}{R_f} \tag{5.33}$$

인데, $e = -E_o/A$로 매우 작으므로 무시하면 게인 G는 다음과 같이 계산된다.

$$G = \frac{E_o}{E_i} = -\frac{R_f}{R_i} \tag{5.34}$$

저항값 R_i와 R_f를 조절함으로써 입력전압에 대하여 원하는 게인을 설정할 수 있다.

연산증폭기를 이용하면 여러 가지 연산작업을 수행할 수 있다. 그림 5.23(a)는 연산증폭기를 이용한 가산기 회로를 보인다. 반전입력 단자에 전류의 연속성을 적용하면,

$$\frac{E_1 - e}{R} + \frac{E_2 - e}{R} + \frac{E_o - e}{R_f} = 0 \tag{5.35}$$

여기서, $e = 0$으로 놓으면,

$$E_o = -\frac{R_f}{R}(E_1 + E_2) \tag{5.36}$$

와 같이 된다. 여기서, 저항값을 조절함으로써 두 개의 입력신호에 대한 가중 합산을 수행할 수 있다.

또한 그림 5.23(b)와 (c)에는 미분기와 적분기 회로를 보인다. 미분기 회로에서 저항을 통한 전류와 커패시턴스를 통한 전류의 합은 영이므로

$$C\frac{d}{dt}E_i + \frac{E_o}{R} = 0 \tag{5.37}$$

따라서

$$E_o = -RC\frac{d}{dt}E_i \tag{5.38}$$

와 같이 된다. 마찬가지로 적분기에 대해서는 입력전압의 시간 적분값에 비례하여 커패시턴스가 충전된다. 이 경우에도 저항과 커패시턴스를 통한 전류의 합은 영이므로

$$\frac{E_i}{R} + C\frac{d}{dt}E_o = 0 \tag{5.39}$$

따라서

$$E_o = -\frac{1}{RC}\int E_i\,dt + \text{const} \tag{5.40}$$

와 같이 된다. 오랜 시간에 걸친 커패시턴스의 충전 시 발생하는 드리프트(drift)를 방지하기 위하여 큰 저항값을 갖는 R_f가 커패시턴스와 병렬로 배치된다. 이런 경우에 적분기 회로는 신호주파수 $\omega \gg R_f C$로 제한된다.

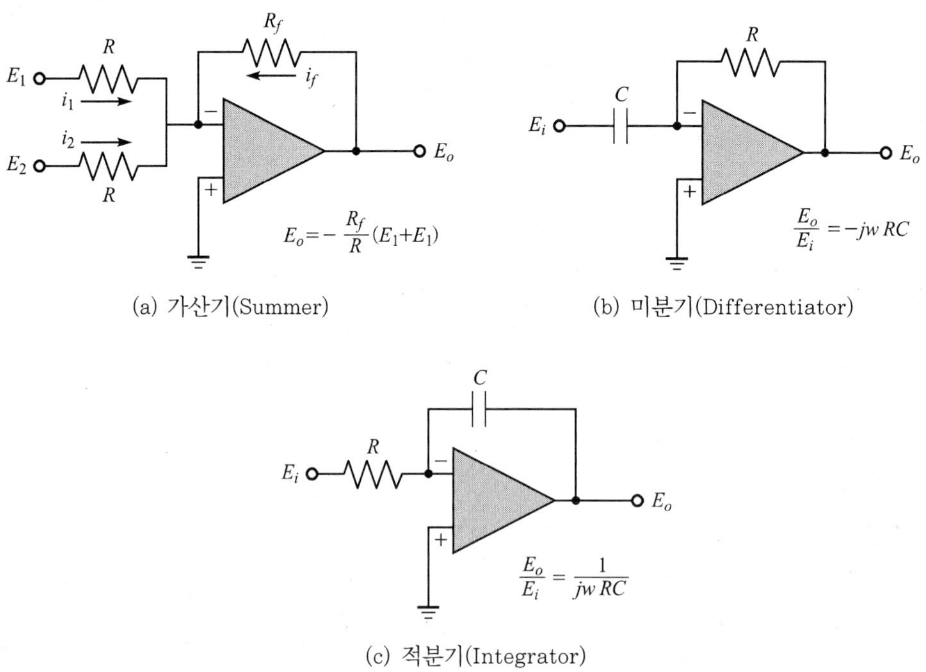

(a) 가산기(Summer)

(b) 미분기(Differentiator)

(c) 적분기(Integrator)

그림 5.23 연산증폭기를 이용한 각종 연산회로

연산증폭기는 소스로딩(source loading)의 문제가 없는 필터회로를 구성하는데 이용될 수 있다. 앞에서 설명한 RLC회로에 의한 필터는 수동필터(passive filter)라고 하며, 전 주파수에 걸쳐서 게인이 1 이하이다. 연산증폭기를 이용하면 게인이 1 이상인 필터를 구성할 수 있는데 이것을 능동필터(active filter)라고 한다.

그림 5.24는 저역통과 능동필터의 예를 보여주고 있다. 앞에서 설명한 바와 같이 내부 임피던스가 영이고, 전류의 연속성을 적용하여 이 회로를 해석하면, 입력신호에 대한 출력신호의 주파수 응답은 다음과 같이 구해진다.

$$\frac{E_o}{E_i} = \frac{K}{\sqrt{1+(\omega RC)^2}} \tag{5-41}$$

이것은 저역통과 수동필터의 결과와 동일하지만, 단지 분자가 K배되어 있는 점이 다르다.

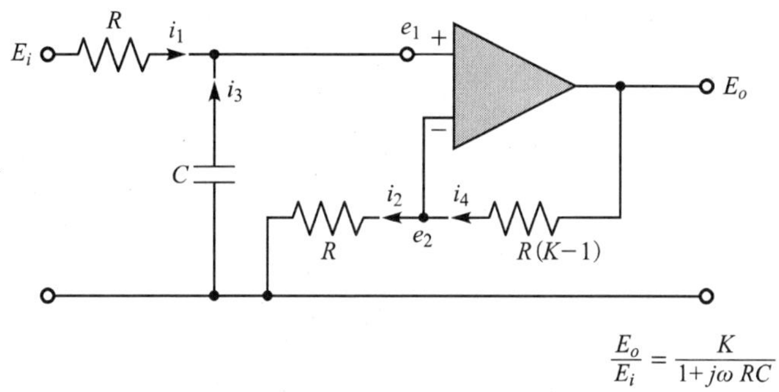

그림 5.24 연산증폭기를 이용한 능동 저역통과필터

5.7 센서

센서란 온도, 압력, 소리, 빛 등 여러 종류의 물리량을 검출하여 신호로 전달하는 소자나 이를 이용한 계측기를 말한다. 생물학적 용어인 감각기(sensorium)에 해당하며 라틴어의 sensus에서 만들어진 공학 용어이다.

센서는 피측정량의 변화를 기계량이나 전기량으로 1차 검출-변환시킨다. 표 5.1에 나타나 있는 바와 같이 많은 기계적 센서들은 입력을 변위로 변환시키는 반면에 전기적 센서들은 직접 전기적 출력으로 변환시킨다. 기계적 센서에 의하여 변위로 1차 변환된 것은 다시 전기량으로 2차 변환시킴으로써 데이터의 자동취득이나 처리를 용이하게 한다. 여기서는 주로 전기적 변환기의 종류에 관하여 간략하게 설명한다. 상세한 내용은 센서가 적용된 각 물리량의 측정 각론을 참고하기 바란다.

표 5.1 센서의 측정요소 및 수행되는 동작

요 소	동 작	요 소	동 작
I. 기계적		**II. 전기적**	
A. 접촉 스핀들	변위를 변위로	A. 저항	
B. 탄성부재		1. 접촉식	변위를 저항변화로
1. 로드셀		2. 도체의 가변 길이	변위롤 저항변화로
a. 인장/압축	힘을 직선변위로	3. 도체의 가변 면적	변위롤 저항변화로
b. 비틀림	토크를 각변위로	4. 도체의 가변 치수	스트레인을 저항변화로
2. 프루빙링	힘을 직선변위로	5. 도체의 가변 저항률	온도를 저항변화로
3. 부르돈관	압력을 변위로	B. 유도형	
4. 다이어프램	압력을 변위로	1. 코일의 가변치수	변위를 인덕턱스의 변화로
5. 벨로즈	압력을 변위로	2. 가변 공극	변위를 인덕턱스의 변화로
6. 코일스프링	힘을 직선변위로	3. 철심의 재료	변위를 인덕턱스의 변화로
C. 질량		4. 철심의 위치	변위를 인덕턱스의 변화로
1. 사이즈믹 질량	강제함수를 상대변위로	5. 가동코일	속도를 유도전압의 변화로
2. 진자	중력가속도를 주파수로	6. 가동 철심	속도를 유도전압의 변화로
3. 액체	압력을 변위로	C. 용량형	
D. 열		1. 공극의 변화	변위를 정전용량의 변화로
1. 열전대	온도를 전위차로	2. 평판면적의 변화	변위를 정전용량의 변화로
2. 유리관 내 알코올	온도를 변위로	3. 비유전율의 변화	변위를 정전용량의 변화로
3. 서미스터	온도를 저항변화로	D. 압전효과	변위를 전압으로
4. 화학적 상	온도를 상변화로	E. 반도체 접합	
5. 압력온도계	온도를 압력으로	1. 접합 임계전압	온도를 전압변화로
E. 유공압		2. 광다이오드 전류	빛의 세기를 전류로
1. 비중계	비중을 상대변위로	F. 광전효과	
2. 부표	액면을 변위로	1. 광전지	빛의 세기를 전압으로
3. 오리피스	유속을 압력변화로	2. 광도전	빛의 세기를 저항변화로
4. 벤츄리	유속을 압력변화로	3. 광방출	빛의 세기를 전류로
5. 피토관	유속을 압력변화로	G. 홀효과	변위를 전압으로
6. 베인	속도를 힘으로		
7. 터빈	선속도를 각속도로		

1) 저항형 변환기 (resistance transducer)

피측정량의 변화에 따라 전기저항값이 변화하는 성질을 이용한다. 전기도체의 저항은 저항체의 길이에 비례하고 단면적에 반비례한다. 이때 비례상수를 비저항이라 하며 물질에 따라 고유한 값을 갖는다.

- 포텐셔미터(potentiometer): 미끄럼 접촉을 하는 저항체의 위치에 따라 전기저항값이 선형적으로 변화한다. 7장 길이의 측정에서 다룬다.
- 스트레인게이지(strain gage): 가는 와이어가 인장응력을 받으면 길이는 늘어나고 단면적은 줄어들어 저항값이 변화한다. 변형률 측정에 이용되며 8장 힘과 변형의 측정에서 다룬다.
- 저항온도계(RTD): 온도에 따라 금속의 비저항값이 변화하는 것을 이용하여 온도를 측정한다. 11장 온도의 측정에서 상세하게 다룬다.
- 서미스터(thermistor): 열적으로 민감하게 저항값이 변화하는 세라믹류의 반도체 재료로 제작되는 온도계이다. 11장 온도의 측정에서 상세하게 다룬다.

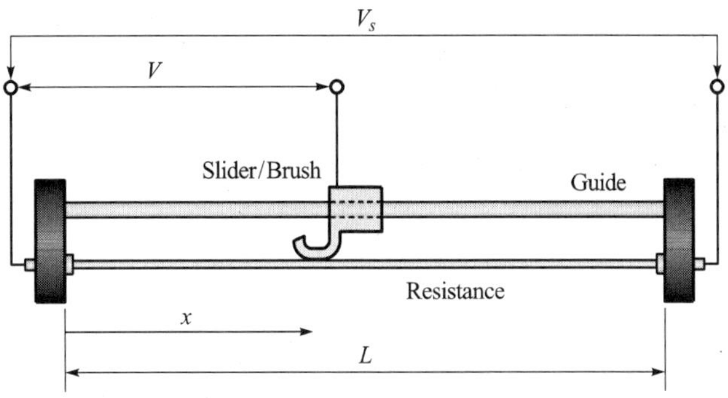

그림 5.25 저항과 가동 슬라이더로 구성된 가변 저항기

2) 유도형 변환기 (inductive transducer)

코일의 인덕턴스는 코일의 권선수 및 크기, 자속경로의 투자율 등 여러 인자에 의해 결정된다. 유도형 변환기(inductive transducer)는 피측정량의 변화에 따라 인덕턴스가 변화하는 변환기이다. 자속경로에 있는 퍼미언스(permeance)의 변화를 통하여 인덕턴스가 변화하는 것을 이용하기도 하고, 철심의 위치변화에 따른 유효 권선수의 변화를 이용하기도 한다. 대표적인 가변 인덕턴스 변환기는 정밀한 위치측정을 위한 선형 가변 차동

변압기(LVDT : linear variable differential transformer)이다. 여기에 관해서는 7장 길이의 측정에서 다룬다.

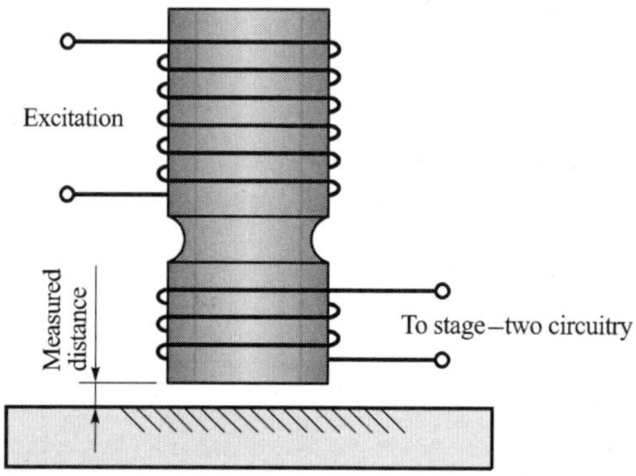

그림 5.26 전자 마이크로미터에 사용되는 이중코일 유도형 픽업

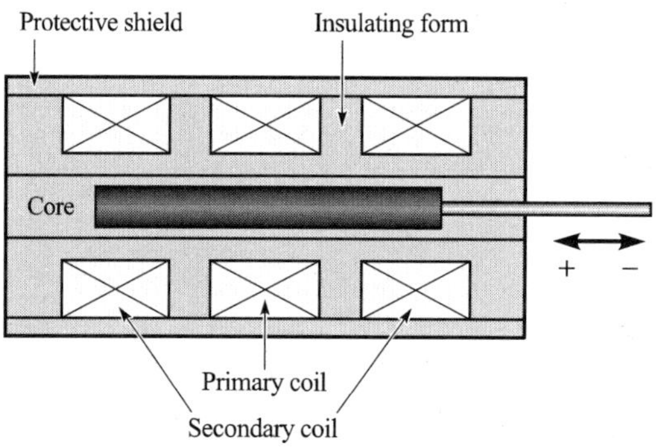

그림 5.27 차동변압기의 구조

3) 용량형 변환기 (capacitance transducer)

두 개의 금속판에 의한 정전용량(capacitance)은 두 금속판 사이의 간격과 마주보는 면적, 그리고 틈새에 있는 물질의 비유전율에 따라 변화한다. 두 판 사이의 간극 변화에 따른 커패시턴스의 변화는 용량형 변환기에서 가장 일반적으로 사용되는 방법이다. 전극 사이의 커패시턴스가 다이어프램의 상대적 위치의 척도로 이용된다. 정밀한 변위 측정이나 압력계 등에 이용된다. 유효면적의 변화에 따른 커패시턴스의 변화를 이용하여 토크측정에도 이용된다.

또한 금속판 사이에 흡습성 물질을 넣고 비유전율의 변화에 따른 커패시턴스를 측정하면 공기 중의 습도를 측정하거나 목재 내의 함수율을 측정할 수 있다. 항공기의 유면 레벨 게이지에도 이와 같은 원리가 이용되고 있다. 용량형 변위센서는 7장 길이의 측정에서, 습도센서는 13장 습도의 측정에서 다룬다.

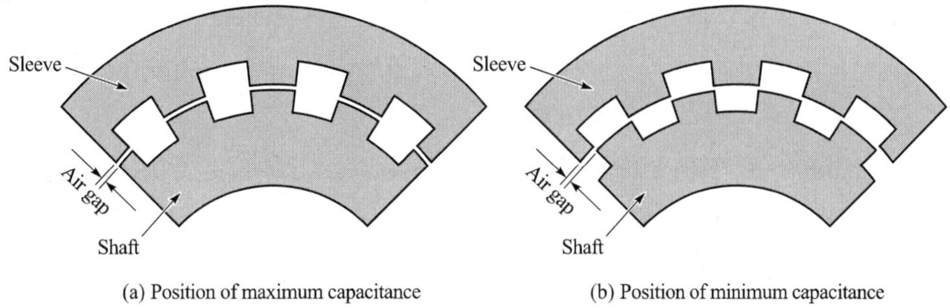

그림 5.28 토크 미터에서 톱니의 배열에 따른 커패시턴스의 변화

4) 압전효과 (piezoelectric effect)

수정과 같은 일부 크리스탈은 압력을 받으면 전위를 발생시키는데, 이를 압전현상이라 한다. 두 개의 평판 사이에 압전소자를 넣고 압력을 가할 때 유도되는 전압은 가해진 힘에 비례한다. 이러한 압전소자를 이용하여 로드셀과 압력계를 만든다. 8장 힘의 측정과 9장 압력의 측정에서 다룬다.

5) 열전효과 (thermoelectric effect)

두 개의 다른 금속이 연결되어 있는 연결부위에 온도차가 주어지면 기전력(emf)이 발생하는데, 이러한 현상을 제벡효과(Seebeck effect)라 한다. 온도를 측정하기 위한 두 개의 다른 금속선의 쌍을 열전대(thermocouple)라고 한다. 11장 온도의 측정에서 상세하게 다룬다.

6) 광전효과 (photoelectric effect)

빛을 받으면 광전자를 방출하여 전기적인 특성이 변화하는 현상을 광전효과라 하고, 여기에는 광기전력효과, 광도전효과, 광전자방출효과 등이 있다. 광전효과를 이용하여 빛의 세기를 유용한 전기신호로 바꾸어주는 변환기를 광전변환기라 한다.

(a) **광기전력 효과** (photovoltaic effect)

- 포토다이오드 : 가장 기본적인 광센서로 빛에너지를 전기에너지로 변환하는 일종의 센싱용 다이오드이다. pn 접합을 이용하며 기본적으로 빛에 민감한 전류원이다. 반도체 광센서 중 가장 응답속도가 빠르다.
- 포토트랜지스터 : 트랜지스터의 베이스에 포토다이오드를 접속하여 일체화한 것으로 포토다이오드보다 훨씬 큰 전류를 공급한다. 출력 증폭도가 크므로 로터리 엔코더, 무접점 스위치 등에 이용된다.
- 광전지 : 두 개의 금속판 사이에 반도체 물질을 삽입하고 빛을 조사하면 광량에 따라 전압을 발생시킨다. 사진기에서 광량을 측정하기 위하여 사용하는 노출계가 바로 이것이다. 빛 이외의 외부동력을 필요로 하지 않으며 솔라셀(solar cell) 또는 태양전지로 잘 알려져 있다.

(b) **광도전 효과** (photoconductive effect)

- 광도전셀 : 황화카드뮴(CdS)을 주성분으로 하며 광량에 따라 내부저항이 변화하는 일종의 광저항기이다. 빛의 세기가 증가함에 따라 저항이 감소한다. 포토트랜지스터보다 응답성이 나쁘다.

(c) **광전자 방출효과** (photoemitting effect)

- 광전자 방출 변환기 : 진공유리나 수정 벽 내에 음극-양극의 조합으로 구성되어 있다. 광전관의 음극부(cathode)에 빛이 조사되면 표면에서 전자가 방출되어 양극부(anode)방향으로 움직임으로써 두 전극 사이에 작은 전류가 발생한다. 몇 개의 연속적인 고전압 전극을 첨가함으로써 상당한 양의 전류 증폭이 얻어지며 광전자 증배관(PMT : photomultiplier tube)을 형성한다. 반도체를 이용한 소형의 포토다이오드 발명 이후에는 특수 목적에만 사용된다.

7) 홀효과 (Hall effect)

전류가 흐르는 도체를 자장에 수직하게 위치시키면 전류 및 자장에 수직한 방향으로 전압이 발생한다. 이러한 현상을 홀효과(Hall effect)라고 하며 금속보다 반도체에서 뚜렷하게 나타난다. 위치센서 및 전류센서로 이용되며 자동차의 타이밍 센서가 하나의 예이다.

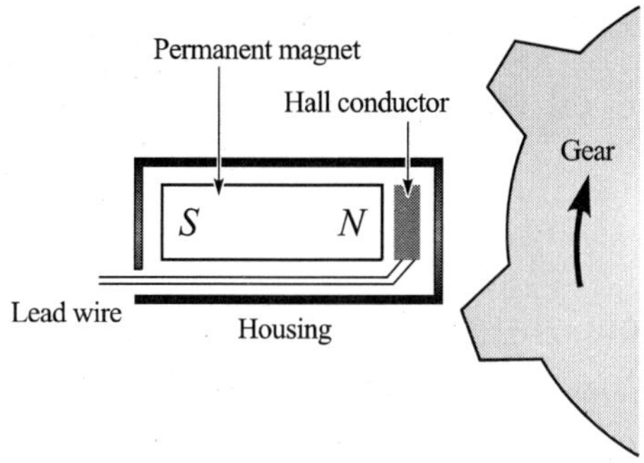

그림 5.29 홀효과를 이용한 톱니바퀴 센서

chapter 5

연습문제

5.1 한 변의 길이가 100 mm인 단선코일이 500회 감겨져 있고 여기에 0.5 A의 전류가 흐르고 있다. 이 코일이 0.4 Wb/m^2 자장 내에 직각방향으로 놓여있을 때 이 도선에 작용하는 힘은 얼마인가?

5.2 −10 V와 +10 V 사이를 반복하는 사각파의 rms 전압은 얼마인가?

5.3 다음 신호의 rms값을 구하라.

(1)

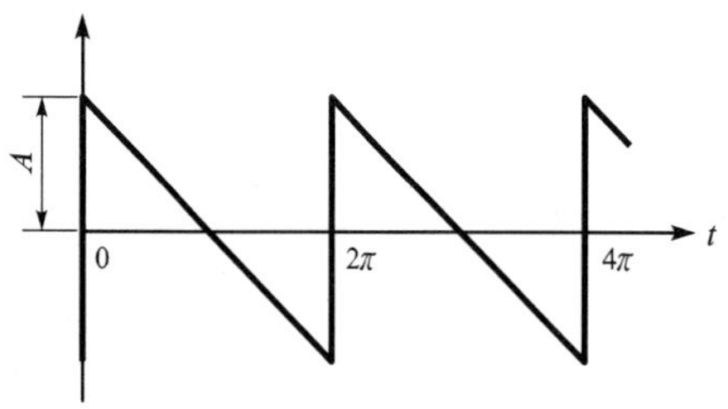

(2)

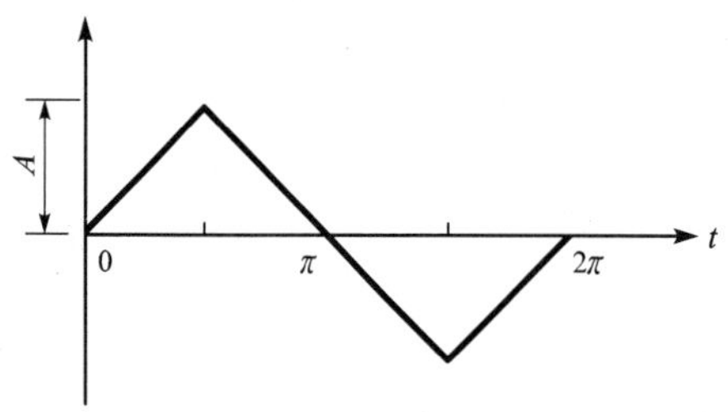

5.4 전류감지 입력회로에서 저항 R에 대한 전류량 i의 감도를 구하라.

5.5 전압분배회로에서 $x = R/R_m = 0.5$일 때, 부하오차를 구하라. 여기서, $R_m/R_i = 1$이다.

5.6 휘스톤 브리지에서 저항값 $R_2 = R_3 = 500\ \Omega \pm 0.1\%$ 이고, $R_1 = 520.4\ \Omega \pm 0.2\%$ 일 때 R_x 는 얼마이고 불확도의 범위는 얼마인가?

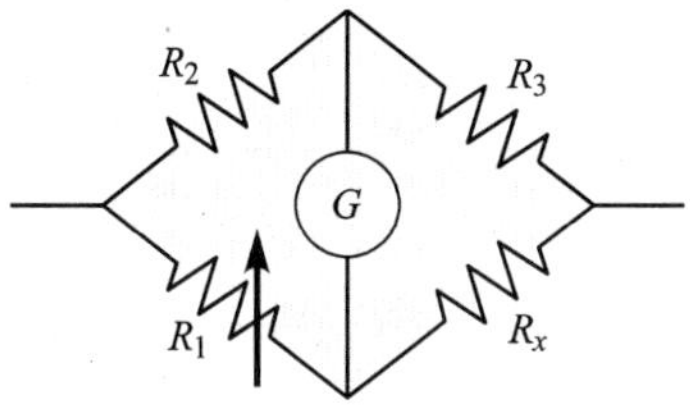

5.7 휘스톤 브리지에 사용된 3개의 저항이 1%의 불확도를 가지고 있다. 이때 측정된 저항의 불확도는 얼마인가?

5.8 데시벨은 전압뿐만 아니라 특히 음압(소리)의 크기를 나타낼 때 이용된다. 소리의 크기가 60 dB에서 70 dB로 증가하면 음압은 몇 배로 되는가?

5.9 음압이 2배 증가하면 소리의 크기가 몇 dB 증가하는가?

5.10 전력비가 1 dB이면 입출력 전력비는 얼마인가?

5.11 $R = 2500\ \Omega$, $C = 0.1\ \mu\text{F}$를 써서 고역통과필터를 만들었다. 10 Hz와 100 Hz에 대한 전압게인은 얼마인가?

5.12 1 mV의 신호를 게인이 10인 증폭기를 통과시키고 다시 게인이 10인 증폭기를 통과시켰다면 총 전압증폭은 dB로 얼마인가?

5.13 간단한 RC 회로를 이용하여 저역통과필터를 제작하였다. 100 Hz의 입력전압에 대하여 출력전압을 6 dB만큼 감쇠시키기 위한 시간상수 $T = RC$값을 구하라.

5.14 고역통과필터가 150 Hz에서 −3 dB의 크기를 갖도록 설계되었다. 시간상수를 계산하고 100, 200, 400 Hz에서의 필터의 감쇠율을 구하라.

5.15 다음과 같은 연산증폭기 회로에서 출력전압 V_o를 V_1과 V_2로 표시하라. 여기서, $R_1 = 10\ \Omega$, $R_2 = 5\ \Omega$, $R_f = 10\ \Omega$이다.

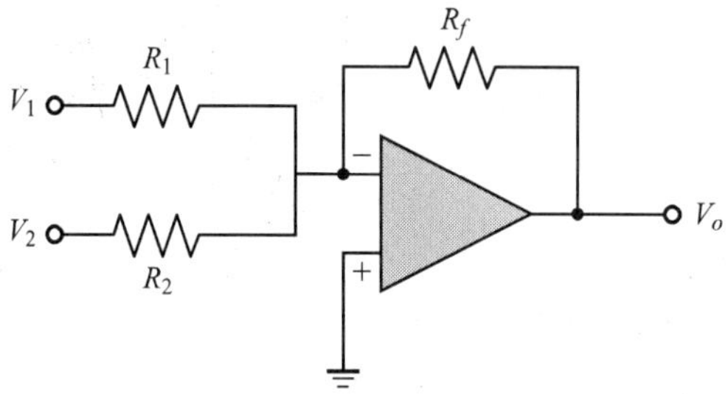

5.16 연산증폭기를 이용하여 3개의 2진 신호(000, 001, ⋯, 110, 111)에 따라 출력전압이 기준전압의 0부터 7배까지 나올 수 있도록 회로를 구성해 보라.

CHAPTER

06

디지털 측정

(Digital Measurements)

CHAPTER 06

디지털 측정

컴퓨터의 발달로 디지털 측정에 관한 관심이 높아지고 있다. 아날로그 신호를 컴퓨터에 입력하고 컴퓨터의 출력신호로 시스템을 제어하기 위해서는 AD변환과 DA변환이 필요하다. 여기서는 AD변환기의 원리와 이때 발생하는 오차에 관하여 살펴보고 디지털 IO 장치에 관하여 살펴본다.

6.1 아날로그와 디지털

자연계의 모든 피측정량은 아날로그 형태이다. 아날로그 신호는 불연속성이 없이 부드럽고 매끈하게 변화한다. 아날로그 정보는 흑색과 백색 사이에서 점진적으로 변화하는 회색도에 비유할 수 있는 반면, 디지털 정보는 단지 흑색과 백색의 두 가지 중 하나만을 가진다고 생각할 수 있다.

디지털 정보는 비트(bit)를 최소단위로 하여 전달된다. 비트는 오직 하나의 자릿수, 즉 0과 1로 구성되며, 논리 또는 숫자정보를 전달하는데 사용된다. 논리관점에서 1과 0은 스위치를 켜거나 끄는 것과 같다. 또 1과 0의 비트를 조합하여 숫자 정보를 표현하는데 사용할 수도 있다. 이러한 비트들의 조합을 워드(word)라고 한다. 특별히 4비트의 워드를 니블(nibble)이라고 하고 8비트의 워드를 바이트(byte)라고 한다.

비트의 수는 워드가 나타낼 수 있는 최대 숫자의 크기를 결정한다. 예를 들어 2개의 비트는 2^2, 즉 4개의 가능한 조합, 00, 01, 10, 11을 나타낼 수 있다. 8비트의 워드는 2^8, 즉 0부터 255까지의 숫자를 나타낼 수 있다. 이진수로 표현된 숫자의 가장 낮은 단위의 비트를 최하위비트(LSB : least significant bit)라고 하고, 가장 높은 단위의 비트를 최상위비트(MSB : most significant bit)라고 한다. 이러한 형식을 일렬 이진수 코드(straight binary code)

라고 한다.

아날로그 계기는 다르송발 검류계와 같이 바늘이 눈금 위를 연속적으로 움직인다. 반면 디지털 계기는 디지털 전압계(DVM)에서와 같이 측정전압이 숫자의 불연속적인 변화로 나타난다. 디지털 판독은 두 숫자 사이의 값을 읽을 수는 없지만 명백한 장점은 보간할 필요가 없고 판독이 정확하므로 잘못된 판독으로 야기되는 문제를 없앨 수 있다. 더욱이 디지털 계기는 컴퓨터와 쉽게 결합될 수 있다는 사실이다. 컴퓨터에 기초한 계측은 데이터의 기록과 출력을 용이하게 해주며 동시에 데이터의 정리에 필요한 많은 단계를 자동적으로 처리할 수 있다.

디지털 계측의 또 다른 장점은 잡음에 강인하다는 것이다. 디지털 신호는 진폭에 의존하는 것이 아니라 on/off 펄스의 특정 순서에 의존하기 때문이다. 그러므로 그 순서를 식별할 수 있는 한, 입력의 원래의 완벽한 정보는 손상되지 않는다. 정확도가 유지되고 신호처리와 잡음 등에 의해 유발되는 왜곡이 거의 없으며 우수한 안정성을 갖는다는 점에서 디지털 방식이 널리 이용되고 있다.

예제 6.1

4비트의 워드 0101의 MSB와 LSB는 얼마인가? 또 이에 해당하는 십진수를 구하라.

풀이

MSB는 가장 앞자리 수, 즉 0이고, LSB는 맨 오른쪽 자리 수, 즉 1이다.

$$0\times 2^3+1\times 2^2+0\times 2^1+1\times 2^0=5$$

따라서 0101의 십진수는 5이다.

예제 6.2

십진수 75를 이진수로 바꾸어라.

풀이

75를 2로 나누어 나머지 1을 오른쪽에 적는다. 몫 37을 다시 2로 나누어 나머지 1을 오른쪽에 적는다. 계속해서 2로 나눈 나머지를 적어나가면 맨 아래에 마지막 몫이 나온다. 그러면 처음 계산된 나머지 1이 LSB이고 맨 마지막에 나온 몫이 MSB가 된다. 따라서 변환된 이진수는 아래에서 위 방향으로 순서대로 적으면 된다.

2 | 75 1
2 | 37 1
2 | 18 0
2 | 9 1
2 | 4 0
2 | 2 0
1

즉, $75_{10} = 1001011_2$ 이다.

이를 확인하면

$$1\times2^6+0\times2^5+0\times2^4+1\times2^3+0\times2^2+1\times2^1+1\times2^0$$
$$=64+0+0+8=0+2+1$$
$$=75$$

6.2 디지털 데이터의 전달

비트 정보를 표현하는데 컴퓨터에서 일반적으로 사용하는 방법은 +5 V형태의 TTL(true transistor logic)방식이다. 전압변동에 의한 오동작을 방지하고 확실한 동작을 보장하기 위하여 정확한 전압값보다는 전압범위로 표시하여 HIGH 신호와 LOW 신호를 구분한다. TTL에서 +2 V에서 +5.5 V 사이의 전압은 HIGH로 간주되어 1의 비트값을 가지며, −0.6 V에서 +0.8 V 사이의 전압은 LOW로 간주되어 0의 비트값을 가지게 된다. 그러나 다른 전압범위를 이용하는 방식도 있다.

M비트의 레지스터는 M개의 출력선상의 전압값에 근거하여 숫자를 형성한다. 그림 6.1(a)는 숫자 0101을 형성하는 4비트 레지스터를 보인다. 비트값은 출력선에 연결되어 있는 스위치를 열거나 닫거나 함으로써 바뀌게 된다. 이러한 형태는 워드를 형성하는데 필요한 모든 비트들이 동시에 제공되는 병렬(parallel)형태로 구성된다. 또 다른 형태는 직렬(serial)형태인데 HIGH/LOW 펄스의 비트들이 시간에 따라 순차적으로 연결되어 있다. 디지털 장비에 내장된 부품들 사이의 통신은 항상 워드 당 병렬비트로 이루어지나 일련의 워드는 직렬형태로 이루어진다. 디지털 장비 간의 통신은 동시에 병렬적으로 이루어질 수도 있고 전적으로 직렬형태를 취할 수도 있다. 직렬통신의 경우 LSB가 먼저 전달되고 이어서

나머지 비트들이 순차적으로 전달된다. 그림 6.2는 0101(=5_{10})과 0110(=6_{10})이 직렬 또는 병렬로 전달되는 과정을 보인다.

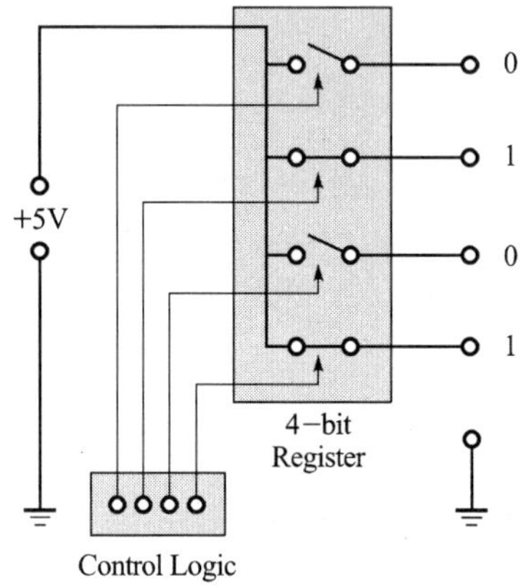

그림 6.1 0101 병렬의 4비트 레지스터 전달

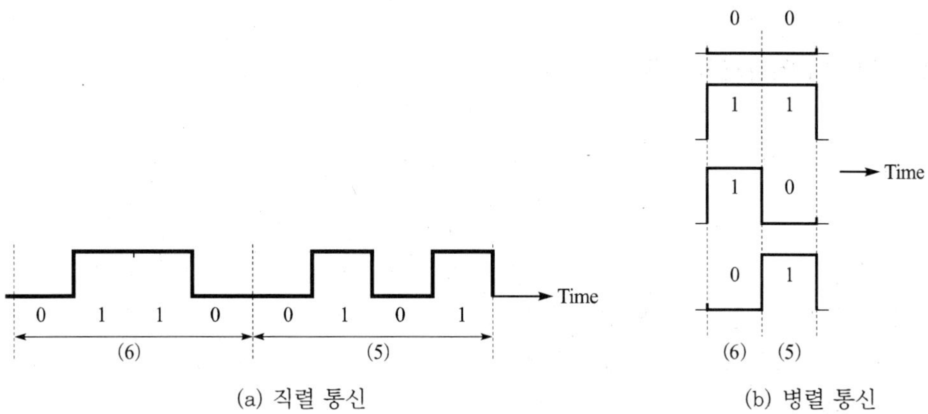

그림 6.2 디지털 통신방식

6.3 A/D, D/A 변환

아날로그적인 자연과 디지털적인 컴퓨터를 접속하기 위해서는 A/D 변환과 D/A 변환이 필요하다. 자연계의 신호를 측정하여 컴퓨터에 입력하기 위해서는 아날로그/디지털 변환(A/D conversion)이 필요하고, 또 반대로 컴퓨터에서 나온 신호를 이용하여 공정이나 장치를 제어하기 위해서는 디지털/아날로그 변환(D/A conversion)이 필요하다.

1) 디지털/아날로그 변환기 (D/A converter)

D/A 변환기란 디지털 신호를 아날로그로 출력해주는 장치이다. 이진수로 주어지는 디지털 데이터를 원하는 전압범위의 아날로그 신호로 출력한다. 단순한 D/A 변환기는 가산 증폭기(summing amplifier)에 기초하고 있으며, 안정된 기준전압, 가산저항의 사다리형 배열, 일련의 디지털 스위치, 그리고 연산 증폭기 출력회로와 같은 4개의 기본적인 요소로 구성되어 있다.

그림 6.3과 같이 기준전압이 공급되고 가산저항들이 2배씩 증가하는 사다리형 배열을 한다. 입력된 디지털 데이터를 비트 수만큼의 1과 0의 신호로 바꾸어 고체게이트(solid-state gate) 스위치를 on/off 시킨다.

스위치 0은 $i_o = \frac{1}{128}\frac{E_{ref}}{R}$ 크기의 전류를 전달시키고 스위치 1은 $i_o = \frac{1}{64}\frac{E_{ref}}{R}$의 전류를 전달시킨다. 따라서 스위치 0이 최하위 비트, 스위치 7이 최상위 비트에 해당한다. 스위치의 on/off 조합에 의하여 00000000부터 11111111까지 8비트 숫자에 비례하는 출력전압을 생성할 수 있다.

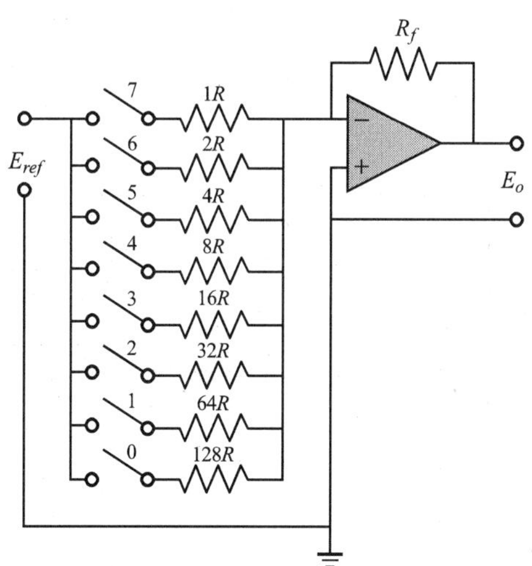

그림 6.3 간단한 8비트 D/A 변환기

2) 아날로그/디지털 변환기 (A/D converter)

A/D 변환기란 연속적인 아날로그 신호를 디지타이즈하여 몇 개의 구간으로 나누는 작업을 한다. A/D 변환은 다음의 두 단계를 거쳐서 처리된다. 첫째, 연속적인 신호를 샘플링 시간에 따라 불연속적인(discrete) 값으로 나타내고, 둘째, 각각의 시간에 얻어진 물리적 데이터를 컴퓨터가 인식할 수 있는 2^n개의 양자화(quantization)된 값으로 나타낸다.

A/D 변환방식에는 기본적으로 적분방식과 비교방식이 있다. 적분방식 중에서 가장 널리 사용되고 있는 방식은 이중적분형으로서 입력전압에 비례하는 게이트 시간을 만들고 그 사이에 통과하는 전파의 순간 파동수를 측정하는 방식이다. 이 방식은 안정성이 높으며 잡음제거 특성이 뛰어나고 직선성이 좋지만 변환속도는 느린 편이다. 비교방식은 기준전압과 입력전압을 비교하는 방식으로 순차 비교형과 병렬 비교형이 많이 사용된다.

그림 6.4는 8비트 순차 비교형을 보여주고 있다. D/A 변환기에서와 마찬가지로 2배씩 증가하는 저항들이 사다리형으로 배열되어 있고 이것이 연산 증폭기에 연결되어 있다. 가장 작은 저항부터 시작하여 순차적으로 스위치를 올려가면서 기준전압과 비교해 나간다. 아날로그 전압이 주어진 기준전압보다 크면 비교기의 출력전압이 HIGH(또는 on)가 되며 작을 때는 LOW(또는 off)가 된다. 이렇게 생성된 on/off 신호를 엔코더 회로를 통하여 2진 출력을 발생시킨다. 순차적 비교를 수행하는 변환시간 동안에 입력신호가 계속해서 변화하는 것을 방지하기 위하여 샘플 홀드(sample hold) 기능을 갖춘다.

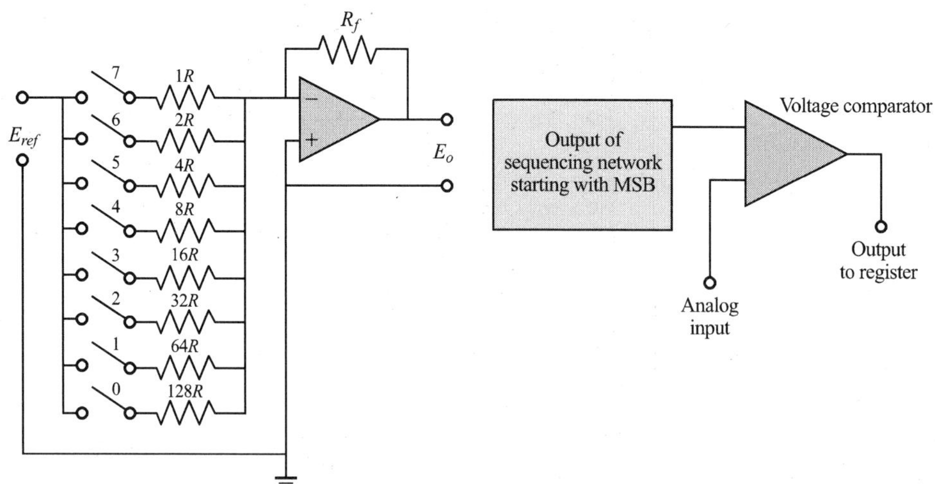

그림 6.4 8비트 A/D 변환기

6.4 AD 변환 시의 오차

1) 포화오차 (Saturation error)

A/D 변환기는 수용할 수 있는 입력전압을 이산화한다. 전형적인 최대 범위는 0에서 10 V 또는 −10 V에서 10 V이다. 입력신호가 응답의 상한선이나 하한선을 초과하면 변환기가 포화되어 출력되는 신호는 입력값에 따라 변화하지 않는다. 이러한 포화는 진폭 감쇠 또는 직류 오프셋 제거 등의 적당한 신호조정을 통해 방지할 수 있다. 주어진 측정범위에 비하여 신호의 범위가 현저히 차이 날 경우에 게인(gain)을 이용한다. 게인이란 입력신호를 일정배수만큼 증폭함으로써 주어진 측정범위를 폭넓게 사용하여 분해능을 향상시키기 위해 사용한다. 보통 1, 2, 10, 100, 500 등의 게인을 입력신호의 크기에 따라 하드웨어적으로나 소프트웨어적으로 조절한다.

2) 분해능과 양자화 오차 (Resolution/Quantization error)

A/D 변환기는 입력전압에 있어서의 이산 변화에 응답한다. 분해능이란 최대 측정범위를 2^n 개로 분해하였을 때 분해 가능한 최소 단위를 말한다.

$$e = \frac{\Delta V}{2^n G} \tag{6.1}$$

여기서, ΔV는 전압 측정범위이고 G는 게인이다. 전형적인 A/D 변환기는 8, 12, 16, 32비트를 가지는데 분해능은 최대 전압범위를 각각의 비트 수에 기초한 가능한 조합의 수인 $2^8 = 256$, $2^{12} = 4096$, $2^{16} = 65536$으로 나눈 값에 해당한다. 예를 들어 0~10 V의 범위를 갖는 16비트 변환기는 0.15 mV의 전압분해능을 갖는다. 그림 6.5는 정현파를 3비트로 A/D 변환시킨 예를 보인다.

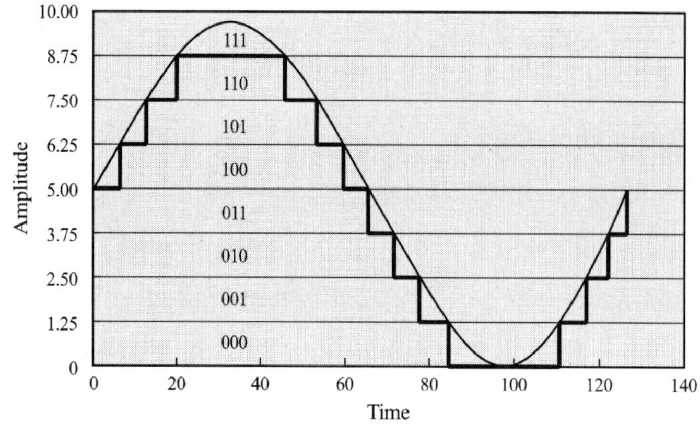

그림 6.5 A/D 변환에 의한 양자화 오차

3) 변환오차 (Conversion error)

A/D 변환기에서는 약간의 비선형성, 제로 오프셋 오차, 스케일 오차 또는 히스테리시스 등의 변환오차가 발생된다. 앞의 그림에서 보이는 디지털 출력값은 최하위 비트의 1/2 정도에 해당하는 값만큼 낮게 나타난 결과가 된다. 내부적으로 이러한 변환오차를 최소화되도록 해주고 있다.

4) 샘플링 속도 (Sampling rate)

샘플링 속도란 A/D 변환기가 시간에 따라 변화하는 입력에 대해서 연속적으로 디지털 값을 출력할 수 있는 속도를 말한다. 전형적인 값은 1000 Hz에서 100 MHz 정도이다. 샘플링 속도를 크게 함으로써 실제 연속적인 입력신호를 잘 추적할 수 있다. 나이키스트(Nyquist) 샘플링 법칙에 의하면 측정하고자 하는 최대 주파수의 2배 이상의 속도로 샘플링 하여야 한다. 예를 들어 오디오 신호를 가청주파수인 20 kHz까지 측정하고자 하면 40 kHz 이상의 속도로 샘플링 하여야 한다.

하나의 A/D 변환기를 이용하여 여러 개의 채널로부터 들어온 신호를 처리하기 위해서는 연속적으로 돌아가며 스위칭 작업을 수행하여야 한다. 이러한 기능을 멀티플렉싱(multiplexing)이라고 한다. 여러 개의 신호를 돌아가면서 처리함으로써 채널 1개당 샘플링 속도는 낮아진다. 예를 들어 40 kHz 보드를 이용하여 10개의 채널을 읽는다고 하면 샘플링 속도는 다음과 같이 될 것이다.

$$\frac{40\ \text{kHz}}{10\ \text{channel}} = 4\ \text{kHz/channel}$$

6.5 디지털 I/O 장치의 실제

1) 하드웨어 (Hardware)

데이터 획득 시스템(data acquisition system, DAQ)은 기본적으로 A/D 변환기로서 필요에 따라 멀티플렉서나 기타 부가장치가 포함된다. 멀티플렉서는 여러 개의 신호를 스위치 작동을 통하여 연차적으로 측정하기 위해서 필요하고, 정확하게 동 시점에 여러 측정값을 읽어야 하는 경우에는 동시표본보유(sample-and-hold)장치가 필요하다. 반대로 컴퓨터를 이용하여 실험 장치를 제어하기 위해서는 아날로그나 디지털 형태로 출력하는 장치가 있어야 한다. 아날로그 출력이 필요한 경우에는 D/A 변환기가 이용된다. 컴퓨터와 연결시키지 않더라도 독립적으로 사용 가능한 것은 데이터 로거(data logger)라고 한다.

각종 아날로그/디지털 I/O 장치에는 컴퓨터 내장형과 외장형이 있다. 외장형은 여러 가지 형태의 인터페이스를 통하여 컴퓨터와 연결된다. 내장형은 컴퓨터 슬롯에 삽입되는 플러그인 보드로서 A/D, D/A, D/I, D/O 보드가 있다. 현재 National Instrument사와 Data Translation사 등의 제품이 대표적이며, 종류가 매우 다양하므로 용도에 맞게 선정하여야 한다. 비트 수가 높고 샘플링 속도가 높을수록 가격이 비싸다. 아래에 하나의 A/D 보드의 사양을 보여준다.

Specifications :

Number of bits : 16 bit
Voltage range : 0–10 V
Gain : 1, 2, 5, 10, 500
Sampling rate : 10 kHz
Number of Channels : 16 SE (8 DE)

2) 인터페이싱 (Interfacing)

각종 디지털 장비를 접속하여 데이터를 정확히 송수신할 수 있도록 해주는 규약을 말한다. 데이터와 각종 제어신호가 정해진 형태로 코드화되어야 하며, 이들이 적절히 조화되도록 동기화되어야 한다.

(a) 직렬 (Serial) 방식

하나의 신호선으로 한번에 1비트 단위로 보낸다. RS232C, RS422, RS485, LAN 등이 있으며, 여기서는 RS232C에 대하여 간략히 설명한다.

RS232C 시리얼 인터페이스는 미국의 EIA(Electronic Industries Association)에서 정한 표준 인터페이스의 하나로서 데이터를 직렬로 전송하며 대부분의 PC에 기본으로 장착되어 있다. 본래 데이터 단말장치와 모뎀을 접속하기 위한 것으로 배선수가 작고 접속이 용이하며 100 m 이상에서도 전송이 가능하다(규격에서는 15 m 이하). 그러나 병렬로 전송하는 경우에 비하여 전송속도가 느리며 하나의 인터페이스에 대하여 하나의 단말장치밖에 접속할 수 없는 것이 단점이다. 올바른 전송을 위해서는 송수신측의 parity, baud rate, start bit와 stop bit 등을 맞춰주어야 한다. 송신측과 상대의 수신측이 접속되어야 하므로 송신 단자핀과 수신 단자핀이 서로 교차되어 있다.

(b) 병렬 (Parallel) 방식

다수의 신호선으로 한 번에 여러 비트의 정보를 보낸다. GPIB(HPIB, IEEE488), SCSI, Centronics 등이 있다. 센트로닉스 방식은 개인용 컴퓨터와 프린터 접속에 주로 이용되고 있는 병렬 인터페이스 방식으로 일대일 접속이 가능하다. 최소 필요한 제어선과 8개의 데이터 선으로 구성되어 있다.

GPIB 또는 HPIB(Hewlett-Packard Interface Bus) 방식은 Hewlett-Packard사에서 개발한 병렬 인터페이스 방식이다. 각종 의료기기, 컴퓨터기기 등의 접속에 많이 활용되고 있으며, 국제 전기학회(IEEE)의 표준으로 자리 잡아 IEEE488이라고도 불린다. 이것은 시리얼 인터페이스나 프린터용 패러렐 인터페이스(Centronic interface)와 같이 일대일 연결은 물론 한 번에 여러 개의 장비를 동시에 직렬형태나 방사상 형태 등 어떠한 형태로든 연결할 수 있다(15대까지 접속 가능). 커넥터의 규격이 24핀으로 통일되어 있고 프로그램용 명령체계가 통일되어 있어 기기의 증설이 쉽다. 또한 전송속도가 빠르며(최대 1 Mbyte/s) 접속할 기기 중 가장 느린 기기의 전송속도에 따른다. 그러나 총 케이블 길이가 20 m 이내이며, 기능이 복잡하여 통신문제 발생 시 원인규명이 쉽지 않다. 신호선은 데이터용 8핀, 제어용 8핀, 총 16핀으로 구성되어 있다.

3) 소프트웨어 (Software)

(a) 프로그래밍의 작성

컴퓨터를 이용한 데이터의 입출력을 위해서는 구동 소프트웨어가 필요하다. A/D 보드와 함께 제공되는 서브루틴(subroutine)들을 불러서 이용하는 메인 프로그램을 BASIC, FORTRAN, PASCAL, C 등과 같은 고급언어를 이용하여 작성한다. 실시간 계산량이 많다거나 컴퓨터 메모리와 저장장치를 자유롭게 구성하는데 유용하다. 컴퓨터의 메모리 용량을 초과하거나 하드웨어의 한계에 근접한 경우 기계명령어를 직접 전환하는 어셈블러 언어로 작성하기도 한다.

(b) 상용 소프트웨어 패키지

요즘은 사용자 인터페이스가 강화된 상용프로그램이 많이 개발되어 있어서 특수한 경우를 제외하고는 직접 프로그램을 작성할 필요가 없어지고 있다. 패키지에서 제공되는 여러 가지 메뉴를 선택하여 프로그램을 특정한 응용분야에 맞게 구성한다. 계측기로부터 데이터를 측정하는 시간이나 시간 간격, 화면에 출력하는 방식, 필요한 제어기능의 수행 등을 설정한다. 전문화된 DAQ 소프트웨어는 DAQ 하드웨어와 함께 공급된다. DAQ 응용을 위해 일반적인 프로그래밍 환경을 만드는 소프트웨어로는 Visual C++, Visual Basic, LabVIEW, MATLAB 등이 있다.

이러한 프로그램들은 A/D 보드로부터의 데이터 획득이나 A/D 보드로의 제어신호 출력을 용이하게 해준다. 획득된 데이터를 여러 가지 형태의 그래프나 워크쉬트 형태로 화면상에 출력할 수 있도록 해줄 뿐만 아니라 컴퓨터 화면상에 작동스위치, 계기판 등을 자유롭게 배치하고, 원하는 형태로 레이아웃을 설정할 수 있게 해준다.

chapter 6

연습문제

6.1 이진수 1001과 0101의 덧셈과 뺄셈을 수행하라.

6.2 0000부터 1111까지의 4비트 워드를 0부터 F까지의 16진법으로 표현할 수 있다. 1110은 16진법으로 얼마인가?

6.3 8비트 이진수 10110011을 십진수로 바꾸어라.

6.4 십진수 97을 이진수로 바꾸어라.

6.5 0~10 V의 범위를 갖는 16-bit A/D 변환기의 전압 분해능은 얼마인가?

6.6 8-bit A/D 변환기의 %분해능은 얼마인가?

6.7 FS(전 측정범위)에 대한 상대오차가 0.01% 이하가 되도록 하기 위해서는 몇 비트의 A/D 변환기가 필요한가?

6.8 하나의 A/D 보드를 이용하여 20 kHz까지의 주파수를 갖는 4개의 입력신호를 엘리어싱이 발생하지 않도록 동시에 측정하기 위해서는 A/D 보드의 샘플링 속도는 얼마 이상이어야 하는가?

6.9 12-bit A/D 변환기를 써서 T-type 열전대로 측정되는 온도의 분해능이 0.1℃가 되도록 하고자 한다. 이때 최대 FS 전압은 얼마인가? T-type 열전대의 감도는 표 11.4의 10℃에서 계산한 값을 사용하라.

6.10 0~10 V 범위를 갖는 A/D 변환기(게인 = 500)를 이용하여 열전대(감도 = 50 μV/℃)에서 발생한 기전력을 측정하고자 한다. 양자화에 의한 오차가 0.1℃ 이하로 하기 위해서는 몇 비트 A/D 변환기를 사용하여야 하는가?

6.11 트랜스듀서로부터 출력되는 0~90 mV의 신호를, 0~10 V의 범위를 갖는 12-bit A/D 변환기를 이용하여 측정하기 위해서 얼마의 게인으로 증폭하여야 하는가?

CHAPTER 07

길이와 면적의 측정

(Displacement and Area Measurements)

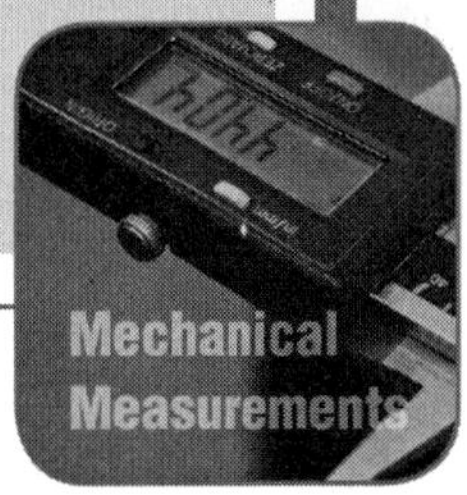

CHAPTER 07

길이와 면적의 측정

길이는 모든 단위 중에서 가장 기본적인 측정단위이다. 일반적으로 길이의 측정이란 물체의 크기나 치수를 결정하는 것을 비롯해서 변위의 측정이란 물체나 질점의 이동거리를 결정하는 것을 말한다. 여기서는 기계적인 방법, 공압적인 방법, 광학적인 방법, 전기적인 방법에 의한 길이 및 변위의 측정에 관하여 살펴본다. 또 참고로 면적을 측정할 수 있는 측면기의 원리를 소개한다.

7.1 기계적 방법

1) 버어니어 캘리퍼스 (Vernier calipers)

가장 간단한 길이의 측정방법은 쇠나 나무막대에 눈금을 매긴 자를 이용하는 것이다. 길이가 큰 것에 대해서는 줄자를 이용한다. 자의 최소 눈금단위 이하의 눈금을 한자리 더 정밀하게 읽기 위하여 등분 간격이 약간 다른 2개의 눈금자를 서로 비교하여 두 눈금선이 만나는 곳의 눈금 값을 읽는다. 눈금은 주척과 부척으로 이루어져 있는데, 밀리미터용은 주척의 19 mm를 20등분한 것과 49 mm를 50등분한 것이 있으며 각각 1/20 mm, 1/50 mm까지 읽기가 가능하다. 그림 7.1은 버어니어 캘리퍼스를 보이며, 원통의 내경, 외경, 깊이 등의 길이를 측정하는데 사용된다.

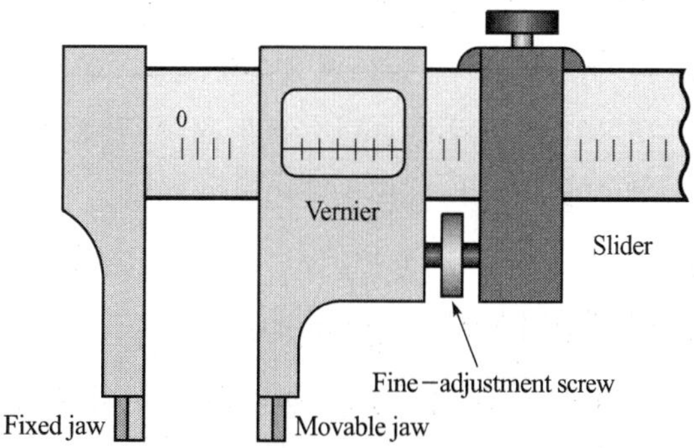

그림 7.1 버어니어 캘리퍼스

2) 마이크로미터 (Micrometer)

마이크로미터는 나사를 이용하여 더욱 정밀한 길이 측정을 한다. 고정된 너트에 나사 스핀들을 물려 회전하게 하고 그 회전각으로 축방향의 이동량을 구한다. 나사의 피치를 p, 회전각을 θ라고 하면 축방향의 이동거리 d는 다음과 같다.

$$d = \frac{p\theta}{2\pi} \tag{7.1}$$

스핀들이 1회전할 때 이동량은 나사의 1피치와 같으며, 이를 원주방향으로 등분하여 눈금이 매겨져 있다. 마이크로미터를 캘리퍼스에 부착한 것을 마이크로 캘리퍼스라고 한다. 측정하고자 하는 시편에 일정한 압력을 가할 수 있도록 하기 위하여 끝에 스프링이 달린 작은 톱니나사 손잡이(rachet)가 부착되어 있다.

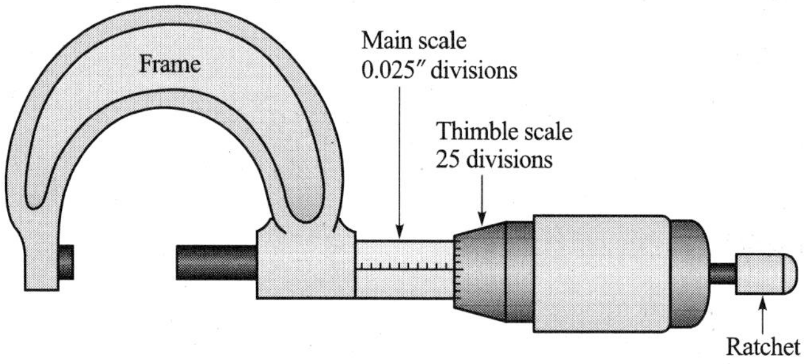

그림 7.2 마이크로미터

3) 다이얼게이지 (Dial gage)

다이얼게이지는 측정용 스핀들의 직선운동을 기계적인 확대 기구를 통하여 지침의 회전각으로 변환하는 측정기로서 스핀들의 랙과 피니언의 결합으로 변위가 치차열에 의하여 확대되는 플런저형과 구형 접촉자를 갖고 지렛대를 이용하여 확대되는 레버형이 있다.

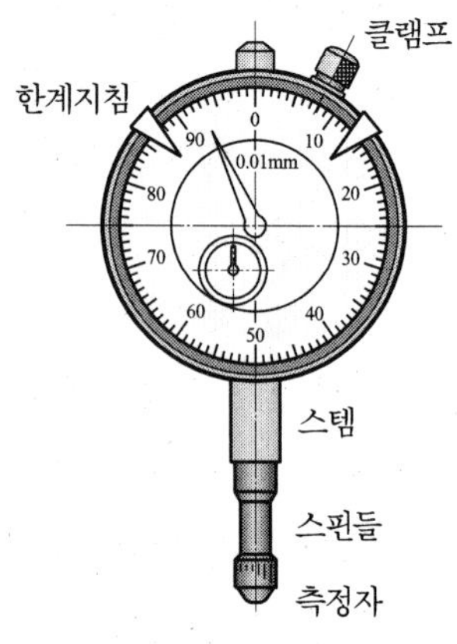

그림 7.3 다이얼 게이지

4) 게이지 블록 (Gage blocks)

일정한 두께를 갖는 철편을 게이지 블록이라고 한다. 게이지 블록의 형상에 따라 단면의 평행한 측정면을 가진요한슨(Johansson)형, 정사각형 단면의 중앙에 구멍이 있는 호크(Hoke)형, 그리고 원형으로 중앙에 구멍이 있는 캐리(Cary)형 등이 있다. 철편의 표면은 잘 다듬질되어 있고 여러 가지 다른 두께를 갖는 것을 여러 겹 쌓아서 원하는 거리나 틈새 길이를 측정할 때 사용한다. 산업용 길이 표준으로 사용되고 있다. 정밀도를 유지하기 위해 취급이나 보관상 유의하여야 할 점은 부드러운 목판이나 헝겊 위에서 취급하며 사용 전에 방청유를 닦아내고 밀착 시 흠집이 나지 않도록 하여야 한다. 2개의 게이지 블록을 겹쳐서 사용할 때, 분자 간의 인력에 의하여 2개의 철편을 떼어내기 힘들 정도로 매끈하고 평평해야 한다.

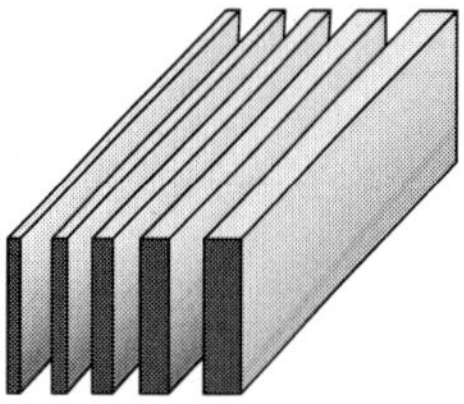

그림 7.4 게이지 블록

예제 7.1

버어니어 캘리퍼스의 어미자 한 눈금이 1 mm이고 어미자의 49 mm를 50등분하여 아들자 눈금을 만들었을 때 읽을 수 있는 최소 눈금은 얼마인가?

풀이

어미자의 최소 눈금간격 $S=1\text{ mm}$

아들자의 최소 눈금간격 $V=\dfrac{n-1}{n}S=\dfrac{49}{50}S$

어미자와 아들자의 눈금차 $C=S-V=S-\dfrac{(n-1)}{n}S=\dfrac{S}{n}$

따라서 읽을 수 있는 최소 눈금은 어미자와 아들자의 눈금차로서

$\dfrac{S}{n}=\dfrac{1}{50}=0.02\text{ mm}$ 이다.

7.2 공압적 방법

노즐 끝부분을 통하여 유출되는 공기유량은 시편과의 틈새 거리에 의해 생기는 공기유출 면적에 의해서 결정된다. 틈새를 통한 압력손실을 측정하여 틈새 거리를 측정하는 것을 공압게이지(pneumatic gage)라고 한다.

일반적으로 압력손실은 유량의 제곱에 비례한다고 말할 수 있다. 따라서 틈새를 통하여 유출되는 유량은 노즐 내부의 압력과 외부압력과의 차이의 제곱근에 비례한다. 즉,

$$Q \propto A\sqrt{\Delta p} \tag{7.2}$$

이때의 유량은 내부에 있는 오리피스를 통하여 측정한다. 즉,

$$Q = C_1 A_1 \sqrt{p_1 - p_2} = C_2 A_2 \sqrt{p_2 - p_a} \tag{7.3}$$

여기서, $(p_1 - p_a)$와 $(p_2 - p_a)$의 비를 r이라고 하면 이것은 다음과 같이 면적 A_1과 A_2로 표현된다.

$$r = \frac{p_2 - p_a}{p_1 - p_a} = \frac{1}{1 + (A_2/A_1)^2} \tag{7.4}$$

여기서,

$$A_1 = \frac{\pi d_1^2}{4}$$

$$A_2 = \pi d_2 x$$

이다. 따라서 오리피스 양단의 압력 $(p_1 - p_a)$와 $(p_2 - p_a)$를 측정함으로써 r을 구하고 이로부터 A_2를 결정하는 x를 구하면 된다. 실험결과에 의하면 $0.4 < r < 0.9$ 범위에서 다음과 같은 선형성을 보인다.

$$r = 1.10 - 0.50\frac{A_2}{A_1} \tag{7.5}$$

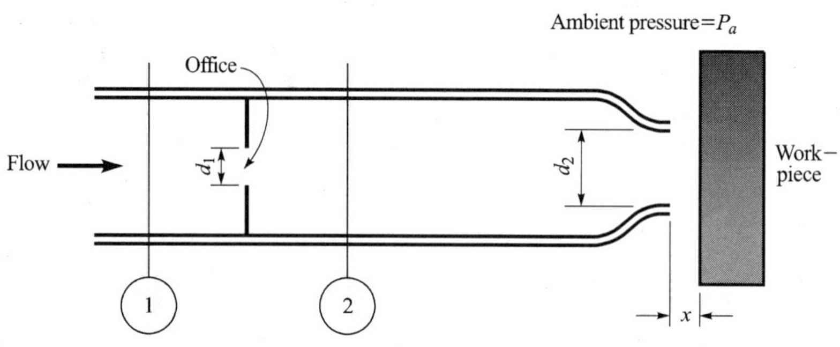

그림 7.5 공압 게이지에 의한 거리 측정

7.3 광학적 방법

빛의 간섭에 의하여 매우 정밀하게 변위나 간극을 측정하기 위한 방법으로 인터페로미터(interferometer)가 있다. 단파장을 갖는 두 개의 빛이 위상각이 반대이면 서로 상쇄되어 어둡게 나타나고, 동일하면 증폭되어 밝게 나타난다. 물체 표면의 미세한 거리 차이에 의하여 어둡고 밝은 광학적 간섭무늬를 발생시킨다. 표면의 편평도나 변형도를 정밀하게 측정할 수 있으며 게이지 블록 등을 교정할 때 사용한다.

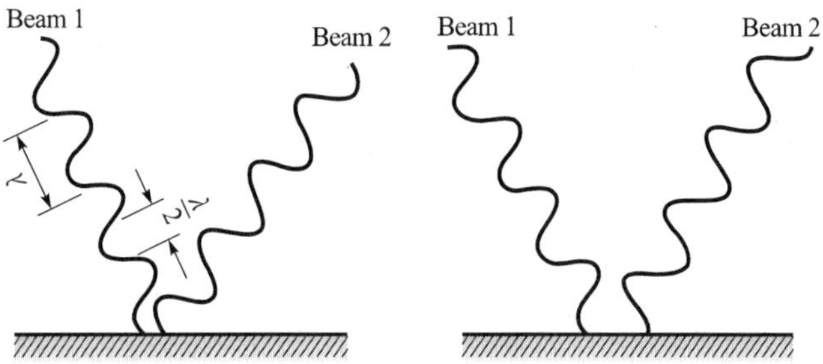

그림 7.6 단파장 빛의 간섭

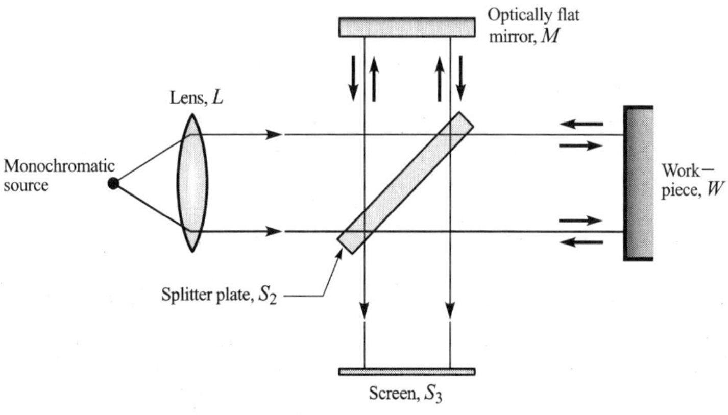

그림 7.7 평행광의 간섭을 이용하여 시편의 변형도를 측정하는 인터페로미터 [참고문헌 17]

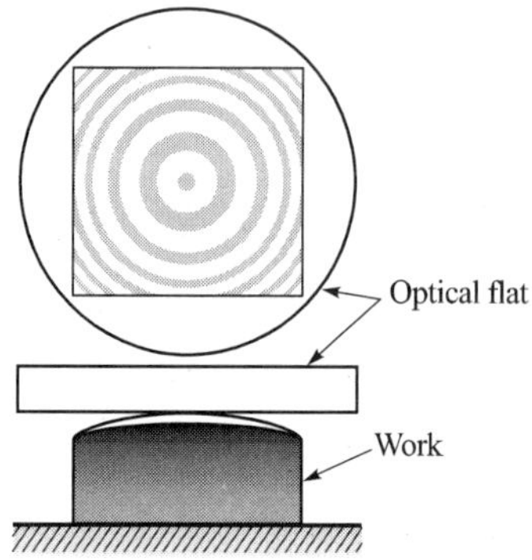

그림 7.8 인터페로미터에 의한 간섭무늬의 예 [참고문헌 9]

7.4 전기적 방법

1) 가변저항 변환기 (Potentiometer)

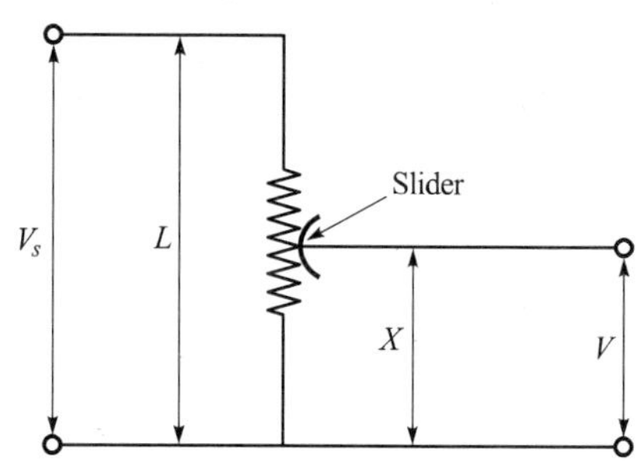

그림 7.9 포텐셔미터

위치변화에 따라 가변저항의 저항값이 변화하는 원리를 이용한 것을 포텐셔미터(potentiometer) 또는 레오스타트(rheostat)라고 한다. 포텐셔미터는 그림과 같이 고정된 저항체와 이 위를 미끄러지며 접촉하는 슬라이더로 구성되어 있다. 입력전압을 주면 출력전압은 0에서 입력전압값 사이의 값으로 나타난다. 따라서 출력전압을 측정함으로써 슬라이더의 위치를 측정한다. 포텐셔미터는 일종의 가변 전압분배기이다. 그림과 같은 선형 포텐셔미터 이외에 원형 포텐셔미터는 변위각을 측정할 수 있다. 포텐셔미터는 값이 싸고 사용이 간편하며 특별한 신호처리과정이 필요 없다. 저항체로서 탄소 주입 플라스틱과 같은 재질을 이용하기도 하고 빽빽하게 감겨진 전선을 사용하기도 한다. 권선형 저항체는 한 전선에서 다음 전선으로 넘어갈 때 저항이 불연속적으로 변화하므로 분해능의 제한을 받는다. 오래 사용하면 슬라이더와 접촉하는 접촉면이 마모되거나 추가적인 접촉 저항이 발생하여 출력신호에 잡음이 생길 수 있다.

$$V = \frac{x}{L} V_s \tag{7.6}$$

2) 용량형 변환기 (Capacitance transducer)

용량형 변위측정 센서는 보통 매우 작은 변위(0.00025에서 0.25 mm)를 측정하는데 적합하다. 이것은 축전기의 정전용량(capacitance)이 두 금속판 사이의 간격과 판의 마주보는 면적에 의하여 변화된다는 원리를 이용한 것이다.

$$C = K\varepsilon_o \frac{A}{d} \tag{7.7}$$

여기서, d는 두 금속판 사이의 간격이며, A는 마주보는 면적이다. 또 K는 두 판 사이에 있는 재질의 비유전율(dielectric constant)이라고 한다. 공기의 경우 K값은 1.0이고 플라스틱은 3이다. ε_o는 진공에서의 유전율(permissivity)로 그 값은 $8.85 \times 10^{-12}\ C^2/N{\cdot}m^2$ 이다.

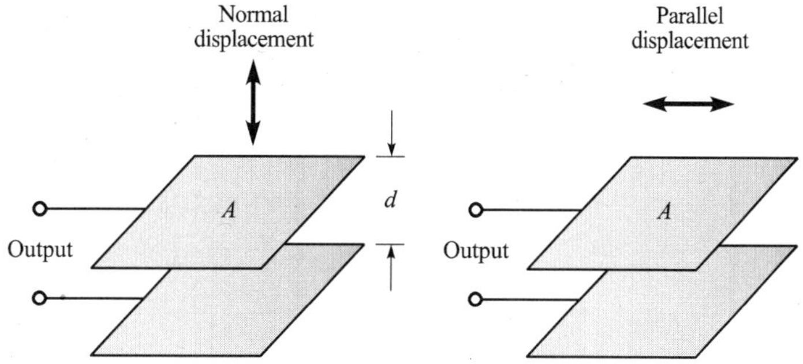

그림 7.10 두 금속판 사이의 정전용량

그림에서와 같이 변위 측정에 있어서 방향에 따라 두 가지 방법을 생각할 수가 있다. 간격 d를 변화시키는 방법은 축전기의 정전용량이 선형적으로 변화하지 않지만 마주보는 면적 A를 변화시키는 방법은 변위에 따라 거의 선형적으로 변화한다. 우리가 흔히 보는 라디오의 채널조정스위치는 원형으로 된 용량형 각도 변환기이다. 또 K값에 따라 정전용량이 변화하는 것을 이용하는 방법도 있다. 비행기에서 사용되는 유면 게이지는 2개의 고정된 수직 금속판이 기름에 담겨진 형상으로 되어 있는데, 기름면의 높이에 따라서 판 사이에 있는 공기와 기름의 비유전율의 차이에 의하여 정전용량의 변화를 나타낸다.

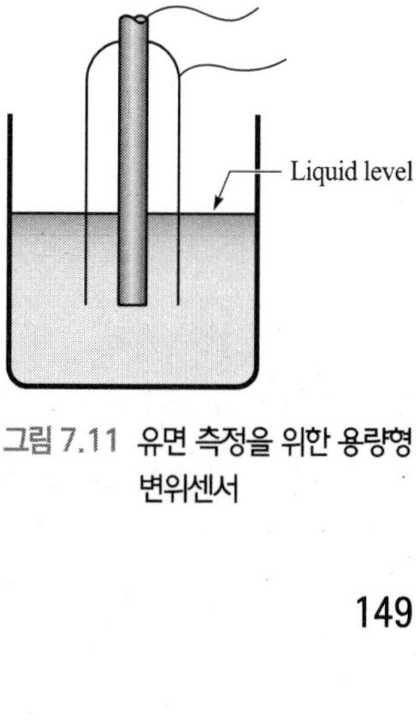

그림 7.11 유면 측정을 위한 용량형 변위센서

3) 차동변압기 (Differential transformer)

변압기에서 일차측과 이차측의 권선수에 따라 입출력 전압비가 결정된다. 철심의 위치 변화에 따라서 일차측과 이차측의 유효권선수가 변화하므로 이에 따라 출력전압이 변화한다. 가운데에 1차 코일을 두고 양쪽에 2차 코일을 선형적으로 배치하여 위치를 측정하는 차동변압기를 LVDT(linear variable differential transformer)라고 한다. 그림 7.13에서와 같이 철심이 좌로 이동하는 경우나 우로 이동하는 경우 모두 양의 출력전압을 내므로 적절한 신호처리가 필요하다. 보통 선형적인 출력을 내는 범위 내에서 사용된다.

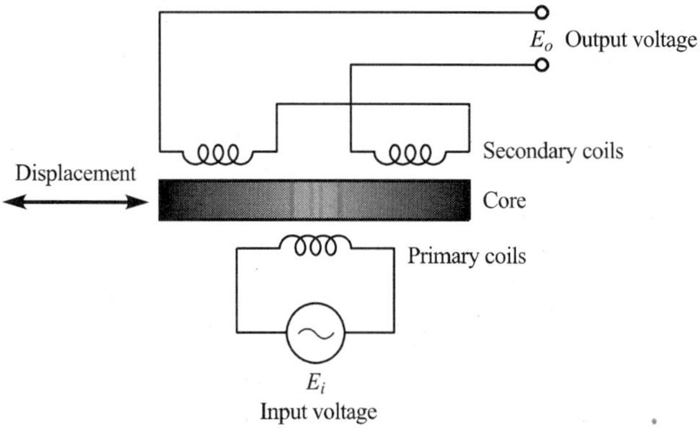

그림 7.12 LVDT의 원리

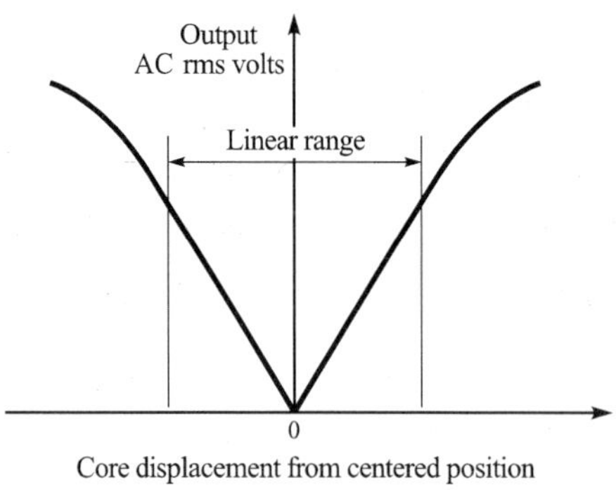

그림 7.13 LVDT의 출력

4) 디지털 변위센서

디지털 변위센서는 회전운동이나 선형운동에 대한 변위를 측정하는데 이용된다. 그림 7.14에는 선형적으로 반사 띠가 설치되어 있는 경우를 보인다. 한쪽에서 빛을 조사하고 반대쪽에서 반사된 빛을 감지하여 신호의 개수나 주파수를 측정함으로써 변위를 측정한다. 반사 띠 대신 일정한 간격으로 구멍이 뚫려있는 경우에도 빛을 차단하거나 통과시킴으로써 동일하게 변위를 측정할 수 있다. 원형으로 되어 있는 경우에는 각변위나 각속도를 측정할 수 있다.

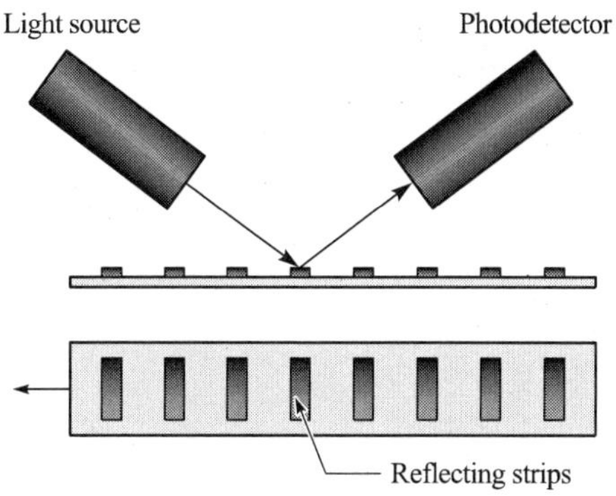

그림 7.14 반사식 디지털 변위센서

7.5 면적의 측정

1) 측면기 (Planimeter)

면적을 측정하는 기계로서 그림과 같은 구조를 갖는 측면기가 있다. 고정된 점 O에 길이 R인 막대와 L인 막대가 연속하여 붙어있고, 끝점 T는 측정하고자 하는 면적의

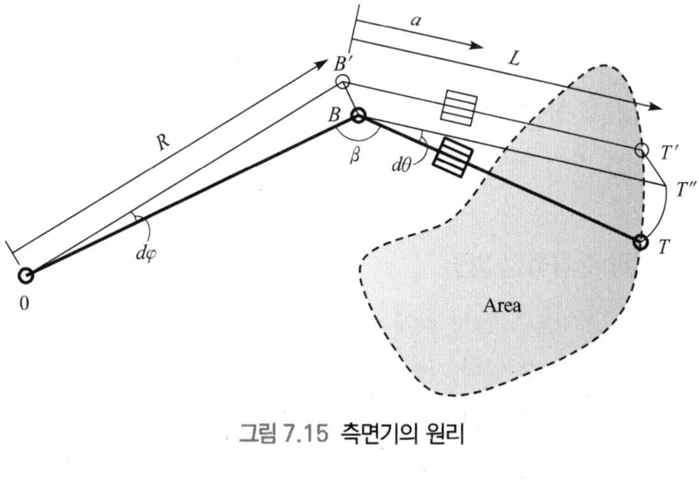

그림 7.15 측면기의 원리

둘레를 따라서 움직여준다. 이때 BT막대기 상에 있는 W라는 바퀴가 회전하게 되는데 T점이 둘레를 따라 한 바퀴 회전하는 동안 이 바퀴가 회전한 회전수를 측정함으로써 면적 A를 구할 수 있다. 여기서, 바퀴는 막대기 BT의 직각방향으로 움직일 때에만 회전하고 축방향으로 이동할 때는 미끄러질 뿐 회전하지 않는다.

측면기의 이론적 배경은 다음 식으로 설명된다. 위의 그림에서 T가 측정하고자 하는 면적 둘레를 따라서 T' 위치로 이동하였다고 하면 OBT가 이동함으로써 쓸고 지나간 면적 dA는 OBTT'B'O의 면적으로서 OBB'와 BT"T'B' 그리고 BTT"의 세부분의 합이다. 또한 이때 바퀴 W가 회전한 거리 ds는 다음과 같이 표시된다.

$$dA = \frac{1}{2}R^2 d\phi + LR\cos\beta\, d\phi + \frac{1}{2}L^2 d\theta \tag{7.8}$$

$$ds = a d\theta + R\cos\beta\, d\phi \tag{7.9}$$

여기서, dA를 T점이 측정하고자 하는 면적 둘레를 따라서 한 바퀴를 돌아 원위치로 돌아올 때까지 적분하면 이 면의 바깥쪽 면적은 서로 상쇄되고 점선 내의 면적을 구할 수 있다. 또한 이때 ds를 적분하면 다음과 같이 된다.

$$A = \frac{1}{2}R^2\int d\phi + LR\int \cos\beta\, d\phi + \frac{1}{2}L^2\int d\theta \tag{7.10}$$

$$s = a\int d\theta + \int R\cos\beta\, d\phi \tag{7.11}$$

이것을 연립하면

$$A = \left(\frac{1}{2}L^2 - aL\right)\int d\theta + Ls + \frac{1}{2}R^2\int d\phi \tag{7.12}$$

와 같이 되고, 여기서 한 바퀴를 완전히 돌았으므로 $d\theta$와 $d\phi$의 적분은 영이 된다. 따라서 $A = L_s$이다. 즉, 바퀴 W가 회전한 거리 s를 측정함으로써 면적 A를 구한다.

2) 도해적인 방법과 수치적인 방법

측정하고자 하는 면적을 도면에 옮기고 이것을 도해적으로 작은 직사각형이나 사다리꼴로 분할하여 면적을 구할 수 있다. 둘레곡선을 둘로 나누어 각각을 $y_1 = f(x)$와 $y_2 = g(x)$로 나타내고 dx 간격으로 분할하여 미소면적들을 a로부터 b까지 적분하면 된다.

$$A = \int_{a}^{b} (f - g) dx \tag{7.13}$$

이러한 적분값의 수치해석은 Simpson의 적분공식을 이용한다. 여기서, $h = f - g$이다.

$$\begin{aligned} A &= \left(\frac{h_0}{2} + h_1 + h_2 + \dots + h_{n-1} + \frac{h_n}{2} \right) \Delta x \\ &= \left(\frac{h_0 + h_n}{2} + \sum_{i=1}^{n-1} h_i \right) \Delta x \end{aligned} \tag{7.14}$$

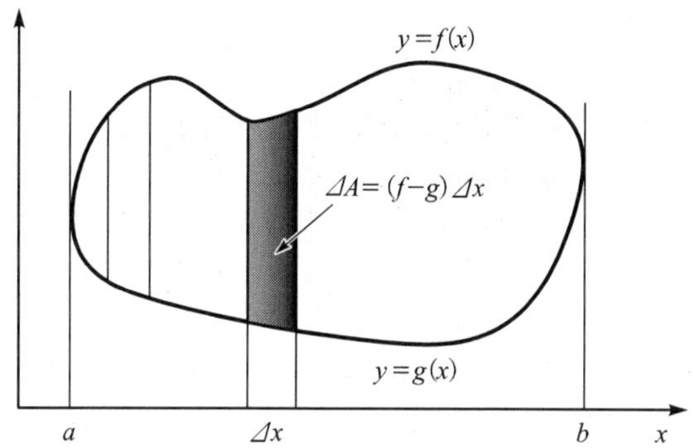

그림 7.16 도해적 방법에 의한 면적 측정

chapter 7

연습문제

7.1 어미자의 한 눈금이 1 mm이고, 아들자는 19 mm를 20등분하였을 때 읽을 수 있는 최소 눈금은 얼마인가?

7.2 다음의 버어니어 눈금을 읽어라.

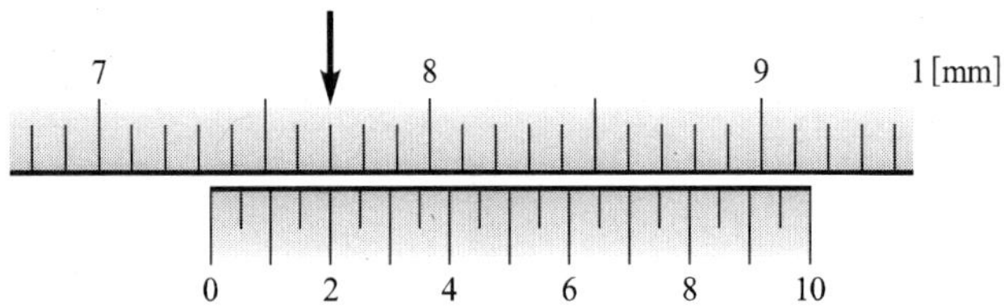

7.3 마이크로미터의 피치가 0.5 mm이고 딤블의 원주가 200등분되어 있다면 최소 눈금은 얼마인가?

7.4 다음의 마이크로미터의 측정값은 얼마인가?

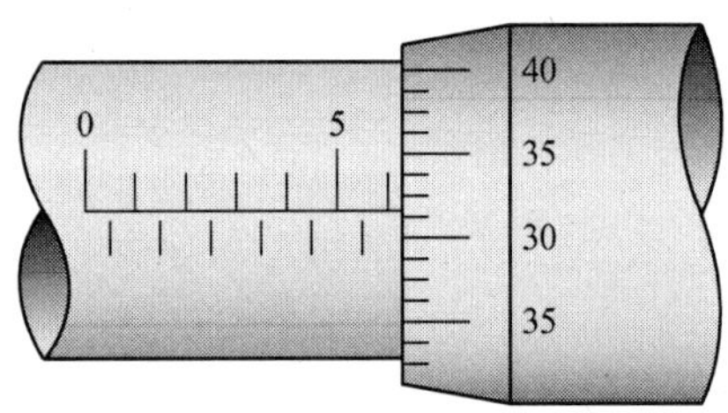

7.5 여름에 30 m 줄자(15℃)를 이용하여 거리를 측정하였더니 24.567±0.001 m이었다. 햇볕 아래에서 줄자의 온도가 45℃였다면 실제 거리는 얼마이겠는가? 15℃에서 줄자의 선형 열팽창계수는 11.65×10^{-6}/℃라고 한다.

7.6 표준온도 20℃에서 100 mm인 블록게이지를 손으로 만져 24℃가 되었다면, 열팽창에 의한 길이 증가는 얼마인가? (강의 열팽창계수는 11.5×10^{-6}/℃이다.)

7.7 공압게이지에서 오리피스의 직경은 $d_1 = 0.76\ \mathrm{mm}$이고 노즐의 직경은 $d_2 = 1.64\ \mathrm{mm}$이다. 공급압력은 6.9×10^4 Pa로 일정하고 노즐 양단의 압력차 $P_2 - P_a$를 마노미터를 이용하여 측정하였다. 마노미터 눈금측정상의 불확도는 1 mmH_2O라고 한다. 선형성을 보이는 간극 x의 범위와 측정상의 불확도를 구하라.

7.8 함수 $y = e^{-x}$를 그래프에 그리고, $0 < x < 1$ 범위에 대하여 이를 $\Delta x = 0.1$ 간격의 사다리꼴로 분할하여 Simpson 적분방법에 따라 아래 면적을 구하라. 또 참값과 비교하라.

CHAPTER 08

힘과 변형의 측정

(Stress-Strain Measurements)

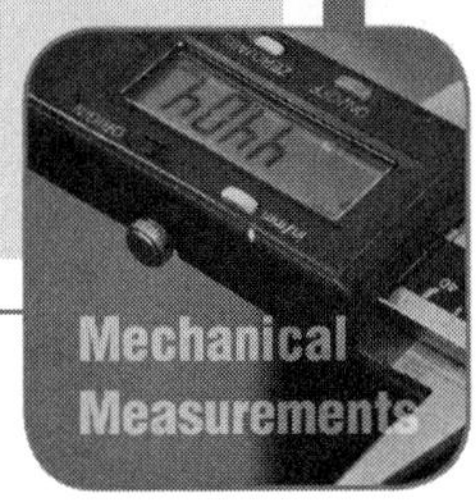

CHAPTER 08

힘과 변형의 측정

공학적인 설계문제에서 가장 중요한 것 중의 하나가 소재에 작용하는 응력과 변형에 관한 것이다. 변형의 측정에는 스트레인 게이지를 이용하는 방법과 광학적인 방법 등이 있으나 여기서는 주로 스트레인 게이지에 관하여 설명한다. 탄성 소재의 변형율과 응력과의 선형적 관계를 이용하여 소재에 작용하는 힘이나 응력의 측정에도 이용된다.

8.1 변형률의 측정

1) 변형률과 응력

모든 재료는 외부로부터 힘을 받으면 변형을 한다. 축방향으로 나란히 작용하는 단위 면적당 힘을 방향에 따라서 인장하중 또는 압축하중이라고 한다. 하중을 단면적으로 나눈 값을 응력(stress)이라고 한다.

또 단위길이당 변형된 길이를 변형률(strain) 또는 백분율 변위라고 한다. 재질의 탄성범위 내에서는 일반적으로 응력은 변형률에 비례한다. 응력과 변형률과의 비례상수를 탄성계수(Young's modulus)라고 한다. 탄성계수는 단위 변형률을 발생시키기 위해서 필요한 응력이다.

$$E = \frac{\sigma}{\varepsilon} \tag{8.1}$$

탄성범위 내에서 단순 인장응력을 받을 때 축방향으로는 늘어나지만 가로지르는 방향으로는 폭이 줄어든다. 가로방향 변형률과 축방향 변형률과의 비를 푸와송비(Poisson's ratio)라고 한다.

$$\nu = -\frac{\varepsilon_{lateral}}{\varepsilon_{axial}} \tag{8.2}$$

여기서, ε_{axial}은 축방향의 변형률 $\Delta L/L$이고 $\varepsilon_{lateral}$은 가로방향의 변형율 $\Delta D/D$이다. 금속의 경우 푸와송비는 보통 0.3~0.4 정도의 값을 갖는다. 재질의 탄성계수와 푸와송 비가 부록 표 A.1에 나타나 있다.

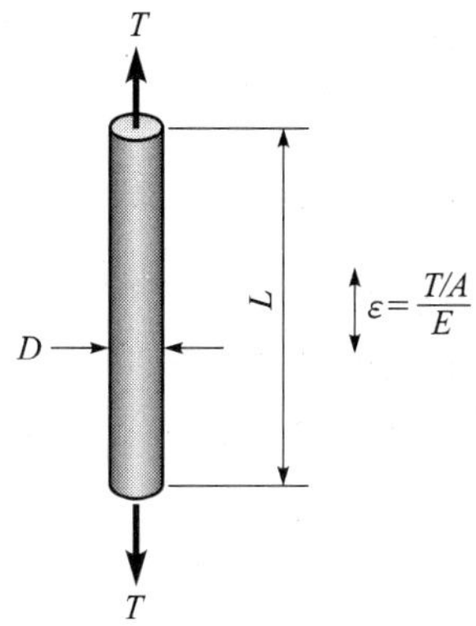

그림 8.1 응력과 변형률

예제 8.1

직경이 5 mm이고 길이가 2 m인 구리봉에 400 kg의 질량이 매달려있다. 이 구리봉의 길이 변화를 계산하라. (구리 $E = 1.08 \times 10^{11}$ Pa)

풀이

$$\sigma = \frac{mg}{\pi d^2} = \frac{400(9.8)}{\frac{\pi}{4}0.005^2} = 2.0 \times 10^8 \text{ Pa}$$

$$\varepsilon = \frac{\sigma}{E} = \frac{2.0 \times 10^8}{1.08 \times 10^{11}} = 1.85 \times 10^{-3}$$

따라서

$$\Delta L = \varepsilon L = 3.7 \times 10^{-3} \text{m} = 3.7 \text{ mm}$$

2) 스트레인 게이지 (Strain gage)

변형률은 늘어난 길이를 측정하여 원래의 길이로 나누어주면 된다. 그러나 일반적인 기계 소재들의 변형률은 매우 작기 때문에 일상적인 길이 측정도구로는 그 측정이 거의 불가능하다. 초기에 광학적 또는 기계적 레버를 이용하여 작은 길이 변화를 증폭하여 변형률을 측정하는 신장계 (extensometer)라는 기구가 있었으나, 현재는 전기식 스트레인 게이지가 광범위하게 사용되고 있다. 또 전체 표면에서의 변형률 분포를 측정하기 위해서 광학적 간섭에 의한 광탄성 방법(photoelasticity)이 이용되고 있다.

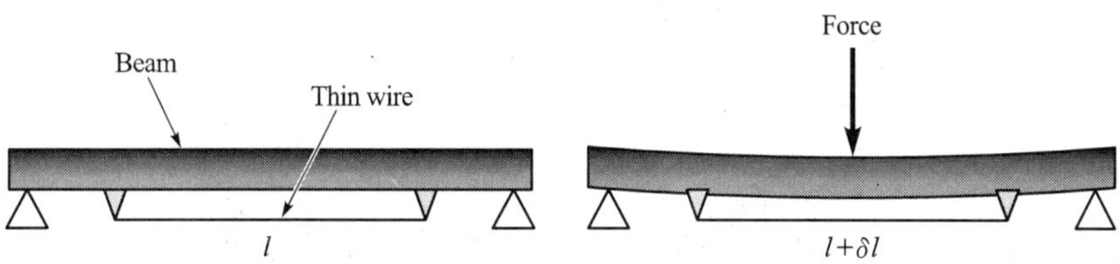

그림 8.2 스트레인 게이지의 개념

스트레인 게이지에는 단순 저항식(resistance), 용량식(capacitance), 유도식(inductance)이 있으나 저항식이 가장 일반적이다. 저항식 스트레인 게이지의 원리를 간단하게 설명을 하자면 다음과 같다. 가는 전깃줄을 양쪽으로 잡아당기면 그 길이는 늘어나고 단면적은 줄어든다. 전기저항은 길이에 비례하고 단면적에 반비례하기 때문에 전깃줄의 전기저항이 증가한다.

$$R = \frac{\rho L}{A} \tag{8.3}$$

여기서, ρ는 금속의 비저항이다. 그러나 전깃줄이 굵은 경우 저항의 변화가 매우 작을 것이다. 따라서 금속선의 굵기를 가능한 한 가늘게 하고 한 가닥이 아니라 여러 가닥으로 하여 전기저항의 변화가 측정할 수 있을 정도로 만든 것이 저항식 스트레인 게이지이다.

그림 8.3은 박막형 게이지를 보여주고 있다. 이것은 아래위 방향의 변형률을 측정하는 것으로 좌우방향의 변형률을 측정하는 데는 적당하지 못하다. 여러 방향의 변형률을

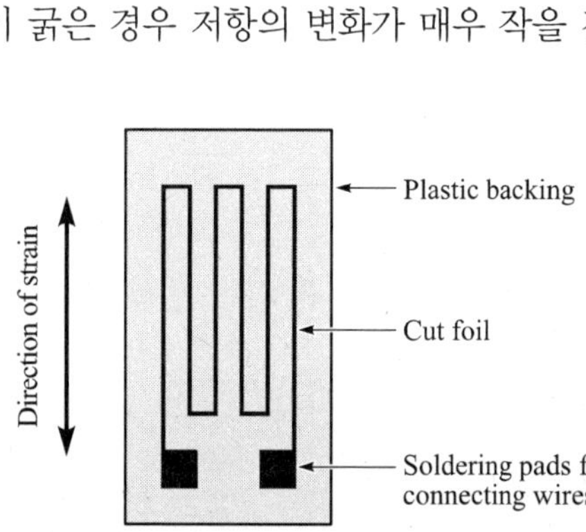

그림 8.3 박막 스트레인 게이지

동시에 측정하기 위해서 2요소 로제트형, 3요소 로제트형 등이 이용되고 있다. 로제트형이란 변형의 방향이 한 방향이 아닌 임의의 방향인 경우에 각 성분을 측정하기 위하여 몇 개의 스트레인 게이지를 일정한 각도를 갖도록 배열하여 각각의 변형 측정값으로부터 주응력방향 등을 계산해낼 수 있도록 한 것이다.

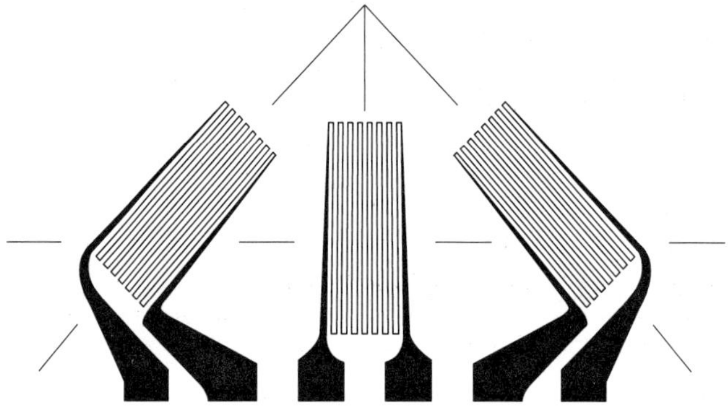

그림 8.4 로제트형 스트레인 게이지

스트레인 게이지의 저항에 관한 관계식을 유도해보기로 한다. 단면적 A는 직경 D의 제곱에 비례하므로, 금속선의 저항은

$$R = \frac{\rho L}{CD^2} \tag{8.4}$$

와 같이 되고, 이때의 저항변화율은 다음과 같이 된다.

$$dR = \frac{CD^2(L\,d\rho + \rho dL) - 2C\rho LDdD}{(CD^2)^2} \tag{8.5}$$

$$\frac{dR}{R} = \frac{dL}{L} - 2\frac{dD}{D} + \frac{d\rho}{\rho} \tag{8.6}$$

양변을 dL/L로 나누고, 푸아송비 $\nu = -\dfrac{dD/D}{dL/L}$을 대입하여 정리하면 게이지율(gage factor), F를 구할 수 있다.

$$F = \frac{dR/R}{dL/L} = 1 + 2\nu + \frac{d\rho/\rho}{dL/L} \tag{8.7}$$

게이지율이란 스트레인 게이지의 민감도로서 입력량인 스트레인의 변화율에 따른 출력량인 저항의 변화율의 비를 의미한다. 재질의 비저항값이 스트레인에 따라 변화하지 않는 경우라면 $F=1+2\nu$가 되어 1.6 정도의 값을 갖는다. 어쨌든 F는 제작자가 제공할 값이고 측정하는 사람은 저항의 변화 ΔR을 측정하여 다음 식으로부터 스트레인을 구한다.

$$\varepsilon=\frac{1}{F}\frac{\Delta R}{R} \tag{8.8}$$

그러나 스트레인 게이지의 게이지율이 크다 하더라도 변형에 따른 저항의 변화는 그리 크지 않기 때문에 미세한 저항 변화를 정확하게 측정할 수 있는 장치가 필요하다. 정확한 저항값의 측정을 위하여 흔히 브리지 회로를 이용한다. 브리지 회로는 앞에서 이미 설명한 바 있지만 다시 한 번 보이면 그림 8.5와 같다.

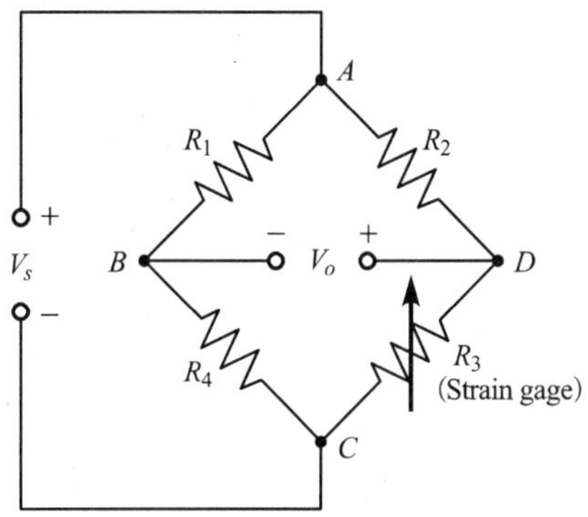

그림 8.5 **스트레인 게이지의 저항 측정을 위한 브리지 회로**

예제 8.2

스트레인 게이지를 제작하는 재료로 콘스탄탄 합금(구리 55%, 니켈 45%)이 일반적으로 이용된다. 직경이 0.025 mm인 콘스탄탄 와이어로 120 Ω의 저항을 갖는 스트레인 게이지를 만들기 위해서 필요한 와이어의 길이는 얼마인가? (콘스탄탄의 비저항 : $4.9\times10^{-7}\,\Omega\mathrm{m}$)

풀이

$$R=\rho\frac{L}{A}$$

따라서

$$L=\frac{RA}{\rho}=\frac{120\left(\frac{\pi}{4}0.000025^2\right)}{4.9\times10^{-7}}=0.12\,\mathrm{m}$$

8.2 힘과 토크의 측정

질량은 시간이나 길이와 함께 기본단위로서 물질의 양을 나타낸다. 힘은 질량에 가속도를 곱한 양으로 유도단위이다. 질량이 중력가속도에 의하여 작용하는 힘을 무게라고 한다. 질량은 직접 측정할 수 없기 때문에 무게를 측정하여 질량으로 환산한다. 그래서 종종 질량과 무게가 혼동하여 사용되기도 한다. 무게나 힘을 측정하기 위해서 기계적인 레버를 이용하여 상대적인 크기를 측정하기도 하고 탄성변화를 보이는 재질을 이용하여 절대적인 크기를 측정하기도 한다.

1) 중력계측

지렛대의 원리를 이용하여 미리 알려진 질량의 무게와 평형상태를 유지하도록 하여 힘이나 무게를 측정한다. 고물장수의 대저울(beam balance)이나 다중레버시스템(multiple−lever system)은 팔 길이의 비를 변화시키면서 평형점을 찾는다. 팔 길이 비를 변화시킴으로써 분동의 무게에 비하여 매우 작은 무게나 매우 큰 무게의 측정도 가능하다. 팔 길이가 동일하여 기준값과의 단순 비교를 위한 것을 천칭이라고 한다. 화학이나 물리학에서 사용하는 분석천칭(analytical balance)이 좋은 예이며 정밀한 질량 비교가 가능하다. 팔에 의한 영향을 없애기 위하여 양쪽의 두 무게를 단순히 바꿔보면 참 영위를 검토할 수 있다. 질량이나 무게를 비교하는 궁극적인 방법은 이와 같은 천칭에 의한 것이다. 표준연구소에서와 같이 매우 높은 정밀도를 요구하는 경우에는 항온항습은 기본이고

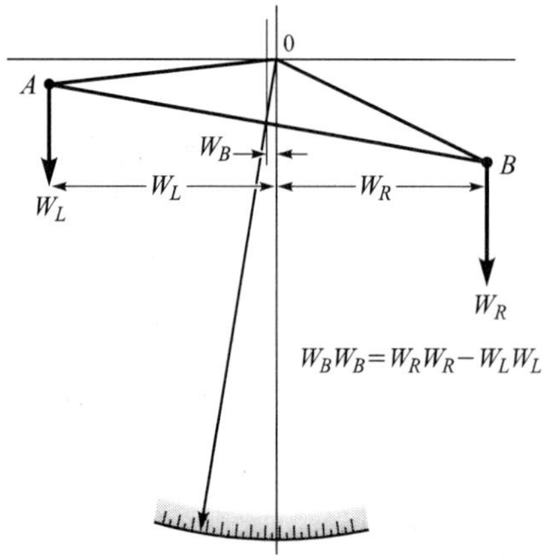

그림 8.6 분석천칭의 작동원리

건물의 진동도 있어서는 안 된다. 또 측정할 때 사람이 옆에 있어서는 안 되며, 측정하는 사람이 실험실을 나간 후 몇 시간이 지나 온도 평형이 이루어지면 자동으로 측정이 이루어지도록 한다. 사람이 있으면 체온과 호흡, 그리고 미세한 운동에 의하여 공기가 부분적으로 가열되고 온도와 기류의 불균일이 발생하며 진동의 발생 가능성이 있기 때문이다.

2) 탄성변환기

대부분의 힘 변환시스템은 소재의 탄성을 이용하고 있다. 축방향으로의 인장 또는 압축에 의한 탄성변화나 비틀림에 의한 탄성변화를 이용한다. 탄성범위 내에서는 하중과 처짐이 선형적인 관계를 보이므로 탄성체의 형상에 관계없이 다음과 같이 쓸 수 있다.

$$F = K \cdot y \tag{8.9}$$

여기서, F는 작용하중이고, y는 처짐이다. 그리고 K는 처짐상수로서 스프링의 경우에는 스프링 상수, 각종 탄성체는 형상에 따라 고유한 값을 갖는다.

(a) 스프링 저울

스프링의 처짐을 측정하고 고유의 스프링 상수를 곱하여 작용하는 힘을 측정한다. 평균지름을 D, 소선지름을 d, 유효권수를 n이라고 하고 전단탄성계수를 G라고 하면 스프링 상수는 다음과 같이 된다.

$$K = \frac{d^4 G}{8D^3 n} \tag{8.10}$$

(b) 단순보 (Cantilever)

간단한 캔틸레버의 처짐을 측정하여 작용한 힘의 크기를 측정한다. 길이가 L인 캔틸레버의 처짐과 힘과의 관계는 선형적이고 이때의 K값은 다음과 같다.

$$K = \frac{3EI}{L^3} \tag{8.11}$$

여기서, E는 탄성계수이고, I는 처짐방향으로의 관성모멘트이다. 처짐방향으로의 두께가 h이고 폭이 b인 사각단면의 경우, 관성모멘트는 $I = \frac{bh^3}{12}$이다.

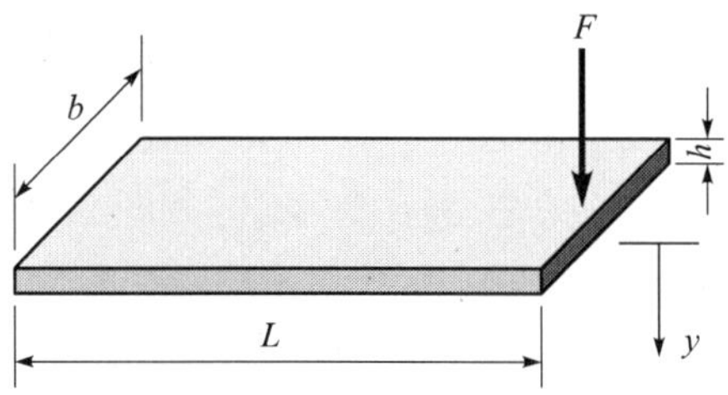

그림 8.7 캔틸레버 탄성요소

(c) 프루빙 링(Proving ring)

링형 탄성체로서 지름 D에 비하여 링의 단면의 높이가 작을 경우 중심축에 대한 단면 2차모멘트를 I, 링 재료의 탄성계수를 E라 하면 스프링 상수는 다음과 같다.

$$K = \frac{16}{\pi/2 - 4/\pi}\left(\frac{EI}{D^3}\right) \tag{8.12}$$

이러한 장치를 프루빙 링이라고 하며, 오랫동안 재료시험기를 교정하기 위한 표준으로 사용되어 왔다. 그림 8.8은 압축형 프루빙 링을 보여주며 정밀 마이크로미터를 이용하여 변위를 측정한다.

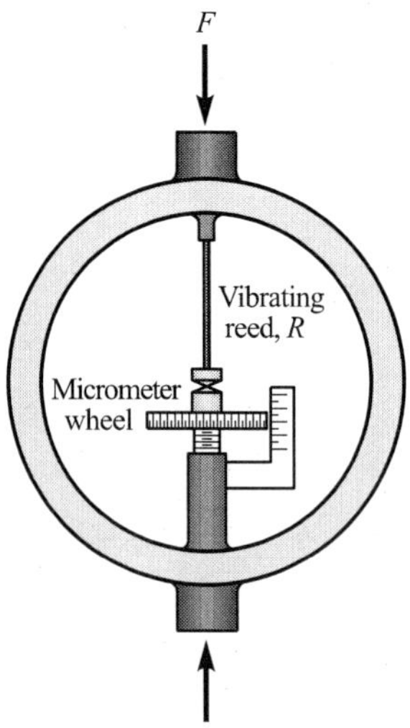

그림 8.8 프루빙 링

(d) **토숀바** (Torsion bar)

토크 또는 모멘트는 속이 비어있는 원통의 비틀림 변형각도나 최대 전단응력을 관찰함으로써 측정할 수 있다. 그림 8.9와 같이 내경과 외경이 r_i, r_o이고 길이가 L인 원통에 주어지는 모멘트는 비틀림 각도에 비례한다.

$$M = \frac{\pi G(r_o^4 - r_i^4)}{2L}\phi \tag{8.13}$$

여기서, G는 전단탄성계수이고 Φ는 비틀림 각이다.

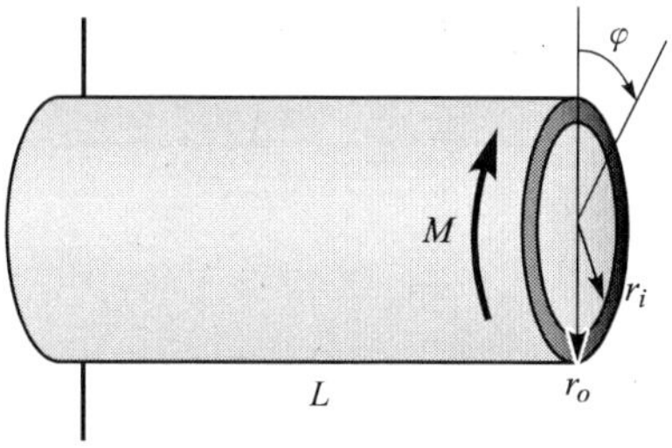

그림 8.9 **토숀바**

3) 스트레인 게이지 로드셀 (Strain gage load cell)

하중을 측정하기 위하여 전체 처짐을 측정하는 대신에 스트레인 게이지를 부착하여 부분적인 변형률을 측정한다. 여러 가지 형태의 탄성체 형상을 이용하여 가장 변형률이 크게 나타나는 지점에 스트레인 게이지를 부착한다. 앞에서 설명한 단순보나 프루빙 링 등에 스트레인 게이지를 부착하여 로드셀을 구성한다.

4) 압전 로드셀 (Piezoelectric load cell)

압전소자를 이용한 로드셀은 충격과 같은 동적하중의 측정에 유용하게 사용된다. 압전현상(piezo-electric effect)이란 수정과 같은 결정체에 힘이 작용하여 변형이 생기면, 이에 상대한 결정면에 전하가 발생하는 현상을 말한다. 이러한 압전현상은 당초 큐리 형제에 의하여 발견되었다. 수정은 안정체이므로 적당한 가공에 의하여 고유진동을 선정하고 압전작용과 안정된 고유진동을 이용하여 소위 수정 발진기로서 고주파 신호원으로도 널리 사용되고 있다. 압전 소자로는 수정 이외에 로셀염(Rochelle salt, $NaKC_4H_4O_6$), 티탄산바륨($BaTiO_3$), 이수소인산암모늄(ADP : ammonium-diphosphate, $NH_4-H_2PO_4$) 등이 있다.

압전체에 작용하는 힘과 출력전압과의 관계는 다음과 같이 구한다. 결정 양단에 전극을 붙이면 콘덴서가 되고, 결정체에 힘 F를 가하면 압전 재료에서는 이에 비례하여 전하 Q가 발생한다.

$$Q = kF \tag{8.14}$$

여기서, k를 압전상수라고 한다. 콘덴서의 전하 Q와 단자전압 V는

$$V = \frac{Q}{C} \tag{8.15}$$

의 관계를 가지며 콘덴서 정전용량 C는

$$C = \varepsilon A / t \tag{8.16}$$

와 같이 표시할 수 있다. 여기서, ε는 결정 유전율이며, A는 면적, 그리고 t는 두께이다. 따라서 단자전압은 다음과 같이 표현된다.

$$V = k\frac{t}{\epsilon A}F = g\,t\,\frac{F}{A} \tag{8.17}$$

여기서, $g(= k/\varepsilon)$는 전압 감도로 재료의 종류나 결정의 절단방향에 따라 다르다. 압전소자의 출력전압은 단위면적당 작용하는 힘에 비례한다.

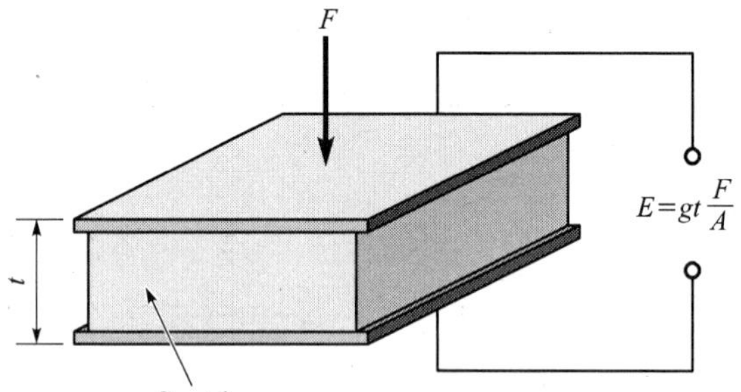

그림 8.10 로드셀 압전소자

chapter 8

연습문제

8.1 직경이 1 mm이고 길이가 50 mm인 와이어가 51.2 mm로 늘어났다. 축방향 변형률을 구하라. 또 푸와송 비는 0.3일 때 인장 후의 직경을 구하라.

8.2 단면이 10 mm×10 mm이고 길이가 120 mm인 사각막대를 잡아당겼더니 121 mm로 늘어났고 가로, 세로는 각각 0.026 mm씩 줄어들었다. 이 재질의 푸와송 비를 구하라.

8.3 단순 인장을 받는 강철로 된 막대에 부착되어 있는 스트레인 게이지로 측정한 변형률이 400 $\mu\mathrm{m/m}$이었다. 이때 이 강철 막대에 작용하는 축방향 응력은 얼마인가?

8.4 저항이 100 Ω인 저항온도계를 36게이지($d = 0.127\ \mathrm{mm}$)의 백금 선으로 만들려고 한다. 이때 필요한 길이를 계산하라. (백금의 비저항 $\rho = 10.5\mu\Omega \cdot \mathrm{cm}$)

8.5 직경이 0.2 mm이고 길이가 0.4 m인 알루미늄 전선의 전기저항을 계산하라. 또 이 전선을 0.42 m로 인장시켰을 때의 전기저항을 계산하라. 알루미늄의 부피는 일정하다고 생각하여 단면적 변화를 고려하라. (알루미늄의 $\rho = 2.65\ \mu\Omega \cdot \mathrm{cm}$, $E = 7.0 \times 10^{10}\ \mathrm{Pa}$)

8.6 알루미늄 전선의 직경이 $d = 0.2 \pm 0.005\ \mathrm{mm}$이고 길이가 $L = 400 \pm 1\ \mathrm{mm}$의 오차 범위를 갖는다면 전기저항 계산 시의 불확도를 계산하라.

8.7 30 kN의 힘이 폭 3 cm, 높이 1 cm인 사각 강봉($E = 2.00 \times 10^{11}\ \mathrm{Pa}$)에 길이 방향으로 작용하고 있다. 게이지 저항이 120 Ω이고 게이지율이 2인 스트레인 게이지를 접착하였을 때 이 스트레인 게이지의 저항 변화를 계산하라.

8.8 위의 문제에서 스트레인 게이지가 ±0.05 Ω의 정확도를 가지고 저항의 변화를 측정할 수 있는 측정 장치와 연결되어 있다. 이때 응력의 불확도는 얼마나 되는가?

8.9 길이 $L = 20 \pm 0.5\ \mathrm{mm}$, 폭 $b = 10 \pm 0.5\ \mathrm{mm}$, 두께 $h = 0.8 \pm 0.05\ \mathrm{mm}$인 강철 단순보($E = 2.0 \times 10^{11}\ \mathrm{Pa}$)의 끝에 작용하는 힘을 측정하기 위하여 단순보의 처짐을 측정하였더니 $y = 1.5 \times 0.05\ \mathrm{mm}$였다. 이때 작용한 힘을 구하고 불확도를 구하라.

8.10 속이 빈 원통을 이용하여 토크를 측정한다. 스테인리스강($G = 73$ GPa) 원통의 내경이 25 mm, 외경이 32 mm이고 길이가 150 mm일 때 22.6 kN · m의 토크가 주어지면 비틀림 각은 얼마이겠는가?

8.11 위의 문제에서 외경 측정상의 오차 32 mm±1%와 길이 측정상의 오차 150 mm±1%에 따른 비틀림 각의 오차는 각각 얼마이고 이들의 조합에 의한 불확도는 얼마인가?

8.12 밀도가 1280 kg/m^{3}인 플라스틱을 단순보 평형저울로 측정하니 152 g의 청동으로 된 분동과 수평을 이루었다. 실험실 내는 20℃, 1기압일 때 플라스틱과 분동의 부피에 의한 공기부력 차이에 의하여 얼마나 오차가 발생하겠는가? 청동의 밀도는 8490 kg/m^{3}이다.

8.13 스프링 저울에 전단탄성계수가 80×10^9 Pa인 철강으로 된 직경 2±0.01 mm의 철선을 이용하였다. 스프링의 직경은 2±0.05 cm이며 코일의 수는 40±1/3이다. 이때의 스프링 상수를 계산하고 불확도를 계산하라.

8.14 $E = 2.0 \times 10^{11}$ Pa인 스프링 강으로 만들어진 길이 $L = 25$ mm, 폭 $b = 5$ mm, 두께 $h = 1$ mm인 캔틸레버를 이용하여 끝단에 힘이 작용한다. 캔틸레버의 처짐을 LVDT로 측정하니 $y = 2.5\ \mathrm{mm}$이었고 측정상의 오차는 ±0.01 mm라고 한다. 캔틸레버에 작용한 힘과 불확도를 구하라. 길이, 폭, 두께 값에 대한 불확도는 모두 0.1%로 계산하라.

CHAPTER

09

압력의 측정

(Pressure Measurements)

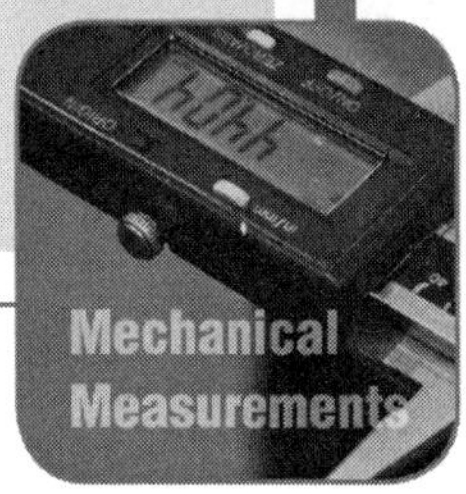

CHAPTER 09

압력의 측정

유체에 의하여 물체 표면에 작용하는 힘은 표면과 나란한 방향의 성분과 수직방향의 성분으로 나누어진다. 표면에 나란한 방향의 힘을 전단응력(shear stress)이라고 하고 수직방향의 힘을 압력(pressure)이라고 한다. 압력측정에는 절대압력과 계기압력의 측정이 있다. 계기압력이란 대기압을 기준으로 한 상대압력을 말한다. 여기서는 압력을 측정하는 여러 가지 원리에 관하여 소개한다.

9.1 중력형 압력계

1) U자관 (U-tube)

U자관이란 U자형으로 생긴 투명 관으로서 간단한 유체정역학 수식을 이용하여 양쪽의 액주 높이차를 읽음으로써 압력차를 측정할 수 있다.

$$P - P_a = (\rho_m - \rho_f)gh \qquad (9.1)$$

여기서, ρ_m은 마노미터에 들어있는 액체이며, ρ_f는 관을 통하여 압력을 전달하는 유체이다. 공기를 압력전달 유체로 사용하는 경우에 ρ_f는 마노미터 유체의 밀도 ρ_m에 비하여 매우 작기 때문에 무시할 수 있다.

$$P - P_a = \rho_m gh \qquad (9.2)$$

U자관에서 마노미터 유체가 한쪽이 올라가면 다른 쪽은 내려가는데 이 차이를 읽어야 하므로 다소 불편하다. 따라서 한쪽의 단면적을 크게 하면 다른 쪽에 비하여 액주의 높이 변화가 훨씬 작게 나타난다. 웰쪽의 높이 변화를 무시하고 반대쪽 액주의 높이만을

측정할 수 있도록 수정한 것을 웰형 마노미터(well-type manometer)라고 한다. 원리는 U자관과 동일하다.

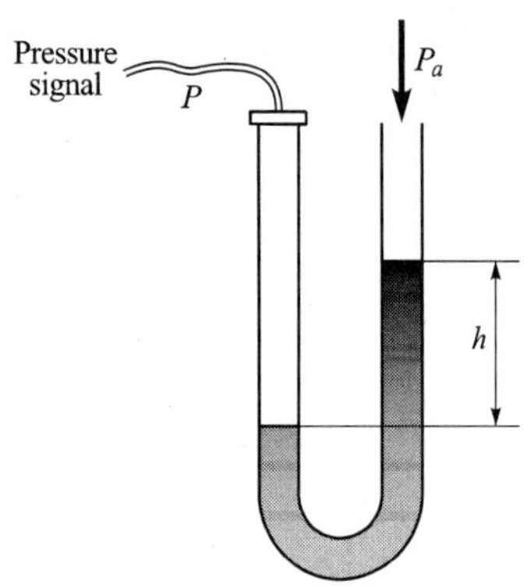

그림 9.1 U자관

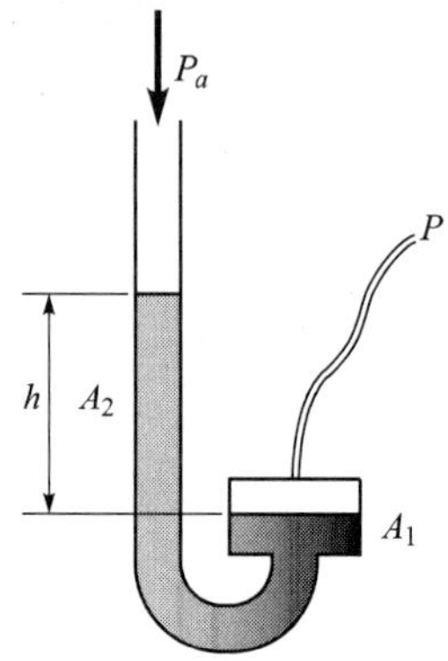

그림 9.2 웰형 U관

2) 경사 마노미터 (Inclined manometer)

압력 차가 그리 크지 않은 경우 액주의 높이 차가 작아서 눈금을 읽기가 어렵다. 액주를 기울어지게 하여 눈금을 확대함으로써 감도와 눈금읽기(readability)를 좋게 한 것을 경사 마노미터라고 한다. 미소 차압을 측정하는데 이용된다. 비중이 물보다 작은 기름을 마노미터 유체(manometer fluid)로 사용하면 액주의 높이차를 더욱 크게 할 수 있다.

$$P - P_a = \rho_m g L \sin\theta \tag{9.3}$$

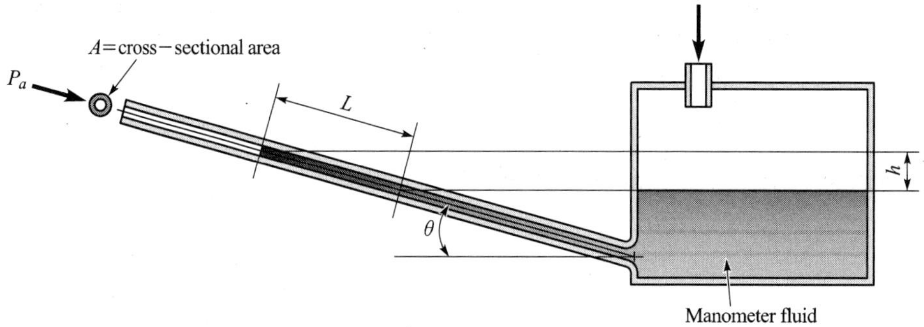

그림 9.3 웰형 경사 마노미터

예제 9.1

U자관의 양쪽에 85 kPa의 공기 압력차가 주어졌을 때, 수은을 작동유체로 사용하는 마노미터의 높이차는 얼마인가?

풀이

$$h = \frac{\Delta P}{\rho_m g} = \frac{85000\ \mathrm{Pa}}{13.6 \times 1000\ \mathrm{kg/m^3} \times 9.8\ \mathrm{m/s^2}}$$
$$= 0.638\ \mathrm{m}$$

3) 정하중 시험기 (Dead weight tester)

압력이란 단위면적당 작용하는 힘으로 정의되므로 힘과 길이라는 기본단위로부터 유도될 수 있다. 압력의 정의에 따라 일정한 단면적을 갖는 피스톤 위에 무게를 알고 있는 분동을 올려놓으면 분동의 무게를 피스톤 단면적으로 나눔으로써 원하는 압력을 제시할 수 있다. 이것을 정하중 시험기라고 하고 여기에 교정하고자 하는 압력계를 부착하여 교정작업을 하는데 사용된다. 단, 피스톤과 벽면과의 마찰력에 의해 오차가 발생하므로 피스톤을 회전시켜서 정지마찰을 피하고 움직임 마찰을 갖게 함으로써 마찰력을 줄인다.

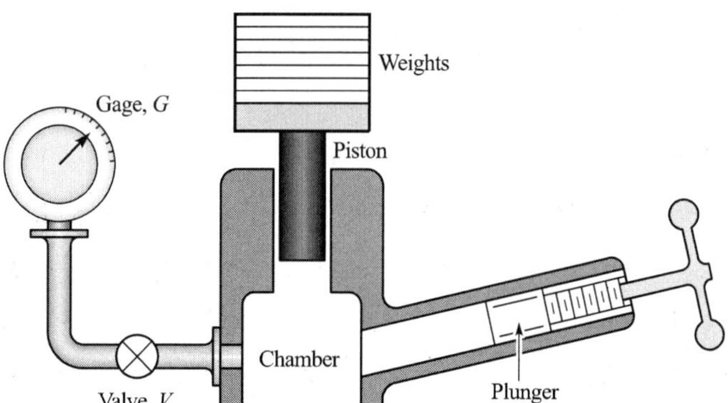

그림 9.4 정하중 시험기

9.2 탄성형 압력계

1) 부르돈 압력계 (Bourdon gage)

보일러실 같은 곳에서 가장 흔히 볼 수 있는 압력계로서 압력이 작용하면 탄성원관이 팽창하면서 변형되는 것을 지렛대와 나사를 이용하여 바늘의 회전 움직임으로 나타나게 한 것이다. 이렇게 기계적인 변위를 직접 측정하기도 하고 탄성변화를 보이는 부위에 스트레인 게이지를 부착하여 전기적 출력이 되도록 하기도 한다.

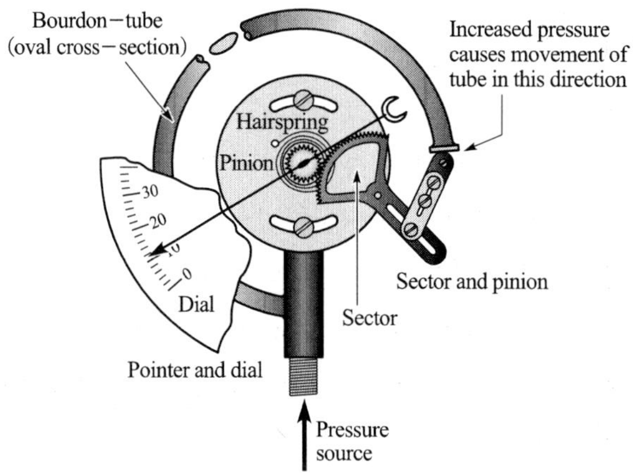

그림 9.5 부르돈 압력계의 구조

2) 다이아프램형, 벨로즈형 압력계 (Diaphragm/Bellow gages)

얇은 원형 금속판을 설치하여 양쪽의 압력차에 의하여 금속판(diaphragm)은 변형하게 되는데, 이 변형량을 차동변압기와 같은 변위측정장치로 측정하기도 하고 다이아프램에 스트레인 게이지를 부착하여 응력변화를 측정함으로써 압력을 측정하기도 한다. 보통 사용되고 있는 압력 트랜스듀서의 대부분을 차지한다. 측정하고자 하는 압력범위에 맞지 않는 것을 사용하면 다이아프램이 파손될 수 있다.

다이아프램 게이지를 설계하는 입장에서는 다이아프램의 두께와 크기 등을 결정하기 위해서 정적인 고려와 동적인 고려가 이루어져야 한다. 측정하고자 하는 정적 압력범위에 대하여 다이아프램 중심에서의 최대 처짐변위를 결정하여야 한다. 원형 다이아프램에 압력차 ΔP가 작용할 때 중심에서의 최대 변위 $y_{\max}$는 고체역학에서 배운 균일분포 하중계산식으로부터 다음과 같이 구해진다.

$$y_{\max} = \frac{3\,\Delta P}{16Et^3}\,a^4(1-\mu^2) \tag{9.4}$$

여기서, a와 t는 각각 다이아프램의 반경과 두께이며, E와 μ는 각각 영의 탄성계수(Young's modulus)와 푸아송(Poisson) 비이다.

또한 측정하고자 하는 압력 변동의 진동수를 감안하여 다이아프램의 고유진동수에서 벗어나게 설정함으로써 공진에 의한 파손이 발생하지 않도록 한다. 원형 다이아프램의 고유진동수는 다음과 같이 구한다.

$$f = \frac{10.21}{a^2}\sqrt{\frac{Et^2}{12(1-\mu^2)\rho}}\ \text{Hz} \tag{9.5}$$

여기서, ρ는 다이아프램 재질의 밀도이다.

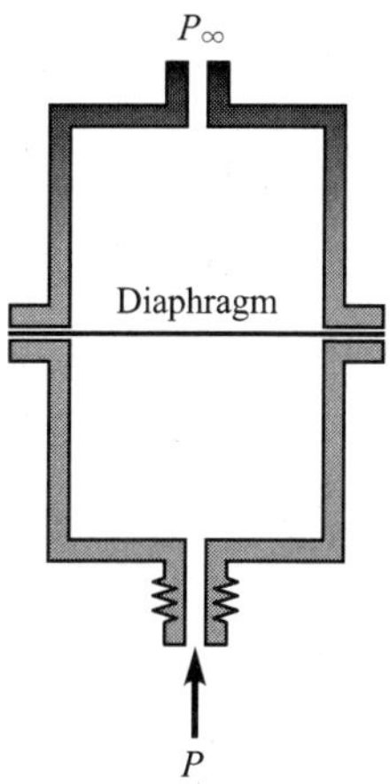

그림 9.6 다이아프램형 압력계

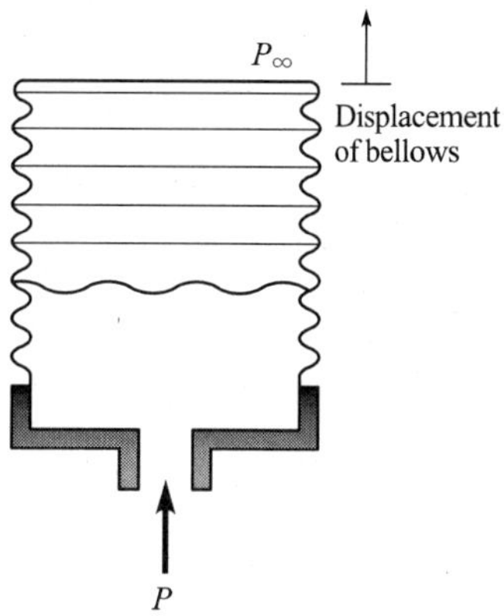

그림 9.7 벨로즈형 압력계

예제 9.2

다이아프램형 압력계를 스프링강($E = 200$ GPa, $\mu = 0.3$, $\rho = 7800\ \text{kg/m}^3$)으로 만들려고 한다. 직경을 5.0 cm로 하고 최대 압력을 1.4 MPa까지 측정할 수 있도록 하고자 한다. 최대 압력에 의한 변위가 다이아프램 두께의 절반이 되도록 하기 위한 두께를 구하라. 또 이 경우에 다이아프램의 고유진동수를 구하라.

풀이

$$\frac{1}{2}t = \frac{3\Delta P}{16Et^3}a^4(1-\mu^2)$$

$$t^4 = \frac{6(1.4\times10^6)\,0.025^4[1-0.3^2]}{16(2\times10^{11})}$$

따라서 $t=0.98$ mm

또 이때의 고유진동수는

$$f=\frac{10.21}{0.025^2}\sqrt{\frac{(2\times10^{11})0.00098^2}{12(1-0.3^2)7800}} \text{ 에서}$$

$f = 24530$ Hz이다.

3) 압전형 압력계 (Piezoelectric gage)

두 개의 평판 사이에 압전소자를 넣고 압력을 가하면 압전소자는 응력을 받아 전위차를 발생시킨다.

$$V = gtP \tag{9.6}$$

여기서, g를 전압감도라고 하며 재료의 종류와 결정면 절단방향에 따라 다르다. 결정면 양단에 발생하는 전위차는 두께에 비례하고 압력에 비례한다. 이러한 소자를 이용하면 압력에 따라서 전압을 출력하는 비교적 저렴한 압력변환기를 만들 수 있다.

압전소자는 일반적으로 매우 단단하기 때문에 고유진동수가 매우 높다. 따라서 매우 빠른 고주파 압력변동에도 측정이 가능하다. 여기에 사용되는 다이아프램은 앞에서 설명한 다이아프램형 압력계와 달리 압전소자와 직접 닿아 있다. 압전소자와 다이아프램 사이의 공극을 두지 않음으로써 압전소자의 빠른 반응을 유지할 수 있고 이물질의 침입에 의한 오동작이나 손상을 줄일 수 있다.

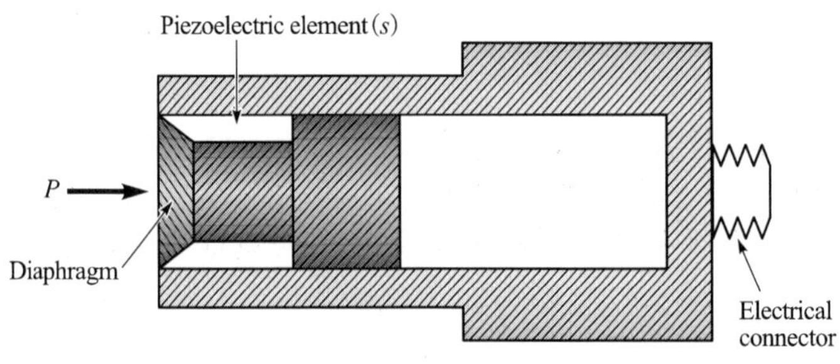

그림 9.8 압전형 압력계

4) 용량형 압력계 (Capacitance type)

용량형 압력계는 압력의 변화에 따라 두 금속판 사이의 정전용량이 변화하는 것을 측정한다. 매우 작은 압력변화에도 민감하게 반응하므로 (0.1 Pa 정도까지)의 측정에 적합하다.

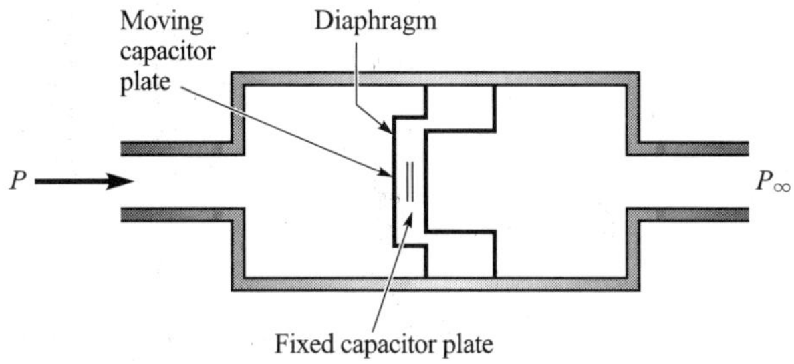

그림 9.9 용량형 압력계

9.3 기타 고압 및 진공 측정

1) 고압 측정

높은 압력 하에서 가는 도선이 압축되어 변형됨으로써 전기저항이 증가하는 사실을 이용하여 압력을 측정하는 것으로 전기저항 압력계(electric resistance pressure gage)가 있으며 고압의 측정에 이용된다.

2) 진공 측정

진공의 절대압력은 토르(torr)라는 단위를 사용한다. 1 torr는 대기압의 1/760로 정의된다. 표준 1기압이 760 mm 수은 기둥에 해당하므로 1 torr는 1 mmHg에 해당한다. 저진공이나 중진공에 대해서는 앞에서 설명한 압력계들을 이용할 수 있다. 10^{-3} torr 이하의 초저압을 측정하는 방법으로는 다음과 같은 방법 등이 있다.

(a) 매크리오드(McLeod) 게이지

저압의 기체를 압축하여 체적을 줄인 후 압력을 측정하여 이상기체방정식으로부터 원래의 압력을 계산한다. Boyle의 법칙에 근거하고 있다.

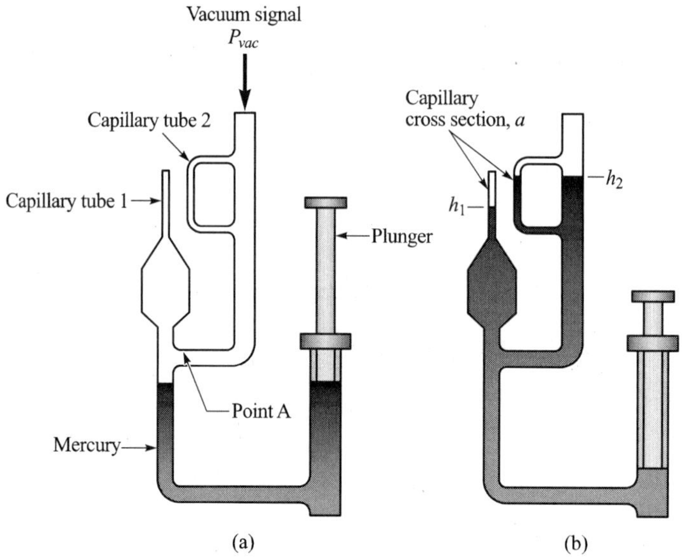

그림 9.10 McLeod 게이지

(b) 피라니(Pirani) 열전도 게이지

저압에서 기체의 열전도율은 압력의 함수이다. 가열된 필라멘트를 챔버 중앙에 위치시켰을 때 기체의 열전도율에 따라 열전달량이 변화한다. 동일한 열량을 공급하였을 때는 필라멘트의 온도가 다르게 나타나게 되고, 이에 따라 필라멘트의 전기저항이 다르게 된다. 브리지 회로를 이용하여 전기저항의 변화를 측정한다.

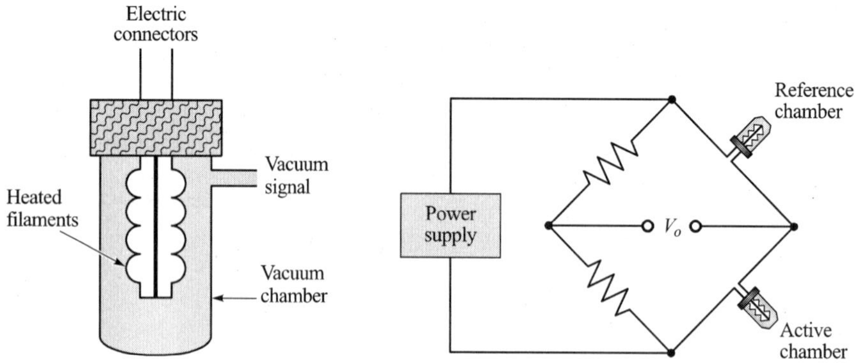

그림 9.11 Pirani 게이지

(c) Ionization 게이지

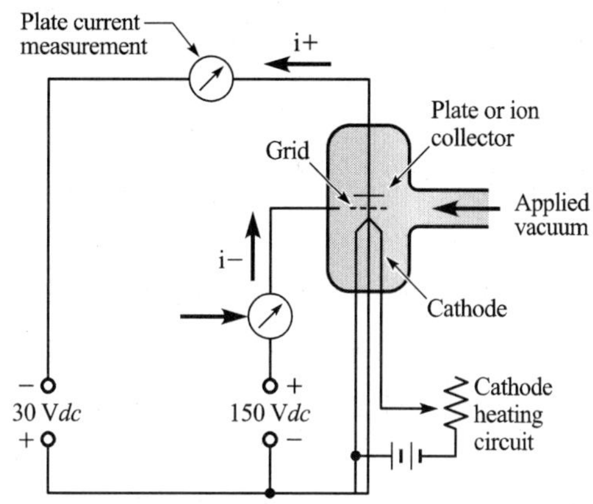

그림 9.12 이온화 게이지

활성화된 전자가 기체 중을 통과하면서 기체의 분자를 이온화시킨다. 이온화되는 분자의 수는 기체의 밀도에 의하여 결정되며, 또 밀도는 기체의 압력에 의하여 결정된다.

기타 진공압력측정장치로 Knudsen 게이지와 Alphatron 등의 진공측정장치가 있다. 다음 그림은 진공압력계를 포함한 각종 압력계의 압력측정범위를 보여주고 있다.

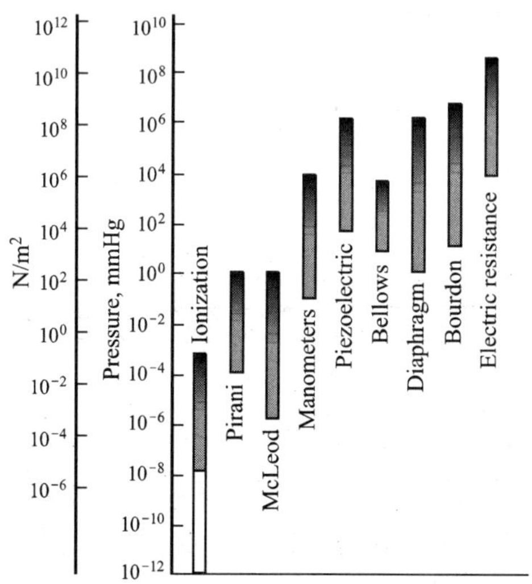

그림 9.13 각종 압력계의 전형적인 측정범위 [참고문헌 17]

chapter 1

연습문제

9.1 계기압력으로 측정한 압력이 30 kPa이라면 절대압력으로는 몇 kPa인가? 표준대기압은 101.3 kPa이다.

9.2 수은기둥으로 760 mmHg는 물기둥 몇 m에 해당하는가?

9.3 U관 내에 비중이 0.85인 액체가 들어있다. U관의 높이차가 11 mm일 때 양단의 압력차는 얼마인가?

9.4 1기압, 20℃에서 경사 마노미터(경사각 30°)의 경사방향으로 액주면이 150 mm 이동하였다. 마노미터 유체의 비중이 0.85라면 압력차는 몇 Pa인가?

9.5 표준대기압 하에서 물을 마노미터 유체로 하는 U관을 이용할 때, 공기의 밀도를 무시하면 발생하는 오차는 어느 정도인가?

9.6 U자관에서 물기둥의 높이차가 $h=18\pm0.1\,\mathrm{mm}$로 측정되었다. 물의 밀도를 $\rho=1000\pm5\,\mathrm{kg/m^3}$라고 할 때 양단의 압력차는 몇 Pa이며, h와 ρ의 측정상 오차에 의한 ΔP의 오차는 얼마인가? (단, 공기의 밀도는 무시하고 중력가속도는 9.8 $\mathrm{m/s^2}$로 한다.)

9.7 웰형 U관에서 원관 직경은 6 mm이고 웰 부분의 직경은 30 mm이다. 웰 부분의 수면높이 변화를 무시함으로써 발생하는 오차를 구하라.

9.8 직경이 50 mm이고 두께가 0.5 mm인 다이아프램형 압력계에 0.5 MPa의 압력차가 주어질 때 다이아프램의 최대 처짐을 구하라. (스프링 강 : $E=200\ \mathrm{GPa}$, $\mu=0.3$)

9.9 스프링 강을 이용하여 직경이 25 mm인 다이아프램형 압력 트랜스듀서를 제작하여 20℃ 공기 중에서 10 kPa의 압력차를 측정하고자 한다. 다이아프램의 최대 처짐이 두께의 1/3을 초과하지 않기 위해서는 두께를 얼마로 하여야 하는가? 또 이때의 다이아프램의 고유진동수를 구하라.

9.10 두께가 2 mm이고 전압감도의 크기가 0.056 Vm/N인 수정전압체가 $2.51\times10^5\ \mathrm{N/m^2}$의 압력을 받고 있다. 이 전압체로부터 발생하는 출력전압은 얼마인가?

CHAPTER 10

유동측정

(Flow Measurements)

Mechanical Measurements

CHAPTER

10 유동측정

유량은 보통 시간당 유량을 의미한다. 유량계는 관내를 흐르는 기체나 액체의 유량을 측정하는데 사용된다. 측정하는 원리에 따라 체적유량을 측정하는 것과 질량유량을 측정하는 것이 있다. 또한 유속계는 국부적인 유속분포를 측정하거나 단면적을 곱하여 전체 유량을 측정하는데 사용된다. 정량적인 유속 측정과 달리 정성적인 유동분포를 파악하기 위한 유동가시화 방법에 관해서도 소개한다.

10.1 체적유량의 측정 (Volumetric Flow Measurements)

1) 용적식 유량계 (Positive displacement flowmeter)

정해진 크기를 갖는 체적공간을 통하여 시간당 일정한 회전수에 의하여 일정량의 체적을 이송시킴으로써 시간당 체적유량을 측정한다. 가장 간단한 원리로서 부피를 아는 물통에 물이 가득 찰 때까지 걸리는 시간을 측정하는 원리와 같다. 형상과 작동형태에 따라 여러 가지가 있다.

(a) 로터리 베인 미터 (Rotary vane meter)

편심되어 있는 원형 실린더에 2개 또는 여러 개의 베인(vane)이 달려있다. 이 베인은 틈새 안에 있는 스프링에 의하여 밖으로 밀어지는 힘을 받아 벽면과 밀착되어 미끄러진다. 베인과 베인 사이의 공간은 폐쇄공간을 이루며 실린더가 회전하면서 유체를 한쪽 방향으로 내보낸다.

(b) 뉴테이팅 디스크 미터 (Nutating disk meter)

원형 디스크가 경사진 축을 중심으로 회전하게 되면 마치 팽이가 죽으려고 할 때처럼

까딱까딱 진동하면서 회전한다. 도넛 모양으로 생긴 공간 내에 있는 유체를 한쪽 방향으로 쓸어 내보낸다.

(c) 로우브 임펠러미터 (Lobed impeller meter)

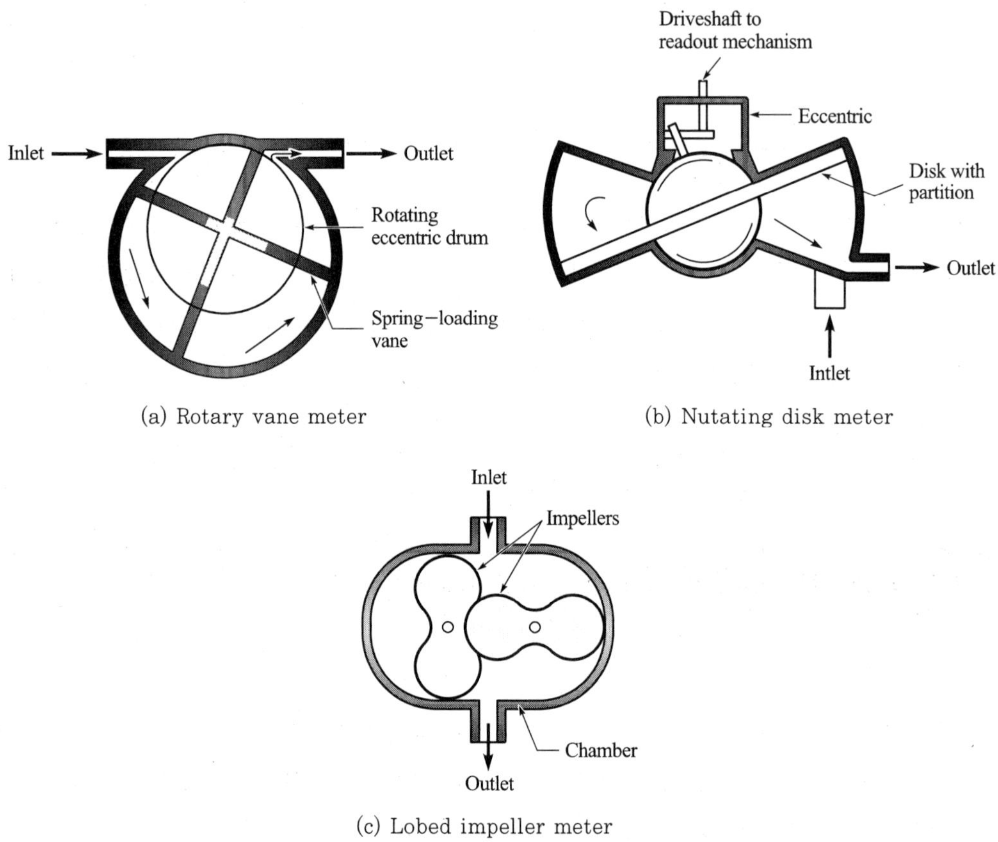

그림 10.1 용적식 유량계

두 개 또는 세 개의 땅콩 모양의 임펠러가 맞물려 돌면서 사이에 있는 유체를 밀어 내보낸다. 오일펌프 등에 사용된다.

2) 방해유량계 (Obstruction flowmeter)

유동 관로 내 단면적을 변화시켜 유속변화를 유도함으로써 베르누이방정식에 의한 압력 차이를 측정하여 통과유량을 측정하는 방법이다. 여기에는 벤투리관, 유동 노즐, 그리고 오리피스가 있다. 비압축성 유동에 대하여 측정된 압력차로부터 유량을 계산하는 수식을 유도하는 과정은 다음과 같다.

연속방정식

$$V_1 A_1 = V_2 A_2 \tag{10.1}$$

베르누이 방정식

$$P_1 + \frac{1}{2}\rho V_1^2 = P_2 + \frac{1}{2}\rho V_2^2 \tag{10.2}$$

을 연립하여 목(throat)부분에서의 유속 V_2를 구하면

$$V_2 = \frac{1}{\sqrt{1-(A_2/A_1)^2}}\sqrt{\frac{2(P_1-P_2)}{\rho}} \tag{10.3}$$

와 같이 되므로 이론적인 유량은

$$Q_{ideal} = V_2 A_2 \tag{10.4}$$

으로 계산된다. 그러나 실제 유동의 경우 약간의 손실이 발생하므로 이것을 계수로 처리하여 C를 곱해

$$Q = \frac{CA_2}{\sqrt{1-(A_2/A_1)^2}}\sqrt{\frac{2(P_1-P_2)}{\rho}} \tag{10.5}$$

여기서, A_1과 A_2는 관 부위에서의 면적과 목부분에서의 면적을 의미하고 $(P_1 - P_2)$는 상류부와 목부분에서 측정한 압력차이다. C는 송출계수(discharge coefficient)라고 하고 그 값은 1보다 작다.

송출계수 C와 면적비에 의한 부분을 묶어 유량계수(flow coefficient) K로 따로 정의하기도 한다.

$$K = \frac{C}{\sqrt{1-(A_2/A_1)^2}} = \frac{C}{\sqrt{1-\beta^4}} \tag{10.6}$$

여기서, 수축비 $\beta = \frac{d}{D}$이다.

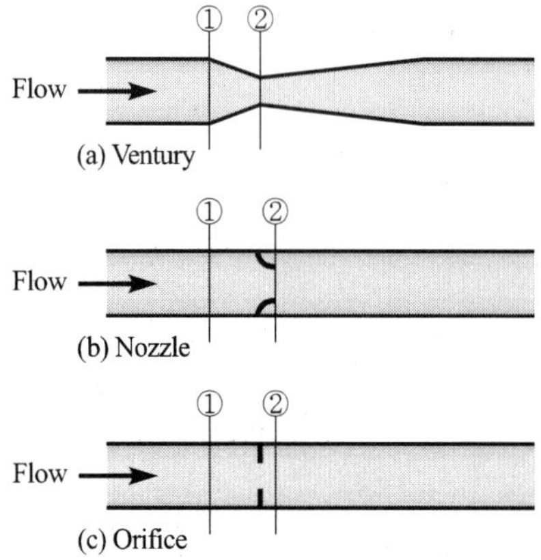

그림 10.2 벤투리, 노즐, 오리피스에 의한 유량 측정

(a) 벤투리관(Ventury tube)

벤투리관은 축소노즐과 확대노즐로 구성되어 있다. 축소노즐과 확대노즐의 각도를 작게 하여 마찰손실과 와류에 의한 압력손실을 최대한 방지한다. 특히 확대노즐의 각도를 5~15° 이내로 하여 와류가 발생하지 않도록 한다. 벤투리관은 설치하기 위하여 긴 직관부가 필요하나 마찰손실이 적어서 송출계수(discharge coefficient)가 0.95에서 0.98 정도로 1에 가깝고 매우 좁은 범위의 값을 갖는다. 확대관을 둔 것은 측정상의 정확도를 유지하기 위해서라기보다는 관로 내의 동압수두를 정압수두로 회복시킴으로써 압력손실을 줄이기 위해서이다.

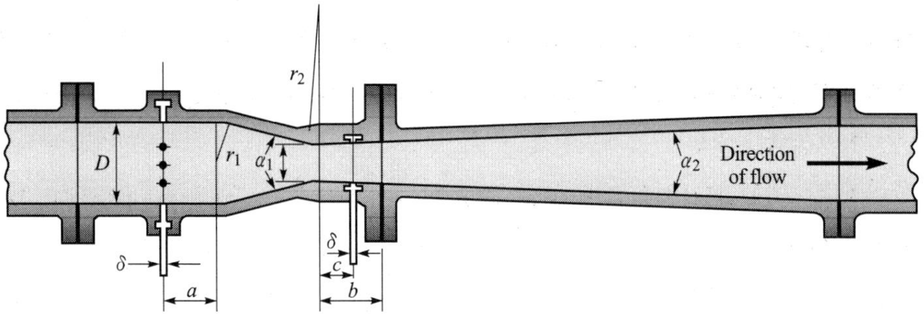

D= Pipe diameter inlet and outlet, d= Throat diameter as required
a= 0.25D to 0.75D for 4″ ≤ D ≤ 6″, 0.25D to0.50D for 6″ ≤ D ≤ 32″
$b=d$, $c=d/2$
δ= 3/16 in to 1/2 in according to D. Annular pressure chamber with at least four piezometer vents
r_2 =3.5d to 3.75d, r_1 = 0 to 1.375D, α_1 = 21° ± 2°, α_2 = 5° to 15°

그림 10.3 벤투리관의 구조 [참고문헌 8]

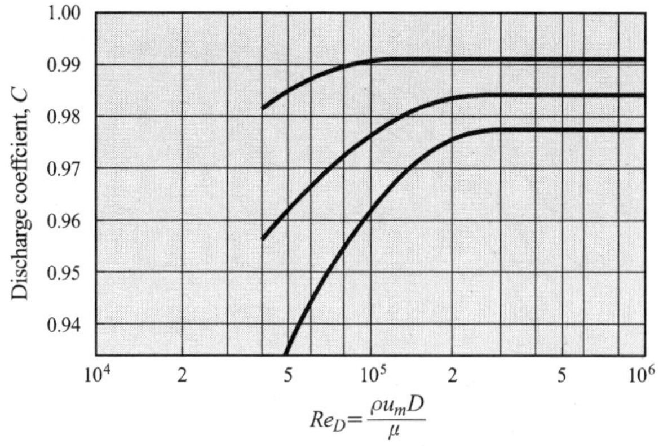

그림 10.4 벤투리관의 송출계수 [참고문헌 30]

(b) 유동노즐 (Flow nozzle)

유동노즐은 축소노즐만으로 이루어져 있고 벤투리관과 마찬가지로 송출계수가 0.94에서 0.99 정도의 값을 갖는다. 벤투리관처럼 긴 설치공간을 필요로 하지 않으며 벤투리관과 유사한 정도의 정확도를 갖는다. 다만 확대관에 의한 동압 회복이 이루어지지 않기 때문에 압력손실이 벤투리관보다 크게 발생한다.

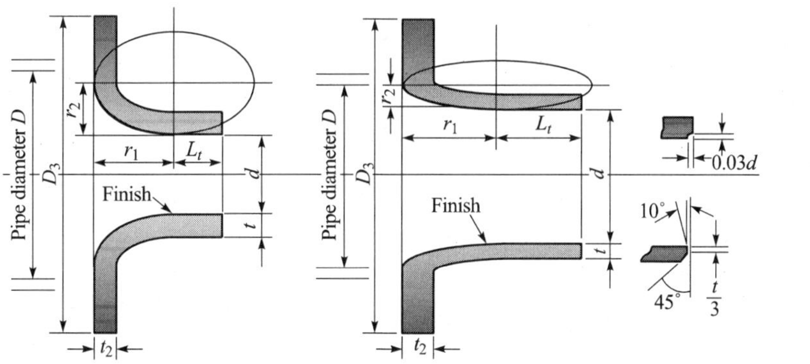

Low β series : $\beta < 0.5$

$r_1 = d$

$r_2 = \frac{2}{3}d$

$L_t = 0.6d$

$1/8'' \leq t \leq 1/2''$

$1/8'' \leq t_2 \leq 0.15D$

High β series : $\beta > 0.25$

$r_1 = \frac{1}{2}d$

$r_2 = \frac{1}{2}(D-d)$

$L_t \leq 0.6d$ or $L_t \leq \frac{1}{3}D$

$2t \leq D-(d+1/8'')$

$1/8'' \leq t_2 \leq 0.15D$

Optional designs of nozzle outlet

그림 10.5 유동노즐의 구조 [참고문헌 8]

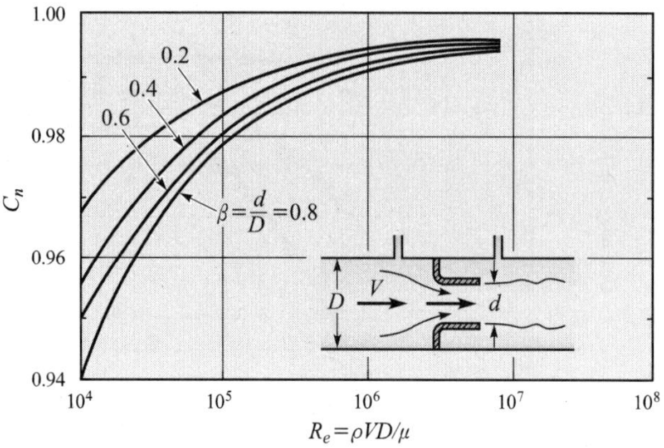

그림 10.6 유동노즐의 송출계수 [참고문헌 23]

(c) 오리피스(Orifice)

오리피스는 단순하며 설치가 매우 용이하다. 그러나 수축류(Vena contracta)에 의한 목부분에서의 면적이 실제 오리피스 구멍과 차이가 나며 마찰손실이 크기 때문에 송출계수가 0.6에서 0.9 정도의 값을 갖는다. 주어진 단면비와 Reynolds수에 대하여 송출계수를 정확하게 읽어서 적용하여야 한다. 벤투리관이나 노즐과 달리 Reynolds수가 증가함에 따라 송출계수가 감소한다. 이것은 유속이 빨라질수록 수축류 현상이 심화되기 때문이다.

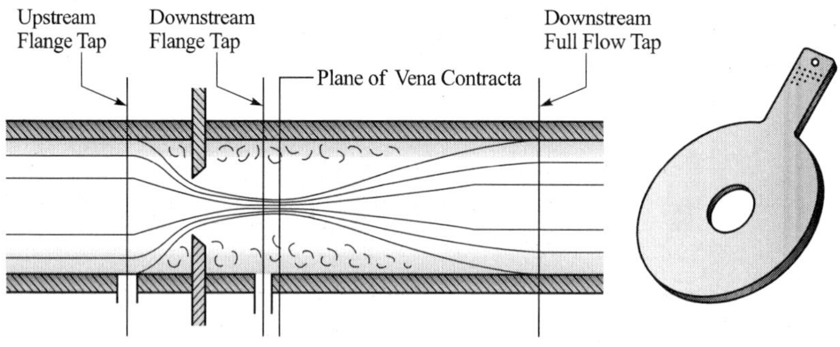

그림 10.7 오리피스의 구조 [참고문헌 14]

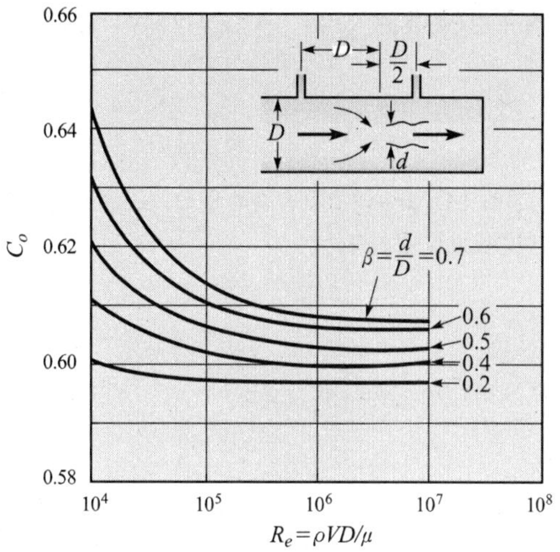

그림 10.8 오리피스의 송출계수 [참고문헌 23]

3) 소닉 노즐 (Sonic nozzle)

노즐을 이용하여 기체의 유량을 측정할 때 압력차를 증가시키면 목부분에서의 속도가 점차 빨라져서 결국은 음속에 도달하게 된다. 압력차를 더욱 증가시키더라도 목부분에서 음속보다 빨라질 수 없기 때문에 더 이상 유량은 증가하지 않는다. 이러한 현상을 쵸크현상이라고 한다. 이상기체의 경우 쵸크되는 압력비는

$$\left.\frac{P_2}{P_1}\right|_{critical}=\left(\frac{2}{\gamma+1}\right)^{\gamma/(\gamma-1)} \tag{10.7}$$

와 같이 되고 이것을 임계압력비(critical pressure ratio)라고 한다. 여기서, γ는 비열비로서 공기의 경우 1.4이다. 따라서 공기의 경우 임계압력비는 0.528이 된다.

이때의 이론적인 질량유량은 목에서의 밀도와 음속 그리고 단면적 A_2를 곱하여 구한다.

$$\dot{m}=A_2P_1\sqrt{\frac{2}{RT_1}}\sqrt{\frac{\gamma}{\gamma+1}\left(\frac{2}{\gamma+1}\right)^{2/(\gamma-1)}} \tag{10.8}$$

여기서, R은 공기의 기체상수로서 287 J/kg K이고, P_1과 T_1은 상류에서의 정체압과 정체온도(K)이다.

소닉노즐은 유량을 측정하기 위한 것이라기보다는 상하류의 압력변동에 무관하게 유량을 일정하게 유지하기 위해 주로 사용된다. 특별한 장치가 필요 없이 일정하게 유량을

제어할 필요가 있는 계측기의 튜브 같은 곳에 설치되어 있다.

예제 10.1

직경이 20 mm인 노즐의 상류에 1.0 MPa의 절대압력이 걸려있고 온도는 300 K이다. 노즐을 통하여 대기 중으로 방출될 때 이론적인 질량유량을 구하라.

풀이

$\frac{1.0\,\mathrm{MPa}}{0.10132\,\mathrm{MPa}} = 9.87 > 0.528$ 이므로 목에서 쵸크된다.

$$\dot{m} = \left(\frac{\pi}{4}0.02^2\right)10^6\sqrt{\frac{2}{287\cdot\ 300}}\left[\frac{1.4}{2.4}\left(\frac{2}{2.4}\right)^{2/0.4}\right]^{1/2} = 0.733\ kg/s$$

4) 유동저항 유량계 (Drag flowmeter)

(a) 로타미터 (Rotameter)

약간 테이퍼가 진 수직관로를 따라서 Bob(미국에서 가장 흔한 이름 중 하나인 Robert의 애칭, 한국말로는 개똥이)이 상하운동을 하면서 유량에 의한 항력과 자중이 일치하는 높이에 머문다. 병원에서 환자호흡용으로 벽면 산소공급구에 붙어있는 유량계가 그것이다. 액체용과 기체용이 있다. 유량 통과면적이 수직방향으로 변하기 때문에 가변 면적식 유량계(variable-area flowmeter)라고도 한다.

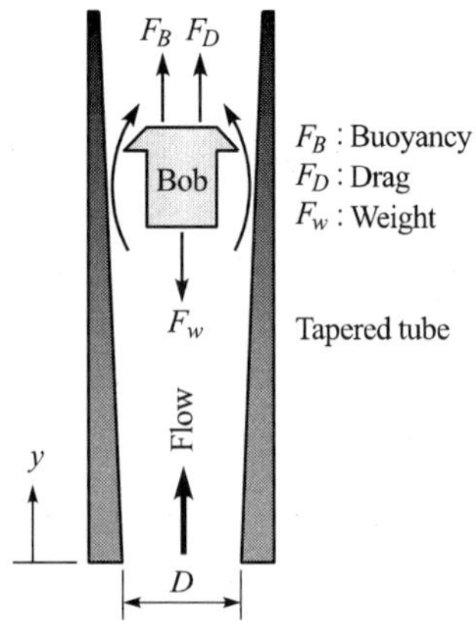

그림 10.9 로타미터의 구조

(b) 터빈 유량계 (Turbine flowmeter)

관로 내에 수차 또는 회전차를 두어 유동저항에 의하여 회전하는 속도를 측정하여 관로 내 유량을 측정한다. 수도관 내의 적산수량계가 터빈 유량계의 일종이다. 축방향 회전차를 둔 터빈 유량계와 작은 물레방아 같은 회전차를 둔 패들 휠(paddle wheel) 유량계 등이 있다. 회전차의 회전 주파수 f는 유량 Q에 비례한다.

$$f = KQ \tag{10.9}$$

여기서, K는 보정에 의하여 결정되어야 할 유량계수이다.

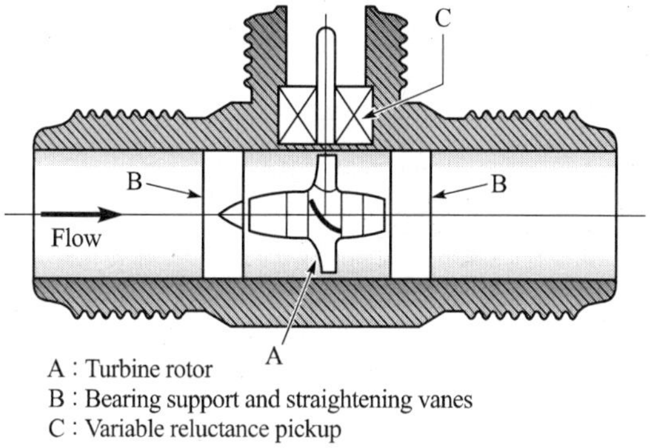

그림 10.10 터빈유량계

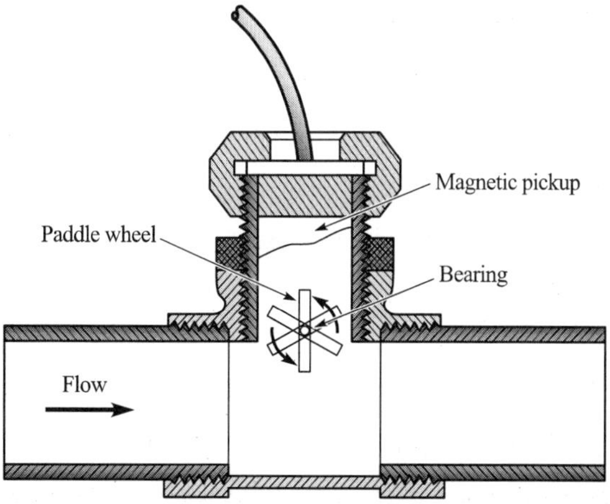

그림 10.11 패들휠 유량계

(c) 볼텍스 유량계 (Vortex shedding flowmeter)

유동장에 각진 물체가 놓여 있으면 하류 쪽에 와류(Karman vortex)가 발생하며, 이 와류는 물체로부터 좌우로 번갈아가며 주기적으로 떨어져나간다. 이를 와동발산(vortex shedding)이라 하며, 이것에 의하여 물체는 진동하게 된다. 물체를 매달고 있는 탄성막대의 진동 주파수를 측정하여 유량이나 유속을 측정한다.

$$f = \frac{S}{D} V \tag{10.10}$$

여기서, f는 주파수이고 D는 물체의 특성길이, 그리고 V는 유체의 속도이며 S는 Strouhal 수라고 부르는 무차원 교정상수이다.

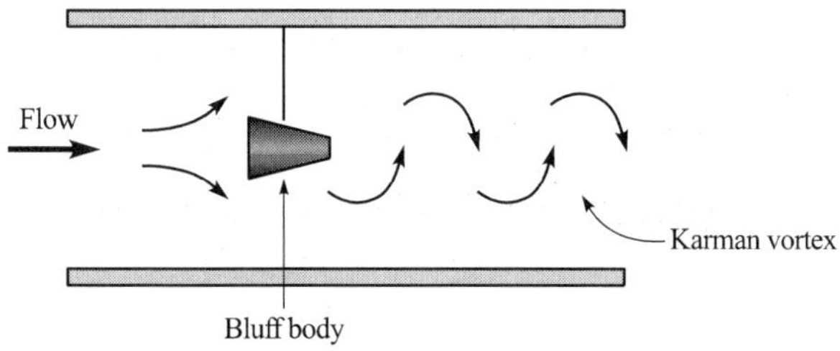

그림 10.12 볼텍스 유량계

(d) 층류유량계 (Laminar flowmeter)

층류유동의 경우 관내에서의 유량과 압력손실의 관계는 매우 잘 정립되어 있다. 층류유량계는 미세관을 통한 압력강하를 측정하여 유량을 산정하는 유량계이다. 원형관 내의 유동이 층류일 때 경우 유속분포는 포물선 형태를 가지며, 이를 적분한 총 체적유량은 다음과 같이 압력강하에 비례한다.

$$Q = \frac{\pi D^4}{128\mu L} \Delta P \tag{10.11}$$

여기서, D는 관의 직경, L은 길이, 그리고 μ는 유체의 점성계수이다. 이것은 하나의 관을 통과하는 유량이므로 총 체적유량은 여기에 관의 개수를 곱해주어야 한다.

이러한 유량계는 방향에 관계없이 측정이 가능하며 유동방향이 바뀌면 양단의 압력차의 부호가 바뀐다. 그러나 층류상태를 유지하기 위해서는 Reynolds수가 약 2300 이하가 되도록 직경이 작은 여러 개의 관(음료수 빨대와 같은)을 이용하여야 한다. 미세관을 사용하므로 불순물이 많이 포함되어 있는 유동에 대해서는 주의가 필요하다.

예제 10.2

엔진으로 들어가는 공기량을 측정하기 위하여 직경이 2 mm인 원형관 100개를 써서 층류유량계를 만들었다. 길이가 20 cm인 캐필러리 부분 양단의 압력차를 측정하니 120 Pa이었다. 공기의 체적유량을 구하라. (공기의 $\mu = 18.46 \times 10^{-6}\ \mathrm{Ns/m^2}$이다.)

풀이

유동이 층류라고 가정하면 유량은

$$Q = \frac{\pi(0.002)^4}{128(18.46 \times 10^{-6})\,0.2}(120)100$$

$$= 1.27 \times 10^{-3}\mathrm{m^3/s} = 1.27\mathrm{L/s}$$

로 계산된다. 이로부터 유속과 Re수를 계산하면

$$V = \frac{Q}{N\frac{\pi}{4}d^2} = \frac{1.27 \times 10^{-3}}{100\frac{\pi}{4}0.002^2} = 4.04\mathrm{m/s}$$

$$Re = \frac{\rho Vd}{\mu} = \frac{1.2(4.04)0.002}{18.46 \times 10^{-6}} = 525 < 2300$$

따라서 층류가정이 타당하므로 $Q = 1.27\ \mathrm{L/s}$ 이다.

5) 기타 유량계

(a) 전자기 유량계 (Electromagnetic flowmeter)

자속이 부과된 관로를 따라 전도성 유체가 통과하면 유체는 움직이는 도체로서 작용한다. Faraday의 법칙에 따라 자장에 대한 도체의 상대적인 운동은 그 속도에 비례하여 기전력을 발생시킨다. 이 기전력을 관 벽에 설치된 전극에 의해 검출한다. 관경 D에 자속밀도 $B(\mathrm{Wb/m^2})$가 주어졌을 때, 기전력 E는 유속 V에 비례하여 나타난다.

$$E = BDV \tag{10.12}$$

유체를 미약한 전기적인 도체로 이용하는 경우에는 도관은 유리와 같은 부전도성 재질이어야 한다. 또 액체금속과 같이 전도성이 높은 유체에 대해서는 스테인리스강과 같은 전도성 도관을 이용한다. 영구자석은 필요한 자속을 공급하고 두 전극은 파이프의 바깥쪽

면에 직경방향으로 반대되는 점에 간단히 접촉시키므로 외부에서 설치가 가능하며 유량 측정 시 유동을 방해하지 않는다. 부식성 액체와 슬러리 등의 유동측정에 유용하다.

(b) 초음파 유량계 (Ultrasonic flowmeter)

관로 내에 초음파를 주사하여 도플러효과(Doppler effect)에 의하여 유량을 측정하는 원리이다. 유체 중에 들어있는 불순물이나 공기방울 등에 의하여 반사된 초음파의 주파수 변화를 감지하여 유속을 측정한다. 파원의 주사방향이 θ만큼 기울어진 경우 속도 V로 움직이는 물체에 의하여 반사된 도플러 주파수 편이는 다음과 같이 구할 수 있다.

$$f_D = \frac{2V\cos\theta}{\lambda} \tag{10.13}$$

여기서, λ는 초음파 파원의 파장이고 V는 물체의 이동속도이다.

설치할 때 관을 분리할 필요가 없고 관의 외부에 부착하여 측정하므로 유동을 전혀 방해하지 않는다. 그러나 액체 내에 초음파를 반사할만한 입자나 공기방울이 25 ppm 이상 섞여있어야 측정이 가능하다. 최근 불순물이 거의 없는 유동에 대하여도 적용이 가능하도록 난류, 와류(eddy)에 반사되는 것이 개발되고 있다.

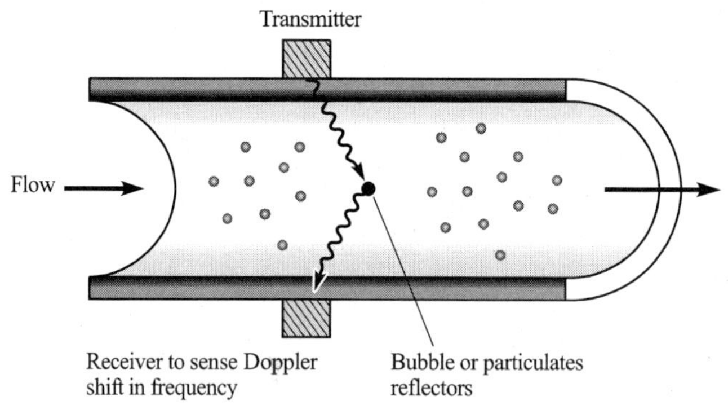

그림 10.14 초음파 유량계의 원리

예제 10.3

주파수가 625 kHz인 초음파를 5 m/s의 속도로 흐르는 유체유동방향에 대하여 30도 각도로 주사하였을 때 주파수 편이를 계산하라(유체 내의 음속은 1200 m/s로 하라).

풀이

$f\lambda = a$

$\lambda = 1200/625000 = 1.92 \times 10^{-3}\,\text{m}$

$f_D = 2(5\text{m/s})\cos 30/(1.92 \times 10^{-3}\,\text{m}) = 4510\,\text{Hz}$

(c) **평균 피토관**(Velocity averaging pitot tube)

체적유량을 직접 측정하는 것이 아니라 유동관로 내 반경방향으로 각 지점에서의 유속을 측정하여 전체 면적에 대한 적분을 수행함으로써 전체 유량을 계산할 수 있다. 여러 가지 유속측정 방법에 대해서는 뒤에서 설명하기로 한다. 피토관의 경우 전압 측정구가 길이 방향으로 여러 개 뚫려 있어서 결과적으로 나타나는 압력이 관로 내 전압의 평균값을 직접 읽게 함으로써 평균 유속을 측정할 수 있게 한 평균 피토관(averaging pitot tube)이 있다.

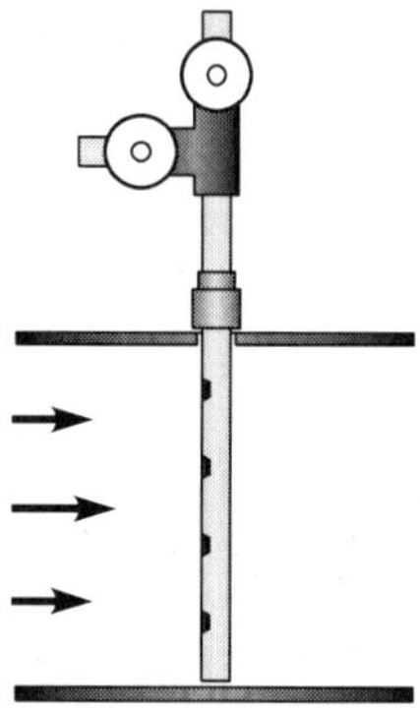

그림 10.15 **평균 피토관**

10.2 질량유량의 측정 (Mass Flow Measurements)

1) 열질량 유량계 (Thermal mass flowmeter)

질량유량은 체적유량에 유체의 밀도를 곱해주면 된다. 그러나 체적유량을 측정하는 것과 질량유량을 측정하는 것과는 서로 원리적으로 다르다. 체적유량은 체적이나 속도에 근거하여 측정을 하게 되는 반면 질량유량은 질량에 직접적으로 관련이 되는 열용량이나 관성을 이용하여 측정을 하게 된다.

열질량 유량계는 유체의 열용량을 이용하여 질량유량을 측정하는 유량계이다. 관로에 전기히터를 설치하여 유체를 가열하면 하류에서의 유체온도는 상승한다. 상하류의 온도 차와 질량유량과는 다음과 같은 관계가 있다.

$$Q = \dot{m}\, c_p \Delta T \tag{10.14}$$

유체의 비열 c_p를 아는 상태에서 전기히터에 주어진 열량 Q로부터 상하류의 온도 차이를 측정하여 $\dot{m}$를 측정한다.

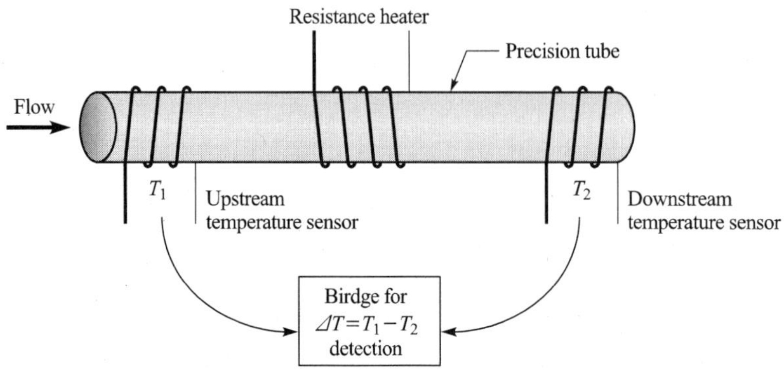

그림 10.16 **열질량 유량계**

2) U관 질량유량계 (U-bend mass flowmeter)

관로의 형상을 U자 형상으로 만들어 베이스에 붙여놓으면 U자관 끝부분은 외팔보와 같이 고유진동수에 따라 진동을 하게 된다. 유체가 관을 따라서 흐를 때 U자관이 위로 진동하면 코리올리스(Coriolis) 힘을 받게 된다. 또 반대쪽 U관은 반대방향으로 힘을 받아 U관은 비틀리게 된다. 따라서 이러한 코리올리스 힘에 의한 뒤틀림을 측정하여 질량 유량을 측정하므로 코리올리스 질량유량계라고도 한다. 보통 그림 10.17과 같이 두 개의 U관을 설치하고 유동을 반대방향으로 해줌으로써 비틀림을 2배로 하여 측정을 용이하게 한다.

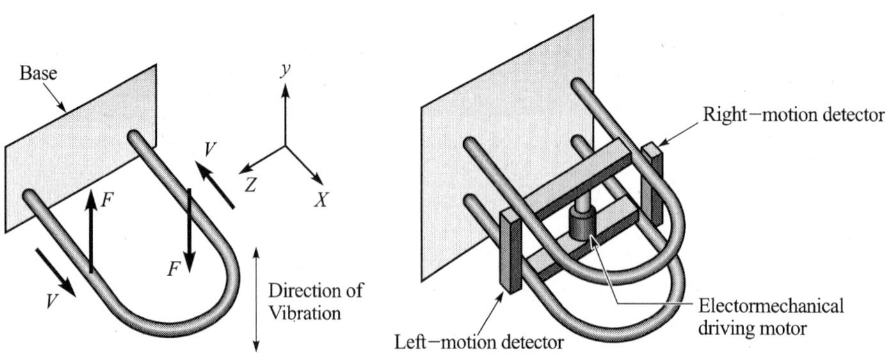

그림 10.17 **U관 질량유량계**

10.3 유속측정 (Velocty Measurements)

1) 피토관 (Pitot tube)

피토관은 베르누이 법칙에 의하여 전압(total pressure)과 정압(static pressure)의 차이, 즉 동압(dynamic pressure)을 측정하여 다음과 같은 식으로부터 속도를 계산한다. 피토관은 형상이 매우 단순하며 원리도 간단하여 널리 이용되고 있다. 전압을 측정하는 끝부분이 유동방향을 향하여 정확하게 정렬되어 있어야 한다.

$$\Delta P = \frac{1}{2}\rho V^2 \tag{10.15}$$

Reynolds수가 작은 경우에는 마찰 손실을 고려하여 실험적으로 구한 C값을 적용하여 오차를 줄인다.

$$\Delta P = C\left(\frac{1}{2}\rho V^2\right) \tag{10.16}$$

또한 Mach수가 커서 압축성 효과가 크게 나타나는 경우(약 Ma수가 0.3 이상)에는 전압(P_t)과 정압(P)을 각각 측정하여 등엔트로피(isentropic) 가정 하에 다음 식으로부터 유속을 계산하여야 한다.

$$P_t = P\left(1 + \frac{\gamma - 1}{2}M^2\right)^{\frac{\gamma}{\gamma - 1}} \tag{10.17}$$

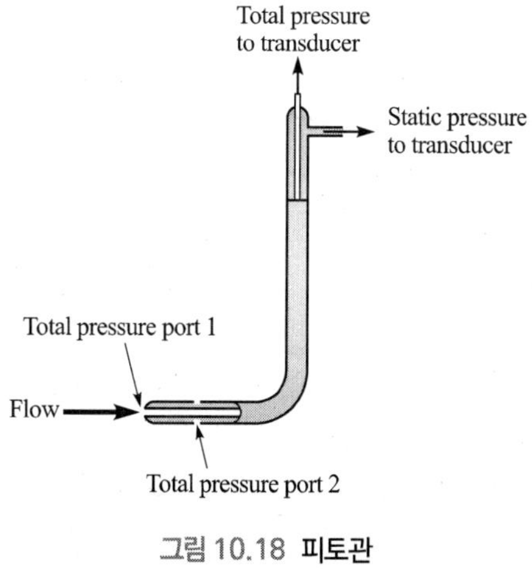

그림 10.18 피토관

여기서, γ는 비열비(specific ratio)이며 공기의 경우 1.4이다. 2차원 또는 3차원 속도성분을 모두 측정하기 위해서는 기본적인 피토관을 변형한 Yaw meter나 5공 튜브가 이용되고 있다.

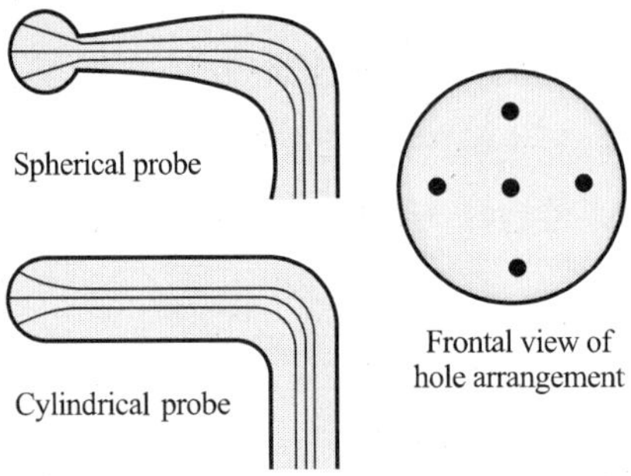

그림 10.19 5공 피토관

2) 열선유속계 (Hot-wire anemometer)

손가락을 펴서 바람 부는 곳에 두면 열전달이 증가하여 손가락의 온도가 내려간다. 열선유속계는 이와 같은 냉각법칙에 따라 가는 열선으로부터의 열전달율과 유속과의 관계를 이용하여 유속을 측정한다. 가느다란 열선은 2차원 원통으로 가정할 수 있으며 원통 주위의 열전달량은 다음과 같이 표시할 수 있다.

$$q = h(T_w - T_\infty) \tag{10.18}$$

여기서, 열전달계수 h는 유속의 제곱근에 비례하는 것으로 알려져 있다. 이것을 킹의 법칙(King's law)이라고 한다.

$$h = a + bU^{0.5} \tag{10.19}$$

여기서, a와 b는 실험적으로 구해야 할 계수이며 U는 원통 주위의 유속이다.

열선유속계에는 정전류형 열선유속계(constant current anemometer)와 정온형 열선유속계(constant temperature anemometer)가 있다. 정전류형은 일정한 전류를 열선으로 보내어 대류열전달에 의하여 냉각된 온도변화를 측정함으로써 유속을 산정하는 방법으로 최근에는 거의 쓰이지 않는다.

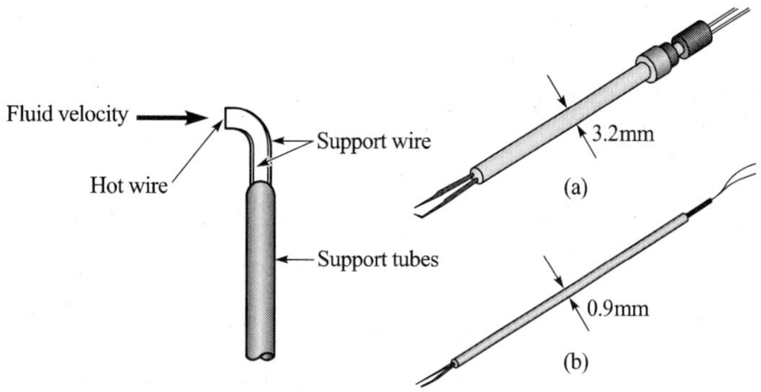

그림 10.20 열선유속계

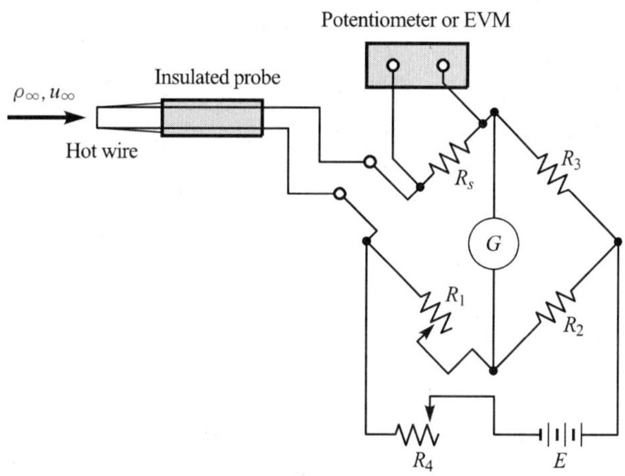

그림 10.21 열선유속계의 회로

정온형(CTA)은 열선의 온도를 일정하게 유지하기 위하여 전류를 단락 제어하고 제어된 전류의 양을 측정함으로써 주입된 열량을 산정하고 이로부터 유속을 측정한다. 열선으로는 텅스텐이나 백금을 사용하는데, 이러한 금속은 온도에 따라 저항값이 변화한다. 즉, 온도센서를 따로 부착하는 것이 아니라 열선 자체의 저항변화를 휘스톤 브리지 등을 이용하여 측정함으로써 온도를 측정한다.

열선유속계에서 나오는 전기신호들은 증폭기와 필터회로 등을 거친 후, A/D변환을 하여 디지털 값으로 변환된다. 다른 계측기와 마찬가지로 실험 전에 주어진 유속에 대한 출력전압과의 함수관계를 구하는 보정작업을 수행하여야 한다. 그림 10.22는 전형적인 보정곡선을 보여주고 있다. 보정함수로

$$E^2 = A + BU^n \tag{10.20}$$

를 주로 사용하고 있다. n은 센서 크기에 의존하는 상수로서 일반적으로 $0.45 \le n \le 0.52$ 범위의 값을 갖는다.

그림에서 보는 바와 같이 저속에서 정확한 보정곡선을 구하기가 쉽지 않다. 그밖에 고려해야 할 사항으로 열적인 효과와 방향성에 관한 영향이다. 열선은 수직으로 만나는 유동에 대하여 가장 이상적인 함수관계를 제시한다. 각도를 갖고 불어오는 유동에 대하여 출력신호는 이론적으로 cosine 법칙을 준수하나 입사각이 커지면 yaw factor(통상적으로 $k_1 = 0.1 \sim 0.4$)를 고려하여야 한다.

$$U_{eff}^2 = U^2(\cos^2\phi + k_1^2 \sin^2\phi) \tag{10.21}$$

또 작동유체의 온도가 변하거나 보정할 때와 실제 실험시의 온도가 다를 경우에는 온도에 의한 영향을 고려하여야 한다. 대부분 열선센서는 온도에 민감한 반응을 보이는데 온도보정 관계식은 일반적으로 다음과 같다.

$$E^2 = (T_w - T_f)(C + DU_{eff}^n) \tag{10.22}$$

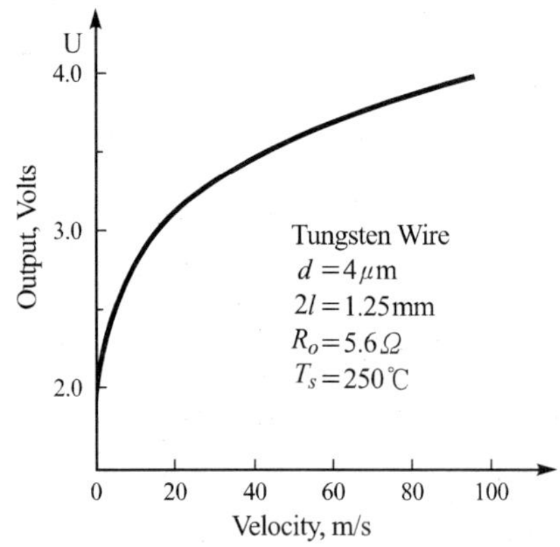

그림 10.22 유속에 따른 열선유속계의 출력전압 [참고문헌 14]

열선은 매우 가늘기 때문에(약 4 μm) 유동속도의 변화에 민감하게 반응하며 난류 유동과 같은 빠른 유체의 섭동량(fluctuation)을 측정할 수가 있다. 단, 공기 중의 이물질에 의해 열선이 끊어지기 쉽고 취급에 주의를 요한다. 따라서 공업적인 용도보다는 연구용으로 많이 활용되고 있다. 열선보다 다소 취급이 용이하도록 만들어진 열막(hot film)

유속계가 있다. 이것의 원리는 열선유속계와 동일하나 열선 대신에 얇은 막을 사용하여 비교적 견고하다.

2차원이나 3차원 유속을 측정하기 위해서는 2개 또는 3개의 열선을 일정한 각도를 두고 X자 형상으로 설치하여 각각의 신호를 조합하여 속도성분을 계산해 낸다.

3) 레이저 도플러 유속계 (Laser Doppler Anemometer)

LDA는 유동 중의 입자에 의해 산란된 빛의 도플러 편이를 이용하여 유속을 측정한다. 대단히 고가의 유속 측정장치로서 유동장을 교란시키지 않고 매우 정교한 유속측정을 할 수 있다.

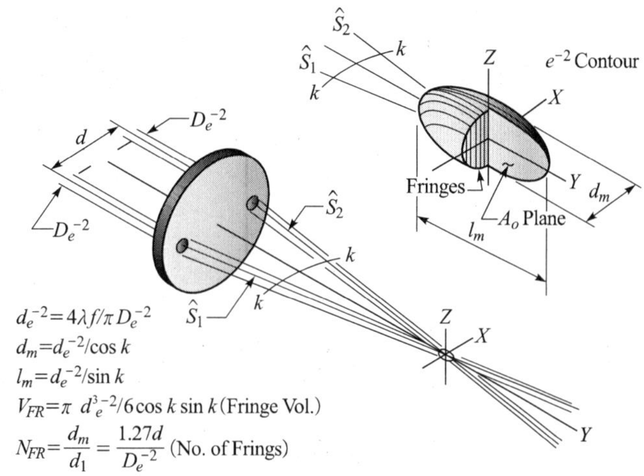

그림 10.23 2개의 입사광에 의하여 형성된 프린지 [참고문헌 14]

그림 10.23에서와 같이 레이저 입사광이 교차하면 럭비공 형태의 교차지점에 밝고 어두운 간섭무늬(interference fringes)가 생긴다. 이 프린지무늬의 간격 d_1은

$$d_1 = \frac{\lambda}{2\sin k} \tag{10.23}$$

이다. 여기서, λ는 레이저의 파장이고 k는 두 빔이 이루는 각도의 절반이다. 교차각이 크면 프린지의 길이가 짧아서 공간적 분해능이 좋은 반면 프린지가 광원장치로부터 가까운 곳에 측정공간이 형성되어 멀리 떨어진 곳의 측정이 곤란해진다.

프린지 패턴을 가로지르는 작은 입자는 입자가 각 무늬를 횡단할 때 강도가 변화하는 분산된 빛의 파열을 만들어낸다. 이러한 도플러 파열(Doppler burst)의 주파수는 입자의 속도를 프린지 간격으로 나눈 값이다.

$$f_D = \frac{V}{d_1} = \frac{2V}{\lambda} \sin k \tag{10.24}$$

여기서, f_D는 도플러 편이(Doppler-shift)주파수이고 V는 프린지에 수직방향으로 가로지르는 입자의 속도이다.

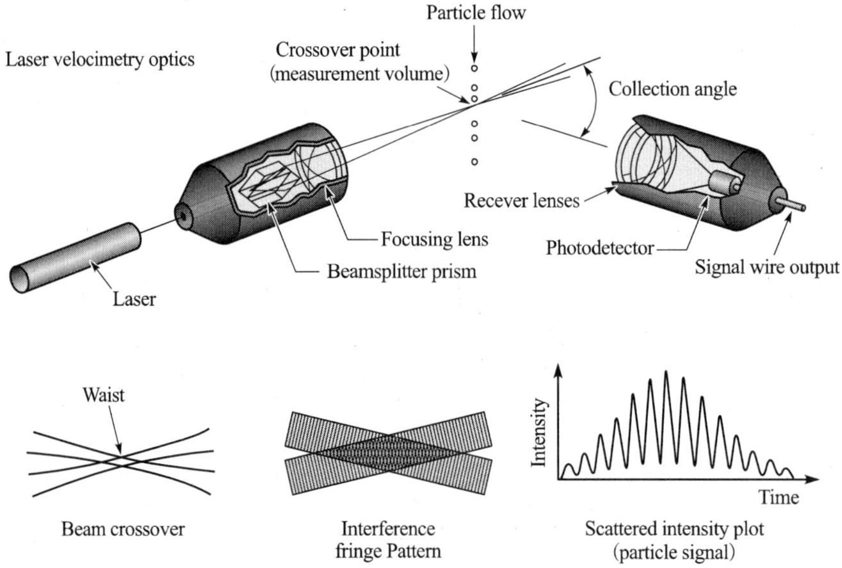

그림 10.24 LDA 프린지에 의한 파열 신호 [참고문헌 14]

파열주파수는 수직방향의 속도에 의존하며 유동방향에 관계없이 동일한 신호를 발생시킨다. 산란된 빛은 광전자 증배관(PMT)으로 받아들여 저주파 성분을 제거하고 편이 주파수를 측정한다. 산란된 빛을 포집하는 방향에 따라서 전방산란(forward scattering)과 후방산란(backward scattering) 방식이 있다.

유동에 주입되는 입자의 크기도 매우 중요하다. 입자의 크기가 너무 크면, 관성에 의해 유선을 이탈하기 쉽고 프린지에 의한 산란 신호의 피크(peak)가 불분명해지므로 신호처리가 어려워진다. 반면 입자가 너무 작으면 신호의 크기가 약할 뿐 아니라 레이저 파장이 입자를 지나쳐 버릴 우려가 있다. 보통 1 μm 정도의 입자가 적정한 것으로 알려져 있다.

LDA는 기본적으로 프린지에 직각방향의 유속측정이 가능하나 그 방향성은 측정할 수 없다. 유속의 방향을 측정하기 위하여 주파수 변위(frequency shift) 방식을 이용한다. 2개의 입사광의 주파수를 약간 달리하면 프린지가 정지해 있지 않고 맥놀이 현상에 의하여 한쪽으로 움직이게 된다. 즉, 프린지 이동방향에 대한 입자의 운동방향에 따라 서로 다른 산란 신호를 내게 된다.

또한 1차원 유속측정원리를 확장하여 2차원 유속을 측정하기 위해서는 주파수가 다른(다른 색깔의) 빛을 동일 위치에 교차시켜주고, 이로부터 산란된 2개의 다른 색깔의 빛을 각각 분석함으로써 2차원 속도성분을 계산한다. 3차원 유속측정을 위해서는 예를 들어 녹색, 청색, 적색 등과 같이 3개의 다른 색깔의 레이저 광원을 요한다.

10.4 유동가시화 (Flow Visualization)

유동장의 보이지 않는 정보들, 즉 속도장, 온도장, 밀도장 및 압력장 등을 관심대상의 시간과 공간의 어떤 범위 안에서 눈에 보이도록 하는 것이 유동가시화이다. 유동가시화는 주로 정성적인(qualitative) 기법이 주를 이루지만 분석을 통하여 정량적인(quantitative) 정보를 끄집어내기도 한다.

유동가시화에는 여러 가지 방법이 있는데, 여기서 소개하는 방법들에 의하여 가시화한 결과가 유선, 유맥선, 유적선 중 무엇을 의미하는지를 이해하여야 한다.

유선(streamline)이라 함은 수학적인 개념으로 유체속도를 접선방향으로 연결한 선으로 실제 유동가시화에서 촬영하기는 어렵다.

유맥선(sreakline)은 굴뚝에서 나온 연기가 이루는 모양과 같이 일정한 점을 통과한 유체가 한 시점에 형성하고 있는 곡선을 의미하며, 염료나 연기를 연속적으로 주입하며 촬영한 사진에 해당한다.

유적선(path line)은 입자의 궤적을 따라 연결한 곡선을 의미하며, 사진기를 B셔터(연속노출)로 놓고 하나의 입자가 그린 연속곡선을 찍은 사진에 해당한다. 남산에 올라가서 남대문 주위를 달리는 자동차의 빨간 불빛을 연속노출로 찍은 사진(연말 달력 참조)과 같은 것이다. 다행히도 정상상태의 유동에 대해서는 유선, 유맥선, 유적선은 서로 동일하다.

유동가시화는 복잡한 유동현상에 대하여 전체적인 유동분포를 우선적으로 파악하는데 매우 유용하게 사용되고 있다. 그림 10.25는 Reynolds가 원관 내의 층류 및 난류운동을 가시화할 때 사용한 실험장치를 보인다.

그림 10.25 Reynolds의 원관 내 유동가시화 실험 [참고문헌 14]

1) 이물질 첨가에 의한 방법

(a) 주입 트레이서법

유체유동장에 염료(dye), 연기(smoke), 수소기포, 화학반응을 일으키는 물질 등을 주입하여 이들이 유체유동과 동일한 운동을 한다고 생각하여 유동을 관찰한다.

(b) 벽면 트레이서법

벽면에 칠해져 있는 유막 또는 유점의 궤적을 통하여 벽면 주위의 유동장을 예측하게 한다.

(c) 터프트법

가는 실 등을 유동 중이나 물체 표면에 부착하여 그 실의 방향과 흔들림 등을 보고 유동을 관찰한다.

2) 유동장 굴절률 변화에 의한 방법

(a) Shadow graph

유동장 내로 통과시킨 빛의 굴절률 변화에 의한 음영의 변화를 통하여 유동장을 관찰한다. 마치 아지랑이를 보는 것과 같은 원리이다.

(b) Schlieren graph

Shadow graph를 조금 더 발전시킨 것으로 그림자에 의한 음영을 좀 더 명확하게 발생시키기 위하여 날카로운 칼날을 설치하여 굴절된 광의 일부를 차단한다. 아지랑이를 볼 때 눈을 가늘게 뜨고 보면 굴절된 광의 일부가 차단되어 좀 더 선명하게 보이는 원리와 같다.

(c) Interferometer

굴절률 변화에 의해 변형된 광과 원래의 기준 광과의 간섭에 의한 간섭무늬를 통하여 유동을 관찰한다. 보통 단파장의 레이저광을 이용한다. 개발자인 Mach와 Zehnder의 이름을 따서 마하젠더 인터페로미터라고 한다.

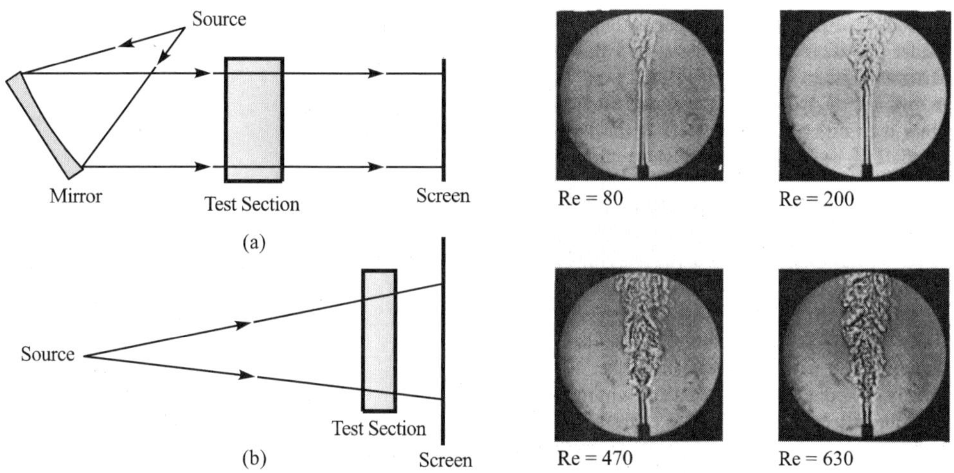

그림 10.26 섀도우 그래프의 원리와 적용 예 [참고문헌 14]

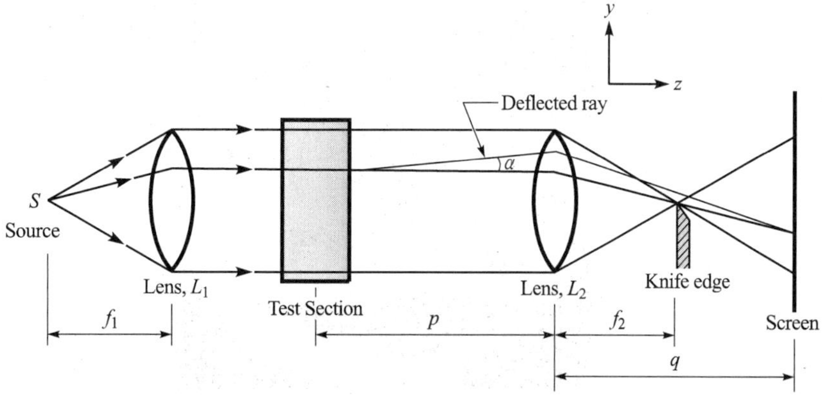

그림 10.27 쉴리렌 그래프의 원리와 적용 예 [참고문헌 14]

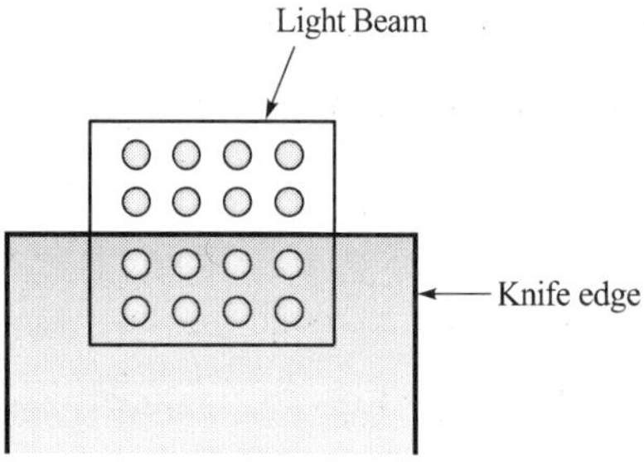

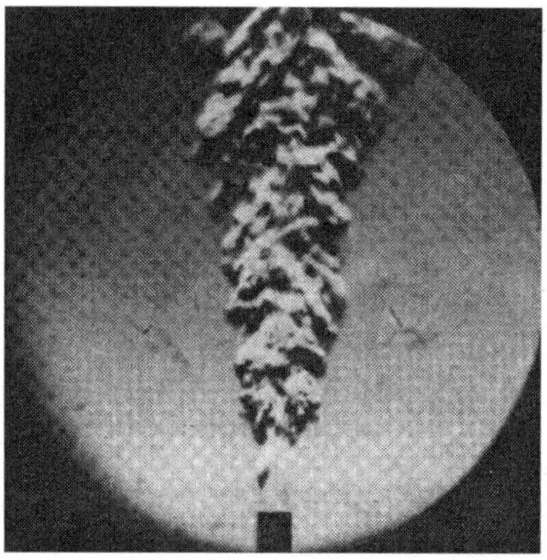

그림 10.27 쉴리렌 그래프의 원리와 적용 예 [참고문헌 14] (계속)

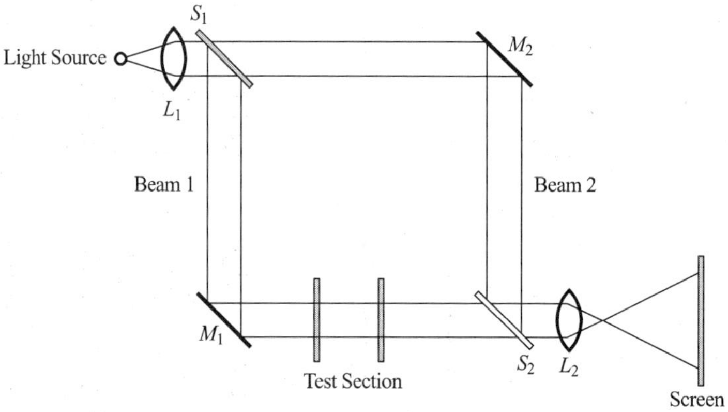

그림 10.28 마하젠더 인터페로미터의 구조

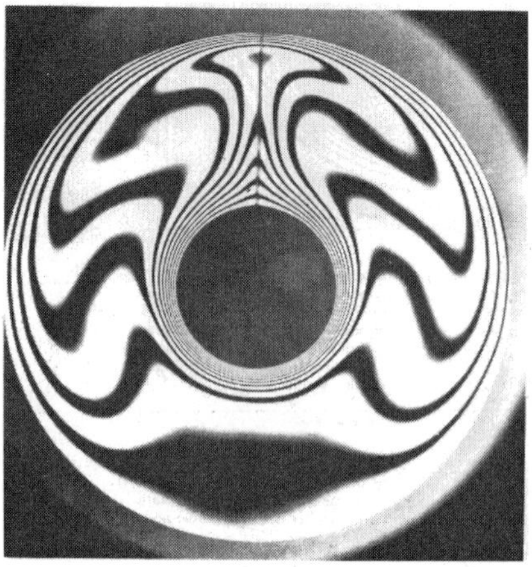

그림 10.29 인터페로미터를 이용한 수평환형관 내의 자연대류 [참고문헌 30]

3) 열이나 에너지 첨가에 의한 방법

형광성 물질은 특정한 주파수 색깔(주파수)의 빛은 흡수하고 다른 색깔(낮은 주파수)의 빛은 재방사하는 경향이 있다. 형광염료가 물에 첨가되어 지나갈 때 레이저 빛의 가는 면이 유동 내의 염료를 자극한다. 자극된 형광은 평면상에서 유동을 가시화해준다. 이러한 가시화 방법을 레이저유도 형광 또는 LIF(laser induced fluorence)라고 한다. 청색-녹색(blue-green) 아르곤 레이저에 사용되는 대표적인 염료는 로다민과 플루어레세인이 있다.

4) 컴퓨터 토모그래피

의학용 인체 단층촬영과 마찬가지로 초음파, X선, NMR(nuclear magnetic resonance-computerized tomography) 등을 이용하여 유동장을 단층 촬영하면 광로를 따라서 유동장 내의 굴절률이나 밀도 변화의 적분값이 투영되어 나타난다. 이를 이용하여 단면 내에서의 유동 변화를 가시화하는 방법이다.

5) 입자영상유속계 (Particle image velocimetry)

PIV는 유체가시화 방법으로부터 정량적인 유속측정을 하기 위한 방법으로 사진 또는 비디오를 이용하여 유체 내에 있는 입자를 이중노출(double exposure)시킨 입자영상을 화상처리기법을 이용하여 입자의 변위를 해석하는 방법이다.

짧은 시간 차이를 두고 2장의 영상을 취득하여 두 영상 간의 차이를 자기상관관계(auto-correlation)나 상호상관관계(cross-correlation)를 이용, 분석하여 입자위치의 변화를

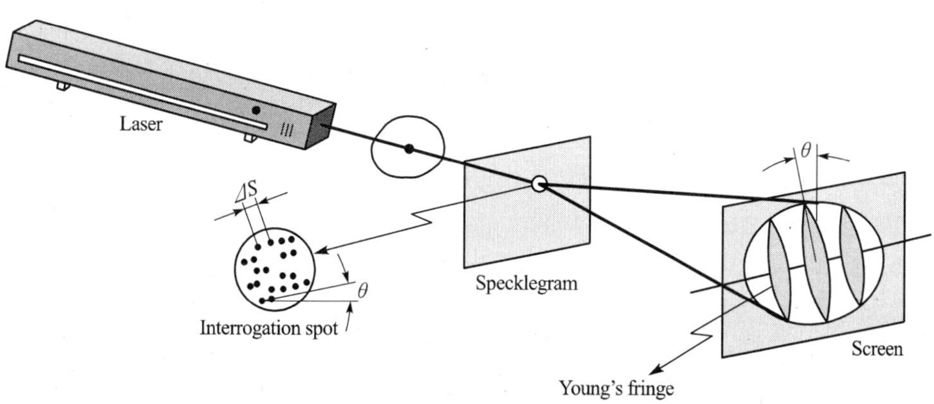

그림 10.30 자기상관법을 이용한 PIV의 원리

픽셀수로 환산하여 시간 간격으로 나누어줌으로써 유속을 산출한다. 연속적인 비디오 촬영으로 전 공간에 대한 비정상상태의 유속측정도 가능하다.

쉽게 얘기해서 각 입자들이 짧은 시간(Δt)동안 이동한 변위(ΔS)로부터 각 방향으로 속도 성분을 계산한다. 입자가 그리 많지 않을 때는 각 입자를 추적하여 위치 변동을 알 수 있으나, 입자가 많을 때는 서로 간섭이 일어나고 개별 입자의 추적이 불가능하므로 여러 가지 영상 해석방법을 이용하여 속도분포를 구한다.

저밀도 PIV를 PTV(Particle Tracking Velocimetry)라고 부르며, 입자들 사이의 간섭이 거의 일어나지 않은 상태에서 속도를 계산하는 방법이다. 여기에는 단일 프레임법과 다중 프레임법이 있다. 단일 프레임법에는 노출시간을 길게 하여 입자들의 궤적을 형성시키는 방법과 여러 개의 펄스로 코딩하는 방법이 있다. 이중 또는 다중 프레임법은 일정한 시간 간격으로 연속되는 몇 개의 화상을 기록하여 통계적인 방법에 의해 속도를 계산하는 방법이다.

고밀도 PIV는 PTV와 뒤에 설명할 LSV의 중간 정도의 입자밀도를 갖는다. 전체 화상을 여러 개의 작은 미세조사구간(interrogation spot)으로 나누어, 각 구간 내에 있는 입자들(어느 것이 어디서 온 것인지 구별되지 않는 입자들)의 평균변위를 구하는 방법이다. 단일 프레임을 이용하는 자기상관관계(auto-correlation)법과 영의 프린지(Young's fringe)법이 있고, 연속되는 2개의 프레임에 의한 상호상관관계(cross-correlation)법이 있다.

LSV(Laser Speckle Velocimetry)는 입자밀도가 너무 높아서 개별입자의 구분이 불가능할 뿐 아니라 산란광이 겹쳐서 나타나게 된다. 이때 무질서하게 분포된 입자들 간의 상호 간섭패턴을 레이저 스페클(laser speckle)이라고 하는데, 이로부터 푸리에 변환이나 영상패턴 인식 알고리즘 등을 이용하여 입자 군의 변위를 계산하는 방법이다.

PIV는 가시화 화상을 필름이나 디지털 영상으로 기록하고 이를 매우 많은 미세조사구간으로 분할하여 각각의 구간 내에서 평균속도를 구해야 하므로 많은 계산시간을 필요로 하지만, 한 번의 촬영으로 많은 점에서 속도 데이터를 측정할 수 있으며 연속적인 촬영으로 전 공간에 대한 비정상상태의 유속측정이 가능하다.

PIV의 역사는 그리 오래되지 않았지만 최근 고해상도의 디지털 비디오와 컴퓨터의 발달로 급속히 발전하고 있다. 한 순간의 전체적인 유속분포를 측정할 수 있다는 점에서 한 점에서만 유속측정이 가능한 LDV보다 우수하며 측정 정확도도 이에 필적할 정도로 발전하였다. 현재 인식률과 정확도를 높이기 위한 각종 알고리즘의 개발, 홀로그램(hologram)을 이용한 3차원 유속측정기술의 개발 등 연구가 매우 활발하게 진행되고 있다.

10.5 유동가시화 장치의 실제

1) 수소기포 발생장치 (Hydrogen bubble generator)

물속에 두 전극을 담그고 직류 전압을 걸어주면 물은 전기분해가 일어나 음극(cathode)에서는 수소기포가 발생하고 양극(anode)에서는 산소기포가 발생한다. 산소에 비해 크기가 무척 작은 수소기포를 트레이서로 이용하는 방법이다. 관측하고자 하는 유동에 수직방향으로 가느다란 전선을 두어 음극으로 사용한다. 전선은 0.01~0.02 mm 정도의 백금선이나 스테인리스 강선으로 만든다. 여기에 전압을(250~300 V) 걸어주면 음극 전선을 따라 발생한 수소기포가 전선에서 떨어져 유동을 따라 흘러간다. 유체는 주로 물을 사용하는데 전기 전도성을 높이기 위하여 $NaSO_2$(sodium sulfate)와 같은 전해질을 첨가한다. 양극은 보통 넓은 구리판을 사용하며 수조 내에서 멀리 떨어진 곳에 담가 놓는다.

전극에 일정한 시간 간격으로 펄스형태로 전압을 걸어주면 전선과 나란한 선이 발생하여 유동에 실려 가는데 이것을 time-line이라고 한다. 또한 음극 전선의 표면을 락카 등으로 도포하여 절연시킨 채 일부만을 노출시키고 전압을 연속해서 걸어주면 그 부분에서 발생한 수소기포가 얇은 띠를 형성한다. 이것은 유맥선(streakline)에 해당한다.

2) 煙 발생장치 (Smoke generator)

공기 중에서 눈에 잘 보이기 위해서는 연기(smoke)가 희고 밀도가 높아야 한다. 스모크로 사용되는 것에는 여러 가지가 있으나 보통 파라핀이나 오일 등을 연소시키거나 증발시켜 발생하는 연기를 작은 구멍을 통하여 유동의 상류 측에 분사하여 실험모델 주위의 유동을 가시화한다. 연기는 고체나 액체상 입자들로서 풍동이나 모델 주위에 부착하는 경향이 있다. 또 태워서 발생한 연기는 대개 냄새가 지독하거나 인체에 해로운 성분을 포함한 경우가 많다.

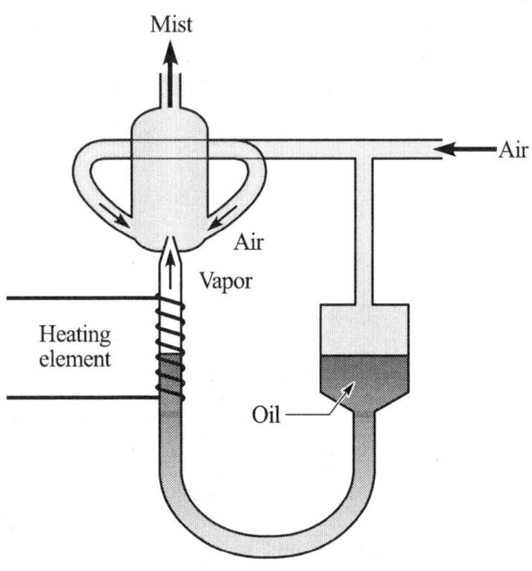

그림 10.31 연발생장치

다른 모든 이물질 첨가법에 공통되는 이야기지만 방출되는 연기의 분사속도를 주위의 유동속도와 유사하게 하여 유동의 교란을 최소화하여야 한다.

3) 스모크 와이어 (Smoke wire)

관측하고 싶은 기류 중에 가는 금속선(약 0.1 mm)을 설치하여 그곳에 기름을 누포하면 표면에 유막을 형성하거나 표면장력에 의해 보다 작은 유적으로 되어 거의 등간격으로 금속세선에 부착하게 된다. 이때 금속세선에 전류를 흘려 가열시키면 기름이 기화되거나 연소되면서 흰 연기가 발생하여 유동장을 가시화할 수 있다. 감지할만한 충분한 빛을 얻기 위해서는 스모크 입자의 직경이 0.15 μm 보다는 커야 한다(참고로 담배연기의 크기는 0.2~0.4 μm 이다). 오일을 연소시켜서 스모크를 발생시킬 경우 인체에 해로운 성분이 발생하기 때문에 상용되고 있는 연발생장치의 대부분은 보다 안전한 탄화수소유의 기화를 이용하고 있다. 이러한 기름들 중에서 등유가 평균 입자크기, 광산란 특성, 기화온도, 그리고 연소성 측면에서 유리하므로 많이 사용되고 있다.

4) 포그발생장치 (Fog generator)

스모크를 이용하는 경우 실험실의 환기를 잘 하여야 하고, 입자가 벽면이나 물체에 부착하므로 실험 후 청소를 해야 하는 불편함이 있다. 특히 클린룸과 같이 청정을 요구하는 곳에서 연발생장치를 사용하는 것은 곤란하다.

수증기를 이용하여 인체에 무해하며 벽면에 부착되더라도 증발하여 찌꺼기를 남기지 않는 연무(fog)를 발생시키는 장치를 포그발생장치(fog generator)라고 한다. 가습기와 같은 것도 그 일종이라고 볼 수 있다. 여기서는 클린룸 등에서 사용되는 것을 소개한다. 증류수를 끓여서 발생한 수증기를 액체질소에 담가 통과시키면 수증기는 응축 또는 응고하여 하얀 안개와 같은 포그(fog)를 생성하게 된다. 수증기의 발생량과 액체질소 내의 통과깊이 등에 의하여 포그의 상태가 결정되는데, 분출되는 포그의 입자크기나 온도 등을 적절히 조절하여 부력에 의한 영향을 최소화하도록 하여야 한다.

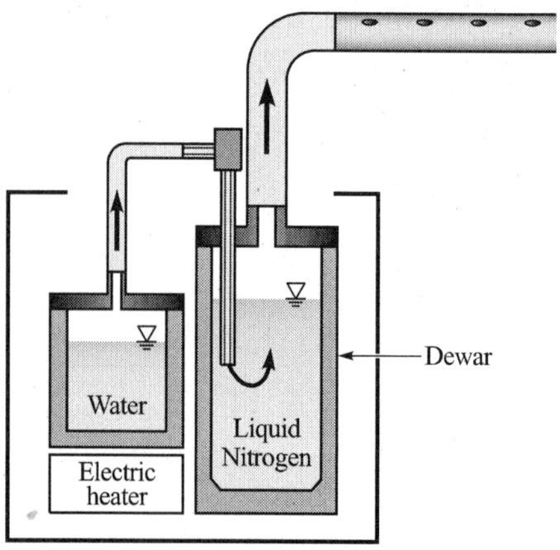

그림 10.32 포그 제너레이터(fog generator)

5) 입자 발생장치 (Particle generator)

입자 발생장치에는 액체입자를 발생시키는 것과 고체입자를 단순히 분사시키는 것이 있다. 액체입자 발생장치(liquid particle generator)는 압축공기를 이용하여 액체를 액적형태로 만든다. 압축공기가 올리브오일 등과 같은 액체 중을 통과하면 오일은 서로 충돌하면서 크고 작은 입자들로 부서진다. 큰 입자들은 벽면에 부착하여 원래의 위치로 되돌아가지만, 작은 입자들은 압축공기에 실려 외부로 빠져나간다. 스모크보다는 인체에 해롭지 않으나 오일 입자들이 실험실 벽면 등에 부착하여 끈끈해질 수 있다.

고체입자 발생장치(solid particle generator)는 주어진 가루들을 균일하게 분사시켜 주는 역할을 한다. 유동가시화에 사용되는 고체 입자로 송화가루, 플라스틱 가루, 알루미늄 가루 등이 있다. 압축공기를 이용하여 이러한 입자들을 부유시켜 가시화하고자 하는 위치에 분사시킨다. 이러한 입자들의 밀도는 보통 공기보다 수십 배에서 수천 배에 이르기 때문에 입자의 직경이 큰 경우 유동을 충실히 따라가지 못한다.

6) 헬륨버블 발생장치 (Helium bubble generator)

입자의 밀도가 유체의 밀도와 다르면 중력에 의하여 침강하게 되고 관성력에 의하여 유선을 충실히 따라가지 못한다. 특히 공기유동을 가시화하기 위한 입자들은 대부분 공기의 밀도보다 상당히 크므로 유동속도가 느린 경우에는 중립 부력(neutral buoyant)을 갖게 하는 것이 중요하다. 또한 입자의 직경에 비하여 관측공간이 넓은 경우 개별입자에 대한 인식은 불가능하다. 입자영상 유속계에서와 같이 개별 입자에 대한 구분을 필요로 하는 경우에 좀 더 커다란 입자가 필요하다.

헬륨버블이란 일종의 비눗방울로서 내부에 공기보다 가벼운 헬륨을 집어넣음으로써 비눗방울 자체의 무게를 상쇄하고자 하는 것이다. 비교적 대공간에서 느린 유동을 가시화하기 위하여 많이 사용된다.

chapter 10

연습문제

10.1 유속이 2 m/s인 물 흐름에 의한 동압은 수두로 얼마인가?

10.2 유속이 2 m/s인 공기유동에 의한 동압은 수두로 얼마인가?

10.3 피토관을 이용하여 30℃, 1.0 atm의 공기유속을 측정하고 있다. 피토관은 유속과 나란하게 설치되어 있으며, 측정된 동압의 크기가 30 mm일 때, 유속을 계산하라.

10.4 벤투리관의 원관직경과 목직경은 각각 26 mm, 13 mm이다. 목부분에서의 Reynolds수가 10^6이 되기 위해서는 물의 유량은 얼마이며, 이때 측정되는 압력차는 얼마인가?

10.5 덕트 내의 공기 속도를 측정하고자 피토관에 마노미터를 연결하고 동압에 의한 물기둥 높이차 h를 측정하니 25 mm이었다. 공기의 밀도는 1.2±0.05 kg/m^{3}이고 h의 측정상의 오차는 ±0.1 mm라고 하면 공기의 속도는 얼마이며, 이때의 유속 측정상의 오차는 얼마인가?

10.6 위 문제에서 나머지 조건은 동일할 때, 물기둥 높이 차를 $h=2\pm0.1\ \mathrm{mm}$로 하여 공기속도와 그의 오차를 구하라. 유속이 빠를 때와 느릴 때 동일한 h 측정상의 오차 Δh가 유속측정에 미치는 영향에 관하여 설명하라.

10.7 직경이 3 mm이고 길이 150 mm인 원관 200개로 이루어진 층류유량계를 통하여 유량 0.5 L/s의 물이 흐르고 있다. 이때 나타나는 압력차를 구하라 (물의 밀도 $\rho=1000\ \mathrm{kg/m^3}$, 동점성 계수 $\nu=1.0\times10^{-6}\ \mathrm{m^2/s}$).

10.8 초음파유량계를 이용하여 직경이 50 mm인 원형 관에 흐르는 물의 유량을 측정하고자 한다. 주파수 500 kHz의 초음파를 30도의 각도로 주사하여 측정된 도플러 주파수 편이가 3300 Hz이었다면 원관 내의 유량을 구하라 (물에서의 음속은 1200 m/s로 한다).

10.9 열질량 유량계를 이용하여 물의 유량을 측정하기 위하여 20 W의 열량을 공급하면서 상하류의 온도차를 측정하니 1.4℃이었다. 이때 질량유량을 구하라.

10.10 직경이 1 μm 이고 밀도가 850 kg/m^{3}인 올리브유 입자가 유동가시화에 이용되고 있다. 이 입자의 공기 중 침강속도를 구하라.

10.11 He–Ne 레이저($\lambda = 632.8\ \mathrm{nm}$)광이 15도의 각도로 교차할 때 생성되는 프린지의 간격을 구하라. 또 여기에 수직으로 3 m/s의 속도로 통과하는 입자에 의하여 발생하는 편이 주파수는 얼마인가?

10.12 20℃, 1.013×10^5 Pa의 공기유속 20 m/s에 대하여 나타나는 전압을 베르누이 방정식을 이용하여 구하라. 또 압축성 유동에 대한 식을 이용하여 계산한 전압과 비교하라. 공기의 음속은 $a = \sqrt{\gamma R_{air} T}$ 이고 γ는 비열비, R_{air} = 287 J/kg℃, T는 절대온도이다.

10.13 피토관을 이용하여 유속을 측정할 때, 유속이 작은 경우에는 압축성 유동에 사용되는 식이 비압축성 유동에 사용되는 식(베르누이 방정식)과 같아지는 것을 보여라.

10.14 상단의 압력어 800 kPa±1%이고 온도가 50±1℃인 질소의 질량유량을 측정하기 위하여 소닉노즐을 이용하였다. 노즐의 직경은 20 mm이고 노즐 하단의 압력은 100 kPa이다. 또 노즐의 송출계수를 0.97±0.5%라고 할 때 노즐을 통한 질량유량 kg/s과 이의 불확도를 구하라.

CHAPTER 11

온도의 측정

(Temperature Measurements)

Mechanical Measurements

CHAPTER

11 온도의 측정

덥다 또는 춥다라고 하는 감각적인 측면에서 온도를 나타내기 위하여 실용적인 온도가 정의되어 있다. 또한 열역학적으로 분자의 운동에너지를 나타내기 위하여 절대온도가 정의되어 있다. 여기서는 분자활동 강도를 나타내는 온도의 측정원리와 다양한 형태의 온도계를 소개한다.

11.1 이상기체 온도계

이상기체 방정식은 압력과 체적 그리고 온도의 관계를 설명한다. 온도의 정의가 확립되지 않은 초기단계에는 이상기체 방정식이란 온도를 정의하기 위한 식이라고 생각하였다. 기체의 분자운동이 활발해지면 압력과 체적이 증가한다. 즉, 온도란 압력과 체적의 곱에 비례하는 양으로 정의하였다. 절대온도 0도의 상태는 분자활동이 정지하여 기체의 압력과 체적이 모두 0인 상태이다.

$$PV = mRT \tag{11.1}$$

여기서, m은 기체의 질량이고, R은 기체상수로서 공기의 경우 287 J/kgK이다. 가스압력 온도계는 이와 같은 이상기체의 성질을 이용한 것으로 일정한 체적을 갖는 용기 내에 이상기체에 가까운 기체를 주입하고 압력변화를 측정하여 온도를 측정한다. 기준온도 T_{ref}에서의 압력을 P_{ref}라고 하면 온도 T는 이상기체 방정식으로부터 압력 P에 비례한다.

$$T = \frac{P}{P_{ref}} T_{ref} \tag{11.2}$$

마찬가지 방법으로 압력을 일정하게 유지하는 상태에서 기체의 체적을 측정하여 온도를 측정하는 경우도 있다. 이 경우 온도는 체적 V에 선형적으로 비례한다.

$$T = \frac{V}{V_{ref}} T_{ref} \tag{11.3}$$

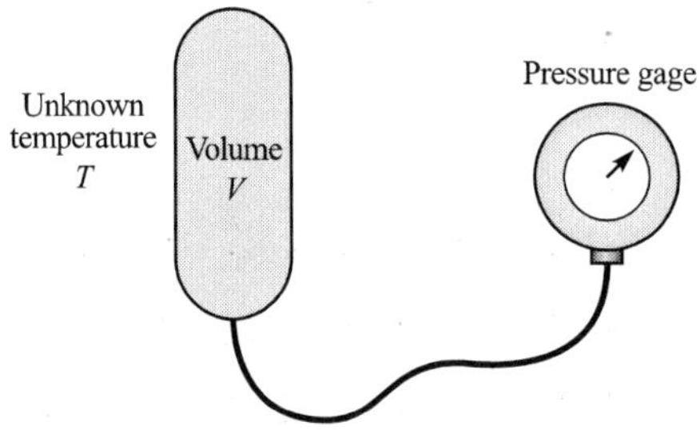

그림 11.1 이상기체 온도계

11.2 열팽창에 의한 온도 측정

1) 유리막대 온도계 (Liquid-in-glass thermometer)

온도에 따라 밀도가 변화하는 액체를 유리막대에 넣어 막대의 눈금변화를 읽음으로써 실용적인 측면에서의 온도를 측정한다. 수은이나 알코올이 많이 이용되고 있다. 여기서 결과로서 나타나는 것은 유리와 내부 액체와의 부피변화의 차에 의한 것이다.

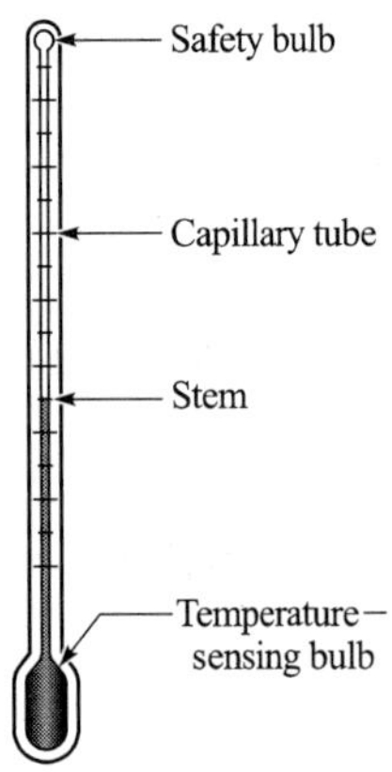

그림 11.2 유리막대 온도계

$$v = v_o[1 + \beta(T - T_o)] \tag{11.4}$$

여기서, β는 액체의 유리에 대한 겉보기 체적열팽창계수이고 v는 액체의 체적으로서 유리막대의 높이 변화로 나타난다. 하첨자 o는 기준 상태를 의미한다.

2) 바이메탈 온도계 (Bimetal thermometer)

열팽창율이 다른 두 개의 금속을 접합하면 온도변화에 따라 길이변화에 차이가 생겨 한쪽 방향으로 구부러지게 된다. 바이메탈 온도계는 on/off 온도조절기 등에 많이 사용되고 있다. 온도차 ΔT에 대하여 발생하는 자유단의 변위 δ와 스파이럴형이나 헬리컬형의 경우 자유단의 중심에 대한 각도 변화 θ는 각각 다음의 식으로 표현된다.

$$\delta = K_1 \frac{L^2 \Delta T}{t} \tag{11.5}$$

$$\theta = K_2 \frac{L \Delta T}{t} \tag{11.6}$$

여기서, L은 길이, t는 두 금속 간의 두께, 그리고 ΔT는 평형상태로부터의 온도차이다.

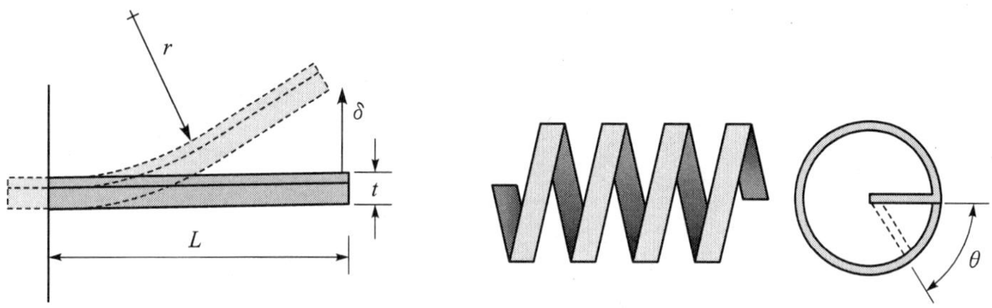

(a) 평판형　　(b) 스파이럴형

그림 11.3 바이메탈 온도계

11.3 전기저항에 의한 온도 측정

온도의 변화에 따라 물체의 전기적인 저항이 변화하는 성질을 이용하여 만든 온도계를 저항온도계(resistance thermometer)라고 하고, 여기에는 금속을 이용한 RTD와 반도체를 이용한 서미스터(thermistor)가 있다.

1) 저항온도계 (RTD)

금속은 온도가 올라가면 전기저항이 커진다. 이것은 백열전등이 스위치를 켜는 순간 필라멘트가 가열되지 않은 상태에서 잘 끊어지는 사실로부터도 알 수 있다. 상온에서 백열전등의 저항값은 가열된 상태에서의 저항값에 비하여 작기 때문에 순간적으로 많은 전류가 흐른다. 여러 금속의 온도저항계수와 비저항값이 부록 표 A.2에 나타나 있다. 측온 저항체로 사용되는 금속으로는 백금, 니켈, 구리 등이 있다. PT100 Ω은 백금선으로 제작된 0℃에서 100 Ω의 저항을 내는 표준적인 RTD(resistance temperature detector)로서 가장 많이 사용되고 있다.

$$R = R_o[1+\alpha(T-T_o)] \tag{11.6}$$

RTD의 경우에는 저항값이 100 Ω 근처이고 온도 변화에 따라 저항 변화가 그리 크지 않기 때문에 정확한 저항의 측정을 요한다. 특히 측정위치로부터 멀리 떨어진 곳에서 저항을 측정해야 하는 경우 연장 전선의 저항에 의한 오차가 발생할 수 있다. 이 경우 3선식이나 4선식 등의 저항측정방법을 이용하여 보다 정확하게 저항을 측정할 필요가 있다.

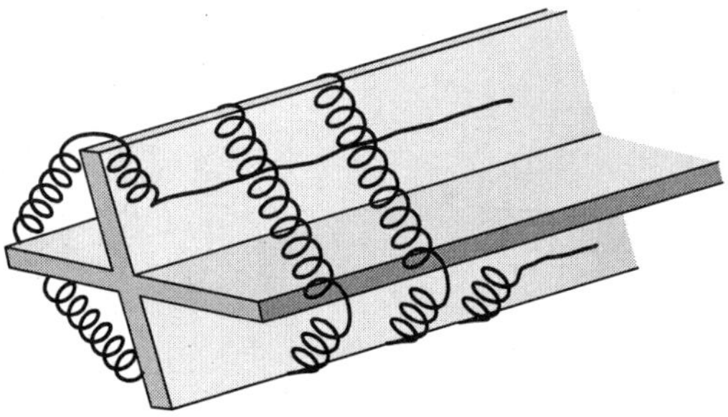

그림 11.4 권선형 RTD의 내부

표 11.1 백금 저항온도계 RTD : 저항-온도 (U.S. 보정)[a]

T(℃)	R(Ω)	T(℃)	R(Ω)	T(℃)	R(Ω)
−100	59.57	70	127.54	240	191.99
−90	63.68	80	131.42	250	195.67
−80	67.78	90	135.30	260	199.35
−70	71.85	100	139.16	270	203.01
−60	75.91	110	143.01	280	206.66
−50	79.96	120	146.85	290	210.30
−40	83.99	130	150.68	300	213.92
−30	88.01	140	154.49	310	217.54
−20	92.02	150	158.29	320	221.14
−10	96.01	160	162.08	330	224.74
0	**100.00**	170	165.86	340	228.32
10	103.97	180	169.63	350	231.89
20	107.93	190	173.39	360	235.44
30	111.87	200	177.13	370	238.99
40	115.81	210	180.86	380	242.52
50	119.73	220	184.58	390	246.05
60	123.64	230	188.29	400	249.56

[a] R=0℃에서 100 Ω

2) 서미스터 (Thermistor)

망간, 니켈, 코발트, 철, 구리 등의 산화물 분말을 혼합하여 비드형, 로드형, 디스크형으로 소결한 것을 서미스터라고 하며 -100℃에서 300℃ 범위까지를 측정하는데 이용되고 있다. 저항값이 수천에서 수만 Ω의 범위를 갖기 때문에 RTD에서 보였던 연장선이나 접촉저항에 의한 오차가 상대적으로 작다. 또한 RTD의 경우는 잔류응력이 없도록 제작하고 고순도 금속을 이용함으로써 제조원가가 높고 정밀한 저항 측정장비가 요구되는 반면, 서미스터는 값싼 재료로 제작되기 때문에 저렴하여 널리 이용되고 있다. 그러나 RTD와 같이 순수금속을 사용하는 경우에는 제작자에 관계없이 표준적인 온도계의 제작이 가능하나 서미스터와 같이 복합물질은 제작자에 따라 달라질 수 있으며 표준화작업이 어렵고 각각의 서미스터에 대하여 개별적인 보정곡선이 필요하다. 서미스터에 대한 온도-저항함수는 일반적으로 다음의 관계로 주어진다.

$$R = R_o e^{\beta\left(\frac{1}{T} - \frac{1}{T_o}\right)} \tag{11.7}$$

여기서, R은 온도 $T(K)$에서의 저항이며 R_o는 기준온도 $T_o(K)$에서의 저항이다. 그리고 상수 β는 서미스터의 등급이나 형태에 의존한다.

서미스터는 보통 온도가 증가함에 따라 저항이 감소하는 부 온도계수 서미스터(NTC : negative temperature coefficient thermistor)를 지칭하며, 정 온도계수 서미스터(PTC : positive temperature coefficient thermistor)와 온도에 따라 저항이 급격히 변화하여 스위칭 소자로 이용되는 임계온도저항체(CTR : critical temperature resistor)가 있다.

RTD와 서미스터를 비교하면 다음과 같다.

- RTD의 경우에는 온도가 증가할수록 전기 저항이 증가하나 서미스터의 경우에는 큰 폭으로 감소한다(NTC).
- 저항-온도관계는 RTD의 경우 선형적이고 서미스터는 비선형적이다.
- 측정 가능한 온도범위는 RTD의 경우가 서미스터보다 넓다.
- RTD는 서미스터보다 시간적으로 안정되어 있어서 이력현상이 적다.

11.4 열전현상에 의한 온도 측정

2개의 다른 금속이 연결되어 있는 연결 부위에 온도차가 주어지면 2개의 금속은 각기 다른 기전력(emf)을 발생한다. 이것을 제벡효과(Seebeck effect)라고 하고, 이를 이용하여 온도 측정을 하기 위한 금속선의 쌍을 열전대(thermocouple)라고 한다. 여기에 전류발생에 의한 펠티에효과(Peltier effect)와 온도구배에 의한 톰슨효과(Thomson effect)가 추가적으로 발생한다. 열전대로서 어떠한 금속선의 쌍을 이용하여도 무방하나 가능하면 서로 큰 기전력을 낼 수 있는 쌍을 이용한다. 표 11.2는 백금에 대한 여러 가지 금속의 상대적인 열전 감도를 보여주고 있다.

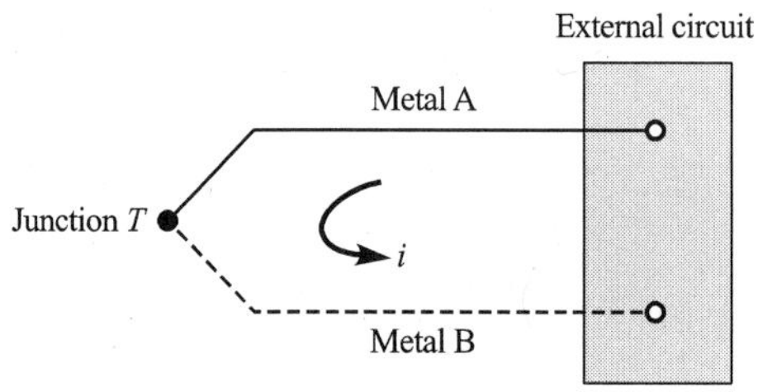

그림 11.5 2개의 상이한 금속에 의한 열전현상

표 11.2 백금에 대한 금속의 열전 감도 $S = dE/dT$ ($\mu V/℃$)

Metal	S	Metal	S
Bismuth	−72	Silver	6.5
Constantan	−35	Copper	6.5
Nickel	−15	Gold	6.5
Potassium	−9	Tungsten	7.5
Sodium	−2	Cadminum	7.5
Platinum	0	Iron	18.5
Mercury	0.6	Nichrome	25
Carbon	3	Antimony	47
Aluminum	3.5	Germanninum	300
Lead	4	Silicon	440
Tantalum	4.5	Tellurium	550
Rhodium	6	Selenium	900

Source : Lion, K. S., "Instrumentation in Scientific Research", McGraw-Hill, 1959. Reference junction kept at a temperature of 0℃

열전 회로의 해석에 있어서 다음과 같은 두 가지 기본 법칙이 적용된다.

1. **중간금속의 법칙**(Law of intermediate metals) : 열전회로 중간에 제3의 금속이 연결되어 있더라도 동일한 온도에 있으면 기전력(emf)에 아무런 영향을 미치지 않는다. 이 법칙에 따라 열전대의 접점을 납땜을 하여 만들 수 있고, 또한 열전대의 종류에 관계없이 구리선을 연장선으로 사용할 수 있다.
2. **중간온도의 법칙**(Law of intermediate temperatures) : 두 온도차에 의한 기전력은 각각의 온도차에 의한 기전력의 합과 같다. 또는 열전대의 중간이 부분적으로 다른 온도에 있더라도 기전력(emf)에는 영향을 미치지 않는다.

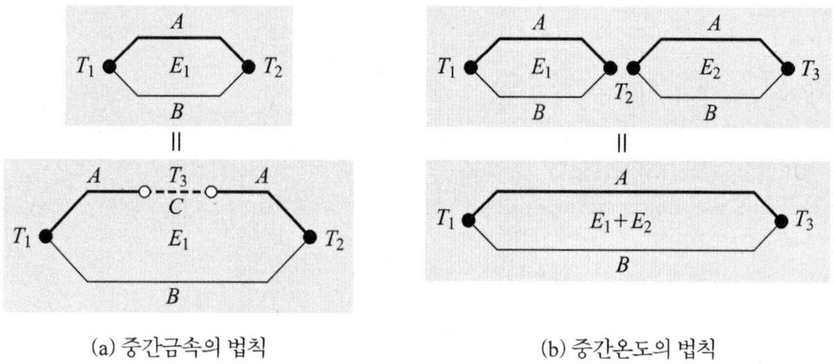

그림 11.6 중간금속의 법칙과 중간온도의 법칙

흔히 사용되고 있는 열전대의 종류와 사용온도 범위가 표 11.3과 그림 11.7에 나타나 있다. 또한 이들 열전대에 대한 기전력이 표 11.4에 나타나 있다. 실제 열전대는 다양한 불순물을 함유하고 있기 때문에 기전력에 있어서 이 표와 약간의 차이가 발생할 수 있다.

표 11.3 열전대의 종류

Type	Material		Temperature Range
	Positive (+)	Negative (−)	
B	Platinum + 30% Rhodium	Platinum + 6% Rhodium	0 ~ 1,820℃
E	Chromel	Constantan	−270 ~ 1,000℃
J	Iron	Constantan	−210 ~ 760℃
K	Chromel	Alumel	−270 ~ 1,370℃
R	Platinum + 13% Rhodium	Platinum	−50 ~ 1,768℃
S	Platinum + 10% Rhodium	Platinum	−50 ~ 1,768℃
T	Copper	Constantan	−270 ~ 400℃

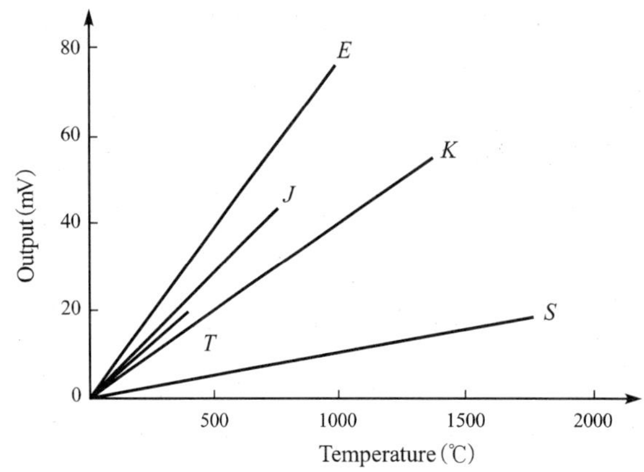

그림 11.7 열전대의 출력

표 11.4 열전대의 mV 출력 (기준온도 0℃)

Temperature (℃)	Thermocouple type					
	T	E	J	K	R	S
−250	−6.181	−9.719		−6.404		
−200	−5.603	−8.824	−7.890	−5.891		
−150	−4.648	−7.279	−6.499	−4.912		
−100	−3.378	−5.237	−4.632	−3.553		
−50	−1.819	−2.787	−2.431	−1.889		
0	0.000	0.000	0.000	0.000	0.000	0.000
20	0.789	1.192	1.019	0.798	0.111	0.113
40	1.611	2.419	2.058	1.611	0.232	0.235
60	2.467	3.683	3.115	2.436	0.363	0.365
80	3.357	4.983	4.186	3.266	0.501	0.502
100	4.277	6.317	5.268	4.095	0.647	0.645
120	5.227	7.683	6.359	4.919	0.800	0.795
140	6.204	9.078	7.457	5.733	0.959	0.950
160	7.207	10.501	8.560	6.539	1.124	1.109
180	8.235	11.949	9.667	7.338	1.294	1.273
200	9.286	13.419	10.777	8.137	1.468	1.440
220	10.360	14.909	11.887	8.938	1.647	1.611
240	11.456	16.417	12.998	9.745	1.830	1.785
260	12.572	17.942	14.108	10.560	2.017	1.962
280	13.707	19.481	15.217	11.381	2.207	2.141
300	14.860	21.033	16.325	12.207	2.400	2.323
350	17.816	24.961	19.089	14.292	2.896	2.786
400	20.869	28.943	21.846	16.395	3.407	3.260
450		32.960	24.607	18.513	3.933	3.743

Temperature (℃)	Thermocouple type					
	T	E	J	K	R	S
500		36.999	27.388	20.640	4.471	4.234
600		45.085	33.096	24.902	5.582	5.237
700		53.110	39.130	29.218	6.741	6.274
800		61.022		33.277	7.949	7.345
900		68.873		37.325	9.203	8.448
1000		76.368		41.269	10.503	9.585
1100				45.108	11.846	10.754
1200				48.828	13.224	11.947
1300				52.398	14.624	13.155
1400					16.035	14.368
1500					17.445	15.576
1600					18.842	16.771
1700					20.215	17.942

두 종류의 열전대 선을 연결하는 방법에는 여러 가지가 있다. 가장 간단한 방법은 두 가닥을 서로 꼬아서 접속시키는 방법으로 전기적 접촉이 확실하도록 하여야 한다. 유의해야 할 점은 접촉부분이 길게 나타나는 경우 온도측정점은 전선이 갈라지는 위치가 된다는 사실이다. 또 두 가닥의 열전대선을 납땜을 하여 연결하는 방법이다. 이 경우 작업이 간단하지만, 제3의 물질을 통하여 전기적 접촉이 이루어지므로 온도구배가 발생하는 경우 기전력에 있어서 약간의 오차가 발생할 수 있다. 가장 이상적인 방법은 두 전선을 전기적 용접을 통하여 접촉부분을 용융시켜 접속시키는 방법이다. 접점이 작고 둥글게 만들어지게 하는

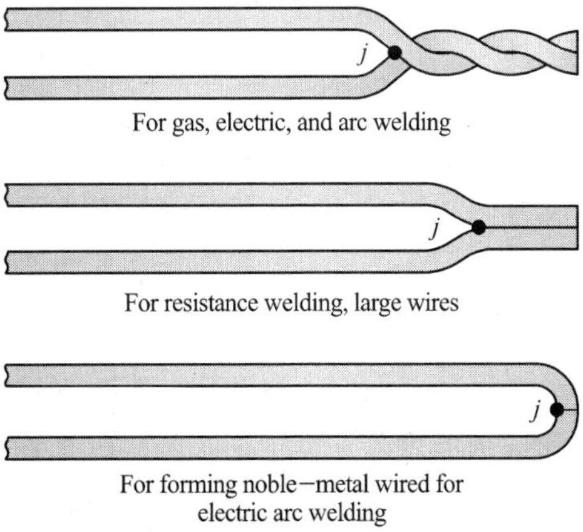

그림 11.8 열전대의 접점

것이 좋다. 전기용접 시 고온에서 열전대 선이 산화될 수 있으므로 질소나 아르곤가스 등으로 접점을 포위(shield)하여 작업하는 것이 좋다.

열전대에서 발생한 기전력을 측정하는 전형적인 열전 회로는 그림 11.9와 같다. 열전대란 기본적으로 두 접점 간의 온도 차이를 측정하는 것이다.

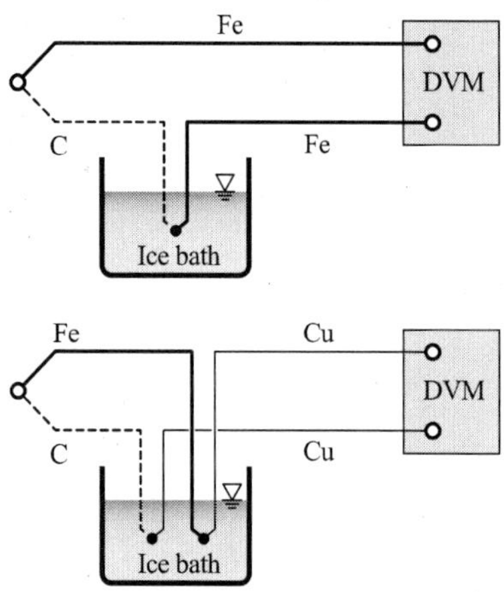

그림 11.9 열전대 온도 측정회로

두 회로는 모두 열전대 접점(bead)과 얼음수조(ice bath) 사이의 온도차를 측정한다. 얼음수조는 보온병에 잘게 부순 얼음조각을 넣고 물을 적당히 부어 만든다. 얼음수조를 사용하는 것이 불편하기 때문에 대신 등온블럭(isothermal block)을 사용하기도 한다. 이 경우에는 등온블럭의 온도를 알아야 하기 때문에 서미스터를 설치하여 기준온도를 측정해야 한다. 또한 요즈음에는 전자 빙점(electronic ice point)이 개발되어 있어서 얼음수조를 준비하거나 서미스터에 의한 기준온도를 측정할 필요 없이 간단한 온도 보상용 회로를 이용하여 편리하게 열전대를 이용할 수도 있다.

한 점의 온도를 측정하기 위하여 한 쌍의 열전대를 사용하는 경우가 대부분이지만 열전대를 직렬 또는 병렬로 연결하여 특수한 효과를 꾀할 수 있다. 첫째, 온도차가 미세하여 기전력의 크기가 미소할 경우 여러 개의 열전대를 직렬로 연결하여 기전력을 높여줌으로써 전압 측정을 용이하게 한다. 이러한 결합을 열전퇴(thermopile)라고 한다. n개의 열전대가 직렬로 연결되어 있는 경우 한 개에 의하여 발생하는 기전력 V_1의 n배로 나타난다.

$$V_n = n\,V_1 \tag{11.8}$$

또 병렬연결의 경우, 각각 접점의 온도는 서로 다르며 각각에서 발생하는 기전력도 서로 다르나, 전압측정장치에 나타나는 기전력은 평균 기전력에 해당한다. 따라서 측정하고자 하는 위치가 많을 경우 하나의 전압측정으로 평균온도를 구하기 위한 방법이다.

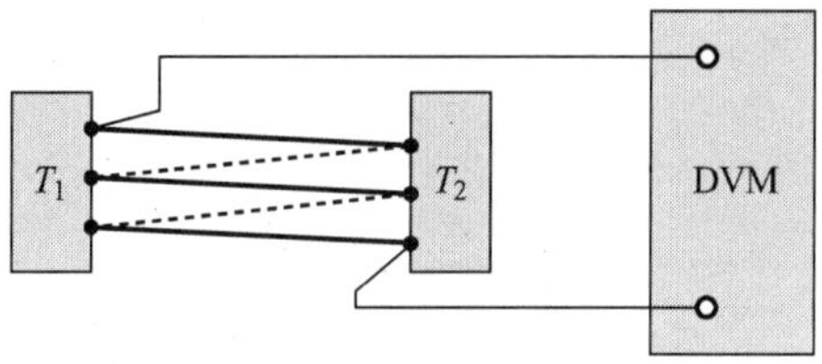

그림 11.10 열전대의 직렬연결

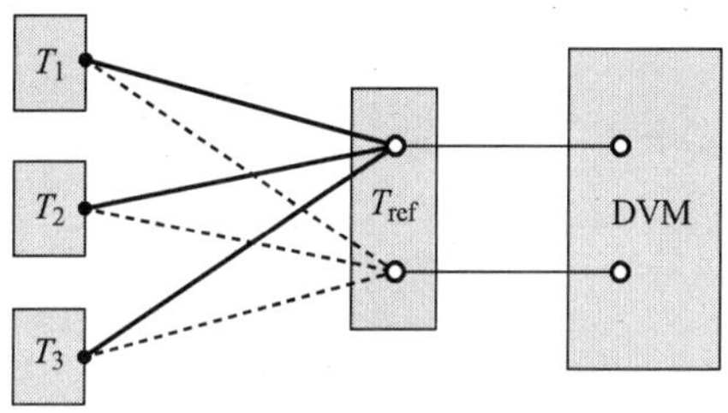

그림 11.11 열전대의 병렬연결

예제 11.1

철과 콘스탄탄으로 된 J-type 열전대를 이용하여 다음과 같은 회로를 구성하였을 때, 각 점에서의 emf 값을 나타내는 선도를 그려라. 철과 콘스탄탄, 그리고 구리의 백금에 대한 열전 감도는 아래 그림과 같다.

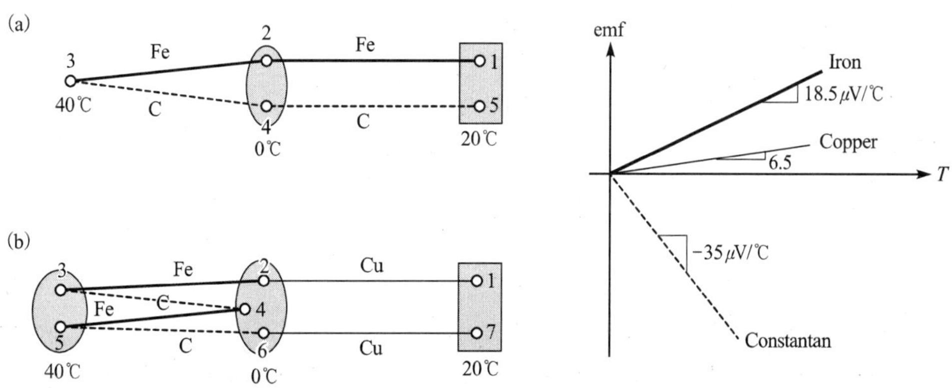

풀이

아래의 그림에서 점선은 콘스탄탄(C), 실선은 철(Fe), 그리고 가는 선은 구리(Cu)로서 위의 열전 감도 곡선과 나란하게 그리면 다음과 같이 각 점에서의 emf 값을 구할 수 있다.

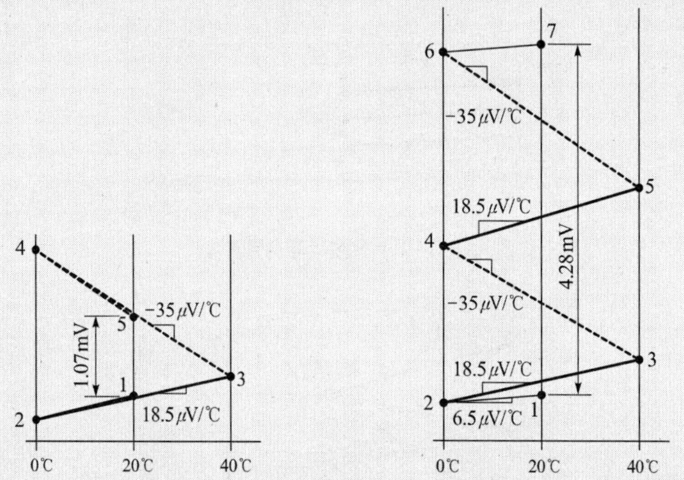

(a) emf = 20×(18.5+35) = 1.07 mV (b) emf = 80×(18.5+35) = 4.28 mV

11.5 복사에 의한 온도 측정

고온의 경우 온도계가 녹거나 타버리기 때문에 직접 접촉에 의한 온도측정은 거의 불가능하다. 온도에 따라 물체에서 발생하는 전자기파의 복사량을 감지하여 온도를 측정하는 광고온계(optical pyrometer)가 개발되어 있다. 물체에 의해 방출되는 전자기파의 주파수와 열방사량은 온도에 의하여 결정된다. 이상적인 흑체에서 발생하는 단위면적당 열방사량은 스테판-볼츠만의 법칙에 의하여 절대온도의 4제곱에 비례하는 것으로 알려져 있다.

$$E_b = \sigma T^4 \tag{11.9}$$

여기서, 온도 T는 절대온도이며 σ는 Stefan-Boltzmann 상수로서 5.67×10^{-8} W/m^2K^4의 값을 갖는다. 회체(gray body)인 경우의 열방사량은 흑체의 방사량에 방사율(emissivity) ε를 곱하여 구한다. 열복사에 의한 스펙트럼의 분포는 물체의 절대온도에 의하여 결정되며 흑체인 경우 다음과 같이 Planck식으로 표현된다.

$$E_{b\lambda} = \frac{C_1 \lambda^{-5}}{e^{C_2/\lambda T} - 1} \tag{11.10}$$

여기서, $E_{b\lambda}$는 단파장의 방사도로서 파장 $\Delta\lambda$의 좁은 밴드 내의 방사량을 나타내며 상수 C_1과 C_2는 각각

$$C_1 = 2\pi h c^2 = 3.743 \times 10^8 \ W\mu\text{m}^4/\text{m}^2,$$

$$C_2 = \frac{hc}{k} = 1.4387 \times 10^4 \ \mu\text{m}\, K$$

이다. 물리상수는 다음과 같다.

$$h = \text{Planck 상수} = 6.6256 \times 10^{-34} \ \text{Js},$$

$$k = \text{Boltzmann 상수} = 1.3805 \times 10^{-23} \ \text{J/K},$$

$$c = \text{광속} = 2.998 \times 10^8 \ \text{m/s}$$

플랑크 식을 그래프로 그린 것이 그림 11.12와 같다. 주어진 온도에 대한 스펙트럼 분포를 보여주며 중간에서 최대 방사도를 보인다. 이 곡선 아래 면적을 적분한 것은 앞에서 설명한 Stefan-Boltzmann의 법칙이 된다. 또 약간의 수학 실력을 동원하면 이 곡선을 파장으로 미분하였을 때 미분값이 영이 되는, 즉 최대 방사도를 보이는 파장을 구할 수 있다. 최댓값을 보이는 파장은 다음 식과 같이 절대온도의 역수에 비례한다. 이것을 비인(Wien)의 법칙이라 한다.

$$\lambda_{\max} T = C_3 \tag{11.11}$$

여기서, 세 번째 상수 $C_3 = 2897.6\ \mu\text{m}\,\text{K}$이다. 즉, 온도가 올라가면 올라갈수록 최대 방사량을 보이는 파장은 짧아진다. 붉은 색 별보다는 파장이 짧은 푸른 색 별이 온도가 더 높은 별이라는 것을 뜻한다.

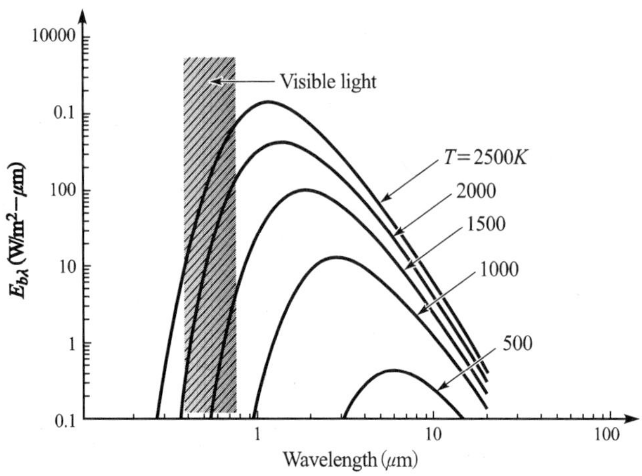

그림 11.12 흑체의 단파장 방사도 [참고문헌 31]

가시광선 내의 스펙트럼 분포 역시 온도에 의해 결정되는데, 이것을 이용한 것이 전통적인 광고온계이다. 측정하고자 하는 물체에서 발생한 온도범위로 필라멘트를 가열하여 필라멘트가 주위 스펙트럼과 유사하여 필라멘트가 보이지 않게 되면 물체의 온도는 그때의 필라멘트의 온도와 같다고 생각한다.

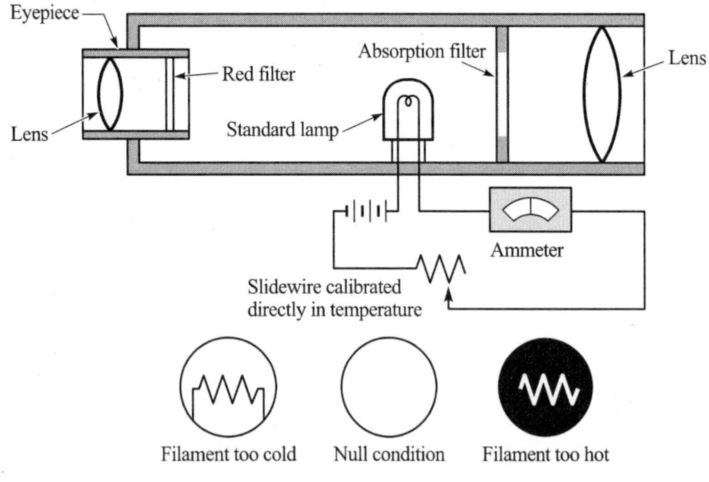

그림 11.13 광고온계의 구조 및 필라멘트의 현상

예제 11.2

태양의 평균표면온도는 대략 5800 K라고 한다. 흑체로 가정하여 태양에서 방출되는 단위면적당 열방사량을 구하라. 또 스펙트럼의 분포를 그리고 최대 방사도를 보이는 파장을 구하라.

풀이

태양의 단위표면적당 열방사량은 Stefan–Boltzmann의 법칙에 따라

$$E_b = \sigma T^4 = (5.67 \times 10^{-8})\, 5800^4 = 6.42 \times 10^7 \ \mathrm{W/m^2}$$

태양의 평균직경을 139만 km(지구의 109배)라고 하면 태양으로부터 우주로 방출되는 총 에너지량은

$$Q = (\pi d^2) E_b = \pi (1.39 \times 10^9)^2\, 6.42 \times 10^7 = 3.90 \times 10^{26}\ W$$

또 이로부터 지구 표면에 도달하는 태양에너지를 계산할 수 있다. 지구까지의 평균거리는 1.496×10^{11} m 이므로

$$q_{solar} = \frac{Q}{4\pi R^2} = \frac{3.90 \times 10^{26}}{4\pi (1.496 \times 10^{11})^2} = 1387\ \mathrm{W/m^2}$$

지구 수직표면에 도달하는 태양에너지를 태양상수(solar constant)라고 하는데, 실제 값은 1340 $\mathrm{W/m^2}$ (최근 값은 1367 $\mathrm{W/m^2}$)로서 여기서 계산한 것과 크게 다르지 않다.

최대방사도를 보이는 파장은

$$\lambda_{\max} = \frac{2897.6}{T} = 0.500\ \mu m$$

이므로 가시광선영역 0.35~0.75 μm 내에 들어가며 노란색과 초록색 중간 정도에 해당한다.

11.6 온도 측정상의 오차

1) 전도에 의한 오차 (Conduction error)

온도를 측정하기 위하여 물체에 부착된 온도계는 일종의 휜(fin) 역할을 하면서 물체로부터 주위로 추가적인 열전달을 유발시킨다. 즉, 측정하고자 하는 물체의 온도를 변화시키는 결과가 된다. 특히 얇은 판과 같이 측정하고자 하는 물체의 열용량이 작은 경우 이러한 영향이 크게 발생한다.

또한 유체의 온도를 측정하고자 하는 경우에도 온도계를 지지하고 있는 물체로부터 열이 전달되어 감온부의 온도를 변화시킴으로써 온도측정상 오차가 발생할 수 있다. 역시

휜(fin) 이론에 의하여 해석이 가능하다.

온도가 T_o인 표면에 길이 L인 휜이 부착된 경우 끝부분의 온도 T_{tip}은 끝이 단열된 휜 해석으로부터 다음과 같이 유도된다.

$$\frac{T_{tip} - T_\infty}{T_o - T_\infty} = \frac{1}{\cosh mL} \tag{11.12}$$

여기서, $m = hP/kA$로서 h는 대류열전달계수, k는 열전도율, P와 A는 각각 휜의 둘레 길이와 단면적이다. 즉, 이 식으로부터 감온부가 측정하는 온도 T_{tip}과 원래 측정하고자 하는 유체의 온도 T_∞와의 차이를 구할 수 있다.

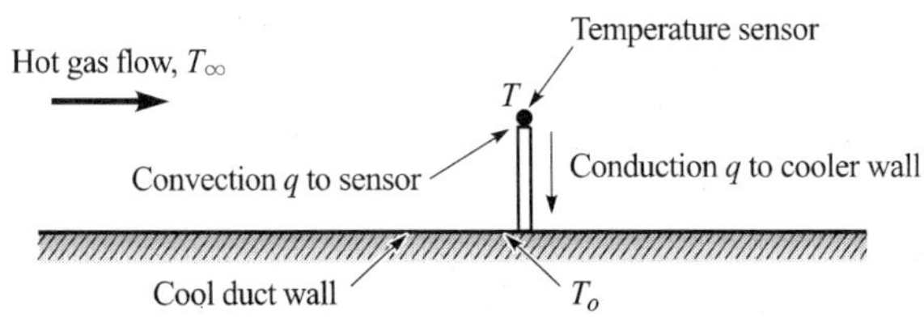

그림 11.14 전도에 의한 온도측정상의 오차

표 11.5 열전금속의 물리적 성질

Material	Density [kg/m³]	Thermal conductivity [W/m·K]	Specific heat [kJ/kg·K]
Alumel	8,600	30	526
Constantan	8,920	21	395
Chromel	8,730	19	450
Copper	8,930	377	385
Iron	7,870	68	447
Platinum	21,450	72	134
Platinum / 13% Rhodium	19,610	37	–
Platinum / 10% Rhodium	19,970	38	–

Source : McGee, D., Principles and Methods of Temperature Measurement, Wiley, 1988.

2) 복사에 의한 오차 (Radiation error)

기체중에 온도계를 설치하면 온도계는 주위 기체와 대류열교환이 이루어지고 주위 벽체와는 복사열교환이 이루어진다. 이때 온도계가 읽는 온도는 대류열전달과 복사열전달의 평형에 의하여 결정된다.

$$hA(T_\infty - T) = \sigma A \varepsilon (T^4 - T_w^4) \tag{11.13}$$

여기서, h는 대류열전달계수이며 A는 온도계의 표면적이다. T_∞와 T_w는 각각 기체의 온도, 벽체의 온도이다. 복사열전달은 절대온도의 4승에 비례하나 온도차가 크지 않을 때는 선형화할 수 있다.

$$\begin{aligned} T^4 - T_w^4 &= (T^2 + T_w^2)(T + T_w)(T - T_w) \\ &= \left[\frac{(T+T_w)^2}{2} + \frac{(T-T_w)^2}{2}\right](T+T_w)(T-T_w) \\ &= 4\left(\frac{T+T_w}{2}\right)^3\left[1-\left(\frac{T-T_w}{T+T_w}\right)^2\right](T-T_w) \\ &\approx 4\left(\frac{T+T_w}{2}\right)^3(T-T_w) \end{aligned} \tag{11.14}$$

이를 이용하면 온도계가 읽는 온도 T는 다음과 같이 표시된다.

$$T = \frac{hT_\infty + h_r T_w}{h + h_r} \tag{11.15}$$

여기서, h_r은 선형화된 복사열전달계수 $h_r = 4\sigma\varepsilon \overline{T}^3$이며, $\overline{T}$는 T와 T_w의 평균온도이다. 즉, 온도계는 주위 기체의 온도와 벽체온도를 열전달계수에 의하여 가중된 평균값을 읽는다.

이 두 온도가 상이한 경우, 벽체로부터 복사열전달이 기체의 온도 측정 시 오차를 유발한다. 온도계 표면의 방사율이 작고 온도계 주위의 대류열전달계수가 크면 복사에 의한 오차를 줄일 수 있다. 더욱 복사오차를 줄이기 위해서는 온도계 주위에 복사차단막 (radiation shield)을 설치한다.

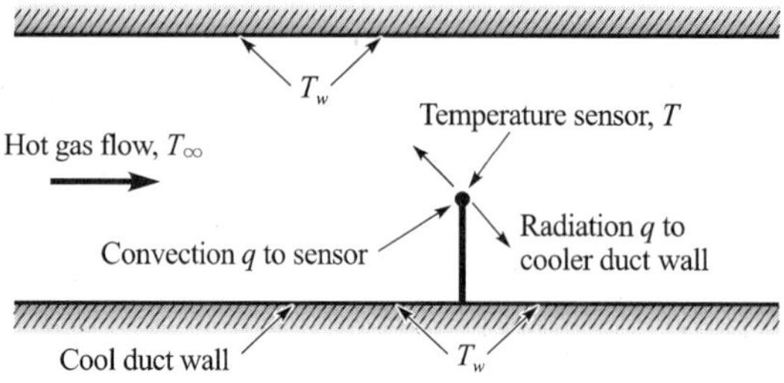

그림 11.15 기체온도측정 시 복사에 의한 오차

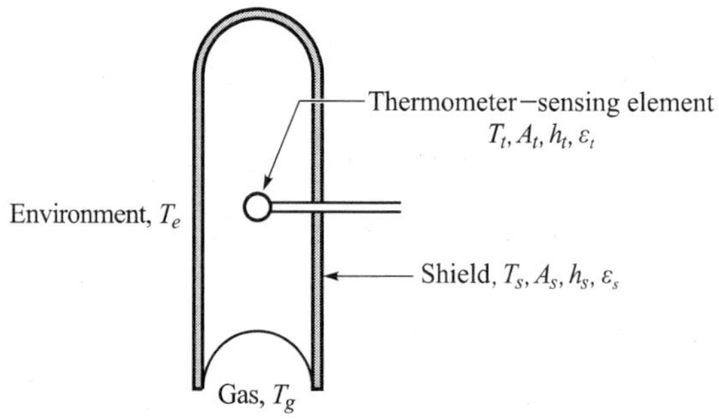

그림 11.16 복사오차를 줄이기 위한 복사차단막

3) 고속유동에 의한 오차 (Error by high speed flow)

고속의 유체가 온도계에 충돌하면 운동에너지는 열에너지로 바뀌어 온도 상승을 가져온다. 속도가 영일 때 이론적인 온도를 정체온도(stagnation temperature)라고 한다.

$$T_o = T_\infty + \frac{V^2}{2c_p} \tag{11.16}$$

여기서, c_p는 유체의 비열이다. 따라서 고속의 유체온도를 측정할 때 정체에 의한 온도 상승을 고려해야 한다. 실제 유체 중에 있는 온도계는 정체온도를 측정하지는 않는다. 운동에너지 중 일부만이 열에너지로 바뀌기 때문이다. 이론적인 운동에너지 중 열에너지로 바뀐 비율을 회복계수(recovery factor)라고 하며, 이때의 온도를 회복온도(recovery temperature)라고 한다.

$$r = \frac{T_r - T_\infty}{T_o - T_\infty} \tag{11.17}$$

회복계수는 온도계의 형상에 따라 바뀌나 대체적으로 0.6에서 1.0의 값을 갖는다. 열전대의 경우 유동방향에 직각으로 놓여 있는 경우에는 $r = 0.68$이고, 유동방향과 나란히 놓여 있는 경우에는 $r = 0.86$ 정도로 알려져 있다.

4) 비정상 오차 (Transient error)

시간에 따라 온도가 변화하는 경우 온도계의 반응속도가 충분히 빠르지 않으면 오차가 발생할 수 있다. 온도 측정은 1차 시스템으로 설명되며 스텝 변화에 따른 온도 측정값은 다음과 같이 표현된다.

$$\frac{T - T_\infty}{T_i - T_\infty} = e^{-t/\tau} \tag{11.18}$$

여기서, $\tau = mc/hA$으로 온도계의 시간상수(time constant)라고 한다. 여기서, m과 A는 측온부의 질량과 표면적이며, c는 비열, h는 표면적에서의 열전달계수이다. 온도계가 갖고 있는 시간상수의 약 5배 정도의 시간이 지나야 온도 측정상의 오차가 1% 내로 된다.

표 11.6 대류 열전달계수 상관관계식

물리현상	유체 종류	적용범위	열전달 관계식	유체물성치 기준온도
강제대류 (평판 위)	기체/액체	층류 $Re_x < 5\times10^5$	$Nu_x = 0.332Re_x^{1/2}\text{Pr}^{1/3}$	막온도 T_f
		난류 $Re_x > 5\times10^5$	$St_x\text{Pr}^{2/3} = 0.0296Re_x^{-1/5}$	
		층류 $Re_L < 5\times10^5$	$\overline{Nu_L} = 0.664Re_L^{1/2}\text{Pr}^{1/3}$	
		난류 $Re_L > 5\times10^5$	$\overline{Nu_L} = (0.037Re_L^{0.8} - 871)\text{Pr}^{1/3}$	
강제대류 (원관 내)	기체/액체	$Re_d > 3000$	$\overline{Nu_d} = 0.023Re_d^{0.8}\text{Pr}^n$ 가열시 $n = 0.4$ 냉각시 $n = 0.3$	유체혼합 평균온도
		$Re_d < 2100$, $Re_d\text{Pr}\left(\frac{d}{L}\right) > 0$	$\overline{Nu_d} = 1.86(Re_d\text{Pr})^{1/3}\left(\frac{d}{L}\right)^{1/3}\left(\frac{\mu}{\mu_w}\right)^{0.14}$	
강제대류 (원관 주위 직교류)	기체/액체	$40 < Re_d < 4000$	$\overline{Nu_d} = 0.683Re_d^{0.466}\text{Pr}^{1/3}$	막온도 T_f
		$4000 < Re_d < 40,000$	$\overline{Nu_d} = 0.193Re_d^{0.618}\text{Pr}^{1/3}$	막온도 T_f
		$40,000 < Re_d < 400,000$	$\overline{Nu_d} = 0.0266Re_d^{0.805}\text{Pr}^{1/3}$	
강제대류 (구 주위)	기체	$17 < Re_d < 70,000$	$\overline{Nu_d} = 0.37Re_d^{0.6}$	막온도 T_f
	액체	$1 < Re_d < 200,000$	$\overline{Nu_d}\text{Pr}^{-0.3}\left(\frac{\mu}{\mu_w}\right)^{0.25} = 1.2 + 0.5Re_d^{0.54}$	자유유동온도 T_∞
자연대류 (수직평판)	기체/액체	$10^4 < Gr_L\text{Pr} < 10^9$	$\overline{Nu_L} = 0.59(Gr_L\text{Pr})^{1/4}$	막온도 T_f
		$10^9 < Gr_L\text{Pr} < 10^{12}$	$\overline{Nu_L} = 0.10(Gr_L\text{Pr})^{1/4}$	막온도 T_f
자연대류 (수평원관)	기체/액체	$10^4 < Gr_d\text{Pr} < 10^9$	$\overline{Nu_d} = 0.53(Gr_d\text{Pr})^{1/4}$	막온도 T_f
		$10^9 < Gr_d\text{Pr} < 10^{12}$	$\overline{Nu_d} = 0.13(Gr_d\text{Pr})^{1/3}$	막온도 T_f

Source : Holman, J. P., Heat Transfer, McGraw-Hill, 1986.

여기서 사용되는 Nu, Re, Pr, Gr, St가 무차원이 되도록 모든 단위는 일관성이 있어야 한다.

$$\overline{N_d} = \frac{\overline{h}\,d}{k}\ ;\ \overline{N_L} = \frac{\overline{h}\,L}{k}\ ;\ Re_d = \frac{\rho\mu_{\infty}d}{\mu}\text{(원통이나 구 주위의 유동)}\ ;$$

$$Re_d = \frac{\rho\mu_m d}{\mu}\text{(관내유동)}\ ;\ Re_x = \frac{\rho\mu_{\infty}x}{\mu}\ ;\ Re_L = \frac{\rho\mu_{\infty}L}{\mu}\ ;\ \mathrm{Pr} = \frac{c_p\mu}{k}\ ;$$

$$Gr_L = \frac{\rho^2 g\beta(T_w - T_{\infty})d^3}{\mu^2}\ :\ Gr_d = \frac{\rho^2 g\beta(T_w - T_{\infty})d^3}{\mu^2}\ ;\ St_x = \frac{h_x}{\rho\mu_{\infty}c_p}$$

여기서,

$d=$ 원관의 직경

$g=$ 중력가속도

$\overline{h}=$ 전체 표면적에 대한 평균 열전달계수

$h_x=$ 평판 위 국소열전달계수

$k=$ 유체의 열전도율

$L=$ 평판이나 원통의 길이 또는 높이

$T_f=$ 막온도 $(T_w + T_{\infty})/2$

$T_w=$ 벽면온도

$T_{\infty}=$ 자유유동온도

$u_m=$ 원관 내 평균유속

$u_{\infty}=$ 자유유동속도

$x=$ 평판 선단으로부터의 거리

$\beta=$ 유체의 체적 팽창계수

$\mu=$ 유체의 점성계수

$\mu_w=$ 벽면온도에서의 점성계수

chapter 11

연습문제

11.1 알루멜과 크로멜로 이루어진 열전대의 양 접점의 온도차가 60℃일 때의 emf 출력은 얼마인가? (기준온도 0℃)

11.2 K-type 열전대에서 양 접점의 온도가 각각 (1) 0℃, 40℃일 때와 (2) 20℃, 60℃일 때의 기전력을 비교하라.

11.3 구리와 콘스탄탄으로 이루어진 열전대의 출력전압이 5.82 mV이었다. 기준접점의 온도가 0℃일 때, 열전대의 온도는 몇 도인가?

11.4 위 문제에서 기준접점 온도가 20℃라면 열전대의 온도는 몇 도인가? 위 문제의 열전대 온도를 20도 증가시킨 결과와 어떻게 다른가?

11.5 PT-100 Ω 의 저항을 측정하니 110.0 Ω 이었다. 측정된 온도는 몇 도인가?

11.6 위의 예제에서 저항 측정상의 오차가 0.05 Ω 이라면 이에 따른 온도측정상의 오차는 얼마인가?

11.7 PT-100 Ω 백금 센서가 0℃일 때의 감도를 구하라.

11.8 표면의 방사율을 0.82로 가정하여 금속으로부터의 복사에너지를 측정하여 온도를 계산하였더니 1050℃이었다. 나중에 실제 표면 방사율이 0.75인 것을 발견하였다면 실제온도는 얼마인가? (주위온도는 20℃이다.)

11.9 실내에 설치된 온도계가 25℃를 읽고 있다. 주위 벽면의 온도가 20℃일 때 온도계 표면의 선형화된 복사열전달계수는 얼마인가? (온도계 표면의 방사율은 0.9로 한다)

11.10 수은온도계를 이용하여 냉동창고의 문을 열고 실내공기온도의 변화를 측정하고자 한다. 벽체의 온도가 −10℃이고, 수은온도계의 눈금이 1℃를 읽고 있다면 실제 냉동창고 내 공기의 온도는 몇 도인가? 대류열전달계수는 10 W/m^2 ℃로 하고 유리의 방사율 $\varepsilon = 0.9$로 가정하라.

11.11 열전대의 접점이 대략 직경 1.5 mm인 구형 모양을 하고 있다. 열전달계수가 $h = 75$ W/m^2 ℃인 공기 중에 노출되었을 때, 이 열전대의 시간상수를 구하라. 접점의 물성치는 $\rho = 7900$ kg/m^3, c_p =450 J/kg℃라고 한다.

11.12 직경이 12 mm인 공 모양의 구리 덩어리의 초기온도는 100℃이었다. 이것을 갑자기 20℃의 기류 중에 노출시켰을 때($h = 97$ W/m^2 ℃), 구리공의 시간상수를 구하라. 또 구리공의 온도가 25℃에 도달할 때까지 소요되는 시간을 구하라.

11.13 0부터 10 mV까지를 측정할 수 있는 멀티미터(±0.25% FS accuracy)를 이용하여 T형 열전대(구리–콘스탄탄)로부터의 기전력을 측정하고 있다. 이 열전대의 온도 측정범위와 정밀도는 얼마인가?

11.14 그림과 같은 열전대에 의한 각각의 기전력은 몇 mV인가? A금속선과 B금속선으로 이루어진 이 열전대는 10℃의 온도차에 대하여 0.5 mV의 기전력을 낸다고 한다.

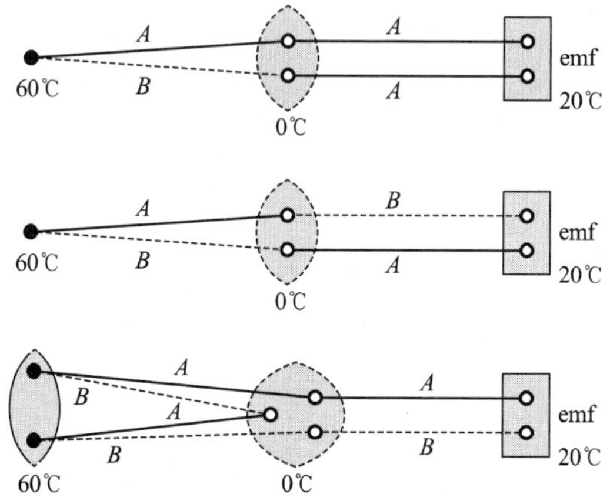

11.15 흑체에서 최대 방사도를 보이는 파장이 0.7 μm일 때 흑체의 온도는 몇 도인가?

11.16 비행기가 150 m/s의 속도로 5℃ 공기 중을 날아가고 있다. 비행기 바깥쪽에 매달려 있는 온도센서가 가리키는 온도는 몇 도인가? 회복계수는 0.86으로 하고 센서는 복사열에 대하여 차폐되었다고 가정하라.

11.17 직경이 6 mm인 원주형 백금 저항온도계를 이용하여 덕트 내의 공기온도를 측정하고 있다. 덕트 내 공기의 유속은 3 m/s이고 압력은 1.0 atm이다. 또 덕트 벽면의 온도는 193℃이다. 이 온도계가 115℃를 읽었다면 실제 공기의 온도는 얼마인가? 온도계 표면의 방사율 $\varepsilon = 0.8 \pm 0.02$ 라고 한다. 또 대류열전달계수의 불확도는 ±15%이고 측온저항 측정상 오차는 ±0.03℃라고 할 때 온도 측정상의 오차는 얼마인가?

CHAPTER 12

열물성의 측정

(Measurements of Thermal Properties)

CHAPTER 12

열물성의 측정

점성계수, 열전도율, 확산계수 등과 같은 물질의 열물성치는 유체유동과 열전달의 해석이나 응용에 있어서 기초가 된다. 이미 알려져 있는 기본적인 물질에 대한 물성치는 핸드북 등에 도표로 나타나 있다. 그러나 새로운 물질이나 여러 가지 다른 조건에 대한 열물성이 필요한 경우에는 따로 측정해야 한다. 여기서는 점성계수, 열전도율 등을 측정하기 위한 기본적인 원리와 방법에 관하여 설명하고 열물성 측정기기를 소개한다.

12.1 점성계수의 측정

1) 점성계수의 정의

점성계수는 유체의 유동성을 나타내며 밀도와 더불어 중요한 유체 성질 중의 하나이다. 그림 12.1과 같이 두 평판 사이의 유동을 고려할 때, 전단응력은 유체의 속도구배에 비례한다.

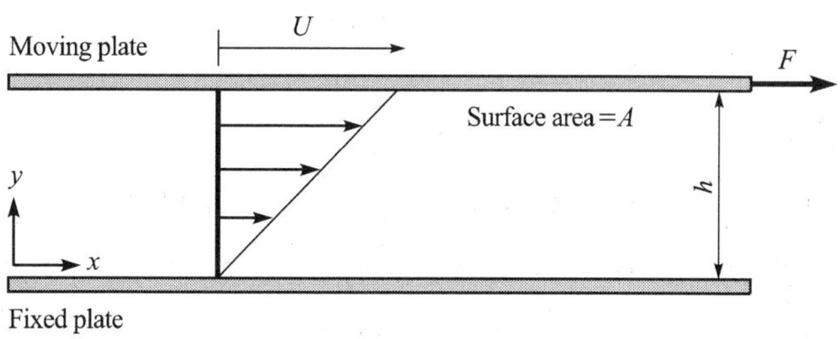

그림 12.1 전단응력과 속도구배와의 관계

이것을 뉴턴의 점성법칙이라고 하며, 이때의 비례상수를 점성계수(dynamic viscosity)

또는 절대점성계수(absolute viscosity)라고 한다.

$$\tau = \mu \frac{du}{dy} \tag{12.1}$$

일반적으로 점성계수는 온도의 변화에 매우 민감하게 변화한다. 따라서 유체의 점성을 측정할 때 유체의 온도를 일정하게 유지하는 것이 중요하다. 액체의 경우에는 온도가 올라감에 따라 점성계수가 감소하지만 기체의 경우에는 반대이다. 액체 분자들은 그들 사이의 강한 응집력 때문에 조밀하게 분포되어 있다. 인접한 유체입자 사이의 상대운동에 대한 저항력은 이러한 분자 간의 응집력과 관계가 있다. 온도가 증가함에 따라 분자 간의 응집력은 감소하고, 결과적으로 운동에 저항하는 힘도 감소하게 된다.

반면 기체의 경우에는 분자들이 서로 멀리 떨어져 있어서 그들 사이의 결합력은 무시할 수 있을 정도이다. 이 경우 인접한 기체입자 사이의 저항력은 기체분자들 간의 운동량 교환에 의해서 발생한다. 기체 분자들이 무작위적인 운동을 하여 충돌하게 되면 실질적인 운동량의 교환이 일어나게 되고, 이는 유체층 사이의 상대운동에 저항하는 힘이 된다. 온도가 상승하면 기체분자들의 무작위적인 운동은 더욱 활발해지고 이것은 점성의 증가로 나타난다.

절대점성계수의 단위는 일반적으로 cgs단위인 1 poise = 1 dyne · s/cm^2 를 사용한다. 물은 20℃에서 대략 0.01 poise(1 cP : centi-poise)이다.

절대점성계수 μ와 밀도 ρ의 비를 동점성계수 ν라고 한다. 동점성계수(kinematic viscosity)는 유체자신의 중량에 대비하여 발휘하는 점성력, 즉 관성력에 대한 점성력의 크기를 나타내는 것으로 운동량의 확산계수로 이해할 수도 있다. 동점성계수는 cgs단위에서 1 cm^2/s를 1 stoke로 정의한다. 20℃에서 물은 약 0.01 stokes(1 cSt : centi-stoke)이다.

2) 회전식 점도계

회전식 점도계는 두 동심원으로 되어 있고, 그 사이에 점성계수를 측정하려는 액체가 들어있다. 외부 원통이 일정한 속도로 회전하면 내부 원통도 점성작용에 따라 회전하는데, 이때 발생하는 토크를 측정하여 점성계수를 측정한다.

간극이 원통 직경에 비하여 매우 작은 경우($b \ll R$)에 옆면의 점성저항에 의한 전단응력은 다음과 같다.

$$\tau = \mu \frac{du}{dy} = \mu \frac{R\omega}{b} \tag{12.2}$$

여기서, ω는 각속도이고, R은 원통반경, 그리고 b는 틈새 간극이다. 전단응력이 작용하는 면적은 $A = 2\pi Rh$이므로 옆면에 의한 토크는 다음과 같이 계산된다.

$$T_b = \tau \cdot R \cdot A = \mu \frac{2\pi R^3 h\omega}{b} \tag{12.3}$$

바닥면의 간극 a가 매우 작아서 바닥면에 의한 점성저항을 고려한다면, 반경 r인 곳에서의 미소면적에 의한 토크는

$$dT_a = \tau \cdot r \cdot dA = \left(\mu \frac{r\omega}{a}\right) r(2\pi r\,dr) \tag{12.4}$$

와 같이 된다. 따라서 바닥틈새의 점성에 의한 토크는 r을 0부터 R까지 적분하여 구한다.

$$T_a = \mu \frac{2\pi\omega}{a} \int_0^R r^3\,dr = \mu \frac{\pi R^4 \omega}{2a} \tag{12.5}$$

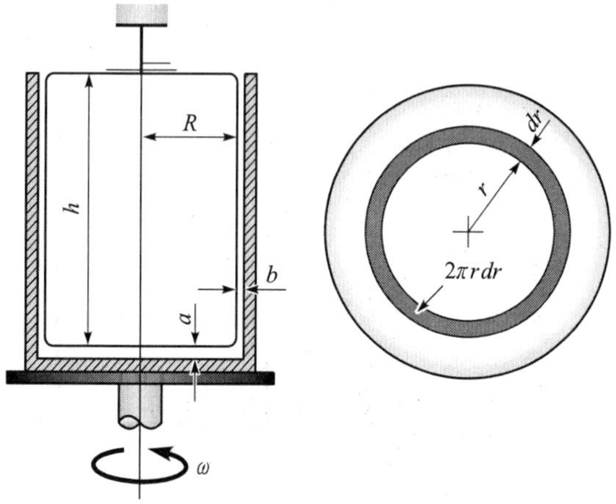

그림 12.2 원통회전식 점도계의 원리

따라서 전체적인 토크는 옆면과 밑면에 의한 토크를 더하여 다음과 같이 정리된다.

$$T = 2\pi\mu\omega R^3 \left(\frac{h}{b} + \frac{R}{4a}\right) \tag{12.6}$$

이 식으로부터 원통의 회전속도 ω와 스프링에 작용하는 토크 T를 측정하면 유체의 점성계수 μ를 계산할 수 있다. 다만 이 식은 틈새의 유동을 층류로 가정하여 유도하였음에 유의한다. 원통회전식 점도계에는 맥마이클(Mac Michael) 점도계와 스토머(Stomer) 점도계가 있다.

(a) Mac Michael 점도계

외부원통이 회전하면 내부 원통도 점성작용으로 인하여 회전하는데 스프링의 복원력과 점성력이 평형이 될 때 내부 원통은 정지한다. 틈새간격 $\Delta h/h$와 $\Delta R/R$을 작다고 가정하면 앞에서 설명한 바와 같이 토크 T는 점성계수와 회전속도에 비례한다.

$$T = \mu K \omega \tag{12.7}$$

여기서, K는 ΔR, Δh, R, h 등에 의하여 결정되는 장치 고유의 상수이다. 토크는 내부 원통이 회전한 각도, 즉 편향각을 θ라고 할 때, $T = k_1\theta$ 인 관계가 성립하므로

$$\mu = \frac{k_1 \theta}{K\omega} \tag{12.8}$$

로 된다. 즉, 회전각속도 ω와 편향각 θ에 의하여 점성계수를 측정한다.

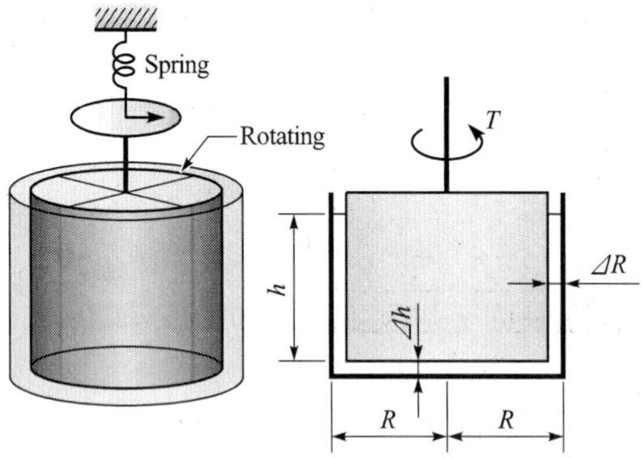

그림 12.3 Mac Michael 점도계

(b) Stormer 점도계

스토머 점도계에서의 토크는 장치의 고유상수인 무게 W에 비례하므로 크기가 일정하다. 또 정해진 횟수만큼 회전하는데 요구되는 시간 t는 각속도 ω에 반비례하므로 $(t = K_2/\omega)$

$$\mu = \left(\frac{T}{KK_2}\right)t \tag{12.9}$$

가 되어 낙추에 의한 원통의 회전이 미리 정한 회전수에 이를 때까지 요구되는 시간을 측정하여 점성계수를 측정한다.

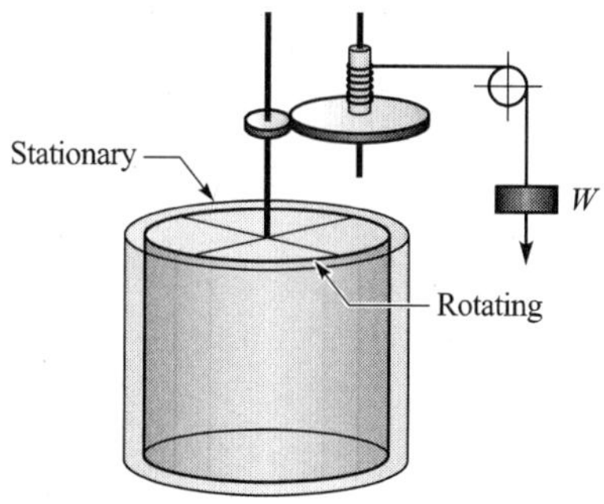

그림 12.4 Stormer 점도계

3) 세관식 점도계

유체가 가느다란 원형 관을 통과할 때 Reynolds수가 임계값인 2000 이하면 층류유동을 보이며 포물선 형태의 속도분포를 갖는다. 이것을 Hagen-Poiseuille 유동이라고 하며, 이때 발생하는 압력강하와 유량과는 다음과 같은 관계를 보인다.

$$\Delta P = \frac{128\,\mu QL}{\pi d^4} \tag{12.10}$$

여기서, L과 d는 각각 관의 길이와 직경이며, Q는 체적유량이다. 세관식 점도계는 유체의 수면 높이차에 의하여 압력차 ΔP를 부과하고, 정해진 유체 용량이 관을 통과하는데 소요되는 시간을 측정함으로써 점성계수를 측정한다. 여기서, 압력차 ΔP는 ρ에 비례하므로 μ를 ρ로 나눈 동점성계수를 측정하게 된다. 여기에는 오스월드(Ostwald)법과 세이볼트(Saybolt)법이 있다.

(a) Ostwald 점도계

그림 12.5에서와 같이 액체를 A눈금까지 채우고 이것을 B눈금까지 밀어올린 다음에 이 액체가 C눈금까지 다시 내려오는데 걸리는 시간을 측정한다. BC 간에 채워져 있는 유체량을 V라 하고 이것이 하강하는데 시간 t가 걸렸다면 단위시간당 유량 $Q = V/t$

이고 압력차 $\Delta P = \rho g h$ 이다. 따라서 Hagen–Poiseuille의 법칙으로부터 다음과 같이 점성계수를 구할 수 있다.

$$\mu = \frac{\pi d^4 \Delta p}{128 Q l} = \frac{\pi d^4 \rho g h}{128 V l} t = K \rho t \tag{12.11}$$

μ_0, ρ_0 인 표준액체에 대하여 t_0를 구해두면, 임의의 액체의 동점성계수를 다음 식을 이용하여 쉽게 구할 수 있다.

$$\frac{\mu}{\rho} = \left(\frac{\mu_0}{\rho_0}\right)\frac{t}{t_0} \tag{12.12}$$

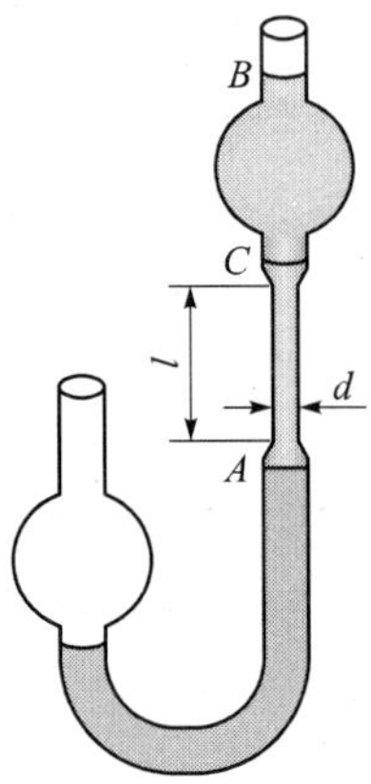

그림 12.5 오스월드 점도계

(b) Saybolt 점도계

Oswald 점도계와 마찬가지로 그림 12.6에서 액체를 A점까지 채우고 아래 구멍을 열어 액체가 B용기를 채우는데 소요되는 시간을 측정함으로써 동점성계수 ν를 측정한다. 모세관을 통과하는 유체가 충분히 발달된 층류유동(fully developed laminar flow)을 보인다고 가정하면 앞에서 구한 것과 같이 동점성계수는 유체가 흘러내리는 시간 t에 비례한다.

$$\nu = C_1 \cdot t \tag{12.13}$$

이론적으로 비례상수 C_1은 관의 직경과 압력차 등을 이용하여 구할 수 있다. 그러나 실제적으로 모세관 내의 압력측정과 직경의 결정이 어렵고 짧은 모세관을 이용하기 때문에 모세관 내의 유동을 잘 발달된 유동으로 보기 어렵다.

모세관 내 유동은 입구 유동영역과 발달된 유동영역의 두 부분으로 나누어 생각할 수 있다. 위 식에 대하여 불균일한 속도분포에 대한 수정을 하여 다음과 같은 식을 이용한다.

$$\nu = C_1 t + \frac{C_2}{t} \tag{12.14}$$

Saybolt 점도계(체적 60 cm^3)에 있어서 ν와 t의 보다 정밀한 경험적 상관 식으로 $t > 32$ s에 대하여 다음 식을 이용한다.

$$\nu = 0.0022\,t - \frac{1.8}{t} \ [\mathrm{cm^2/s}] \tag{12.15}$$

여기서, ν는 stokes, t는 sec의 단위를 갖는다. t의 값이 큰 경우에 위 식은 선형적인 함수관계를 나타낸다.

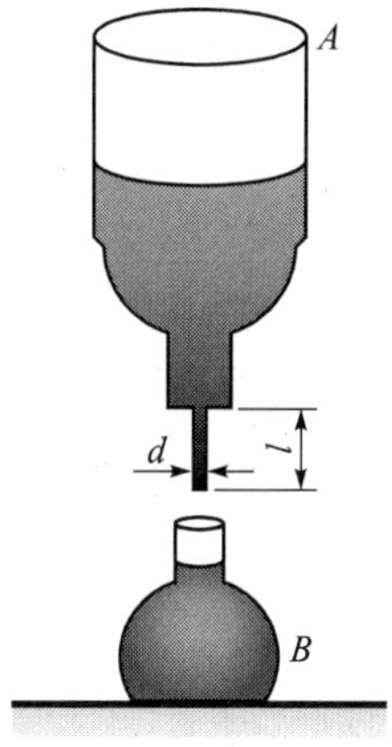

그림 12.6 세이볼트 점도계

4) 낙구식 점도계

점성을 측정하고자 하는 유체 속에서 크기와 무게가 알려진 아주 작은 강구를 낙하시켜 점성계수를 측정하는 방법이다. 만약 떨어지는 구와 유체와의 밀도차가 적은 경우에 구는 매우 느린 속도($Re < 1$)로 낙하하게 되므로 Stokes의 이론을 적용할 수가 있다. 구가 일정한 등속도로 거리 l을 낙하할 때 낙하시간 t를 측정하여 점성계수를 계산한다.

구에 작용하는 부력과 유체항력 그리고 구의 무게가 평형을 이룬 상태에서 등속도 운동을 하게 되는데, 이를 종속도(terminal velocity)라고 한다. 구의 직경을 d, 낙하속도를 V라고 할 때, Reynolds수가 매우 작은 느린 유동(slow flow)에서의 유체항력은 다음과 같이 구해진다.

$$C_D = \frac{24}{Re} \tag{12.16}$$

$$F_D = C_D A \frac{1}{2}\rho V^2 = 3\pi\mu V d \tag{12.17}$$

또한 강구의 무게 W와 액체에 의한 부력 F_B를 강구의 밀도 ρ_s와 액체의 밀도 ρ를 이용하여 표현하고 구에 작용하는 힘의 평형방정식을 쓰면 다음과 같이 된다.

$$F_D + F_B - W = 3\pi\mu V d + \frac{\rho g \pi d^3}{6} - \frac{\rho_s g \pi d^3}{6} = 0 \tag{12.18}$$

여기서, 점성계수 μ를 구하고, $V = l/t$을 대입하면

$$\mu = \frac{1}{18} g d^2 (\rho_s - \rho) \frac{t}{l} \tag{12.19}$$

와 같이 된다. 만약 구의 직경에 비하여 시험관의 직경이 훨씬 크지 않은 경우에는 구에 작용하는 항력은 유한한 시험관의 크기에 의해 영향을 받게 되므로 보정상수를 이용하여 $F_D = K(3\pi\mu V d)$와 같이 구한다. 이때 점성계수를 구하는 식은 다음과 같이 된다.

$$\mu = \frac{1}{18} \frac{g d^2}{K} (\rho_s - \rho) \frac{t}{l} \tag{12.20}$$

여기서, K는 실험적으로 정해지는 보정상수이며, 직경비에 따른 값이 표 12.1에 나타나 있다.

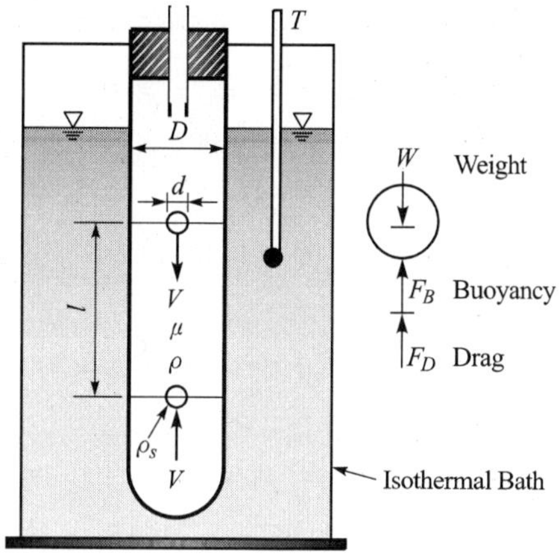

그림 12.7 낙구에 의한 점성측정법

표 12.1 낙구법에서 사용되는 항력계수의 보정상수

d/D	K
0	1.000
0.1	1.263
0.2	1.680
0.3	2.371
0.4	3.596
0.5	5.970
0.6	11.135
0.7	24.955

12.2 열전도율의 측정

1) 열전도율의 정의

물체 내에 온도구배가 존재하면 고온부에서 저온부로 열에너지가 전달된다. 이것을 열전도(heat conduction)라고 하고 열전달량은 단면적과 온도구배에 비례한다. 이러한 푸리에(Fourier) 열전도 법칙을 수식으로 표현하면 다음과 같다.

$$Q = -kA\frac{dT}{dx} \tag{12.21}$$

이때의 비례상수 k를 열전도율(thermal conductivity)이라고 한다. 열전달은 온도구배의 반대방향으로 일어나므로 음의 기호를 붙여 열전도율이 양의 값을 갖도록 한다.

여러 가지 재료에 대한 열전도율 값을 비교해 보면 가장 좋은 열전도체는 금속이고 가장 나쁜 열전도체는 기체이며, 합금, 비금속고체, 액체의 열전도율 값은 이들 사이에 있다. 일반적으로 열전도율은 온도에 따라 변하지만 대부분의 공학적인 문제에서는 이 변화량이 작기 때문에 일정하다고 보는 경우가 많다.

2) 고체의 열전도율 측정

Fourier 법칙에 따라 두께가 Δx 인 평판을 통과하는 열전달량 Q와 양면의 온도차 $(T_2 - T_1)$를 측정하면 다음 식으로부터 열전도율을 구할 수 있다.

$$k = \frac{Q \ \Delta x}{A(T_2 - T_1)} \tag{12.22}$$

그림 12.8과 같은 평판인 경우, 실제 실험에서는 전기히터로 평판의 한쪽 면에 열을 공급하고, 냉각판을 다른 한쪽에 부착하여 열을 제거시킨다. 양면의 온도차는 열전대(thermocouple)나 서미스터(thermistor) 등을 이용해서 측정한다. 마찬가지 이야기일지 모르겠지만, 여기서는 온도차를 설정하고 열전달량을 측정하는 것이 아니라 열전달량을 투입하고 이때 형성되는 온도차를 측정한다고 이해하는 것이 옳을 것이다. 이때 투입된 열량은 모두 평판을 통과하지 않고 일부는 평판의 뒤로 또는 옆으로 누설된다. 주위를 단열재로 둘러싸기는 하지만 가장 큰 문제는 역시 모서리 부분에서의 열손실이다.

이러한 문제는 모서리 부분에 방호가열기(guard-heater)를 사용하면 줄일 수 있다. 모서리 부분에 추가적인 가열기를 두어 내부의 주가열기와 유사한 온도조건을 만들되,

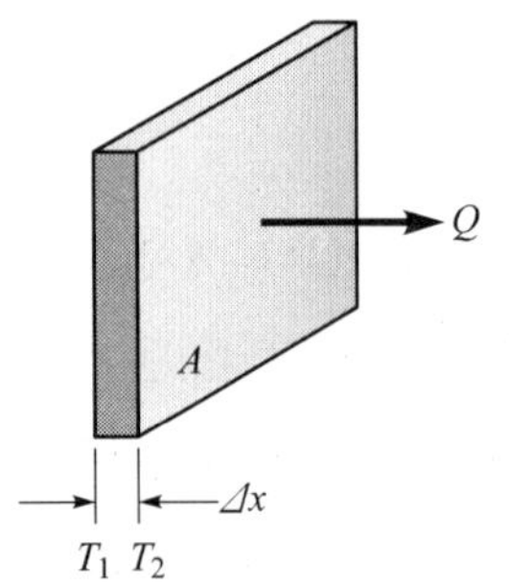

그림 12.8 간단한 열전도율 측정

실제 열전달량의 측정에는 1차원적으로 주가열기에 의한 것만을 고려한다. 또한 그림 12.9와 같이 가열기를 중심으로 측정 시료판을 양쪽에 배치시킴으로써 대칭적인 온도분포를 형성하여 반대 방향으로의 열손실을 없앨 수 있다. 냉각수가 순환되는 냉각판이 대칭으로 양쪽에 설치되어 가열기에서 발생한 열량의 절반씩을 소화한다.

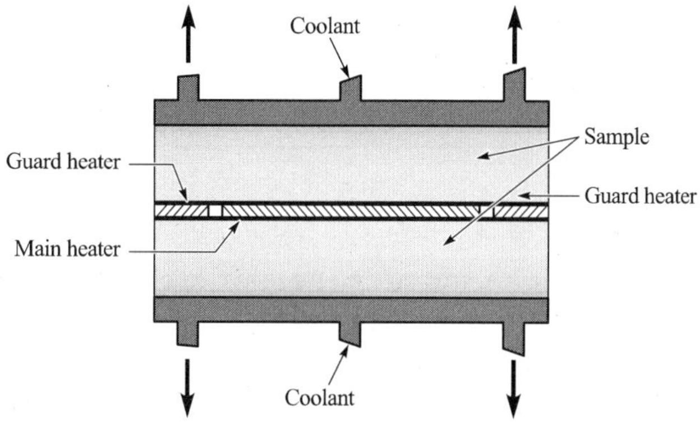

그림 12.9 열전도율 측정을 위한 방호가열기

이와 같은 측정기는 열전도율이 그리 크지 않은 판형 재료의 측정에 많이 사용되고 있다. 금속과 같이 열전도율이 매우 큰 평판의 경우, 가열판과 냉각판의 온도차가 매우 작게 나타나므로 오차가 크게 발생할 수 있다.

금속과 같이 열전도율이 큰 재질에 대한 열전도율을 측정하는 장치로는 그림 12.10과 같은 것이 이용된다. 열전도율을 알고 있는 하나의 금속(A)을 통해서 또 다른 금속(B)의 열전도율을 측정한다.

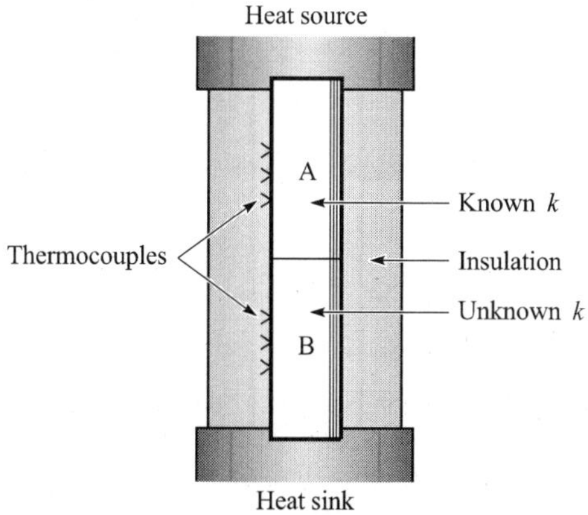

그림 12.10 금속의 열전도율 측정장치

복합봉의 양쪽에는 열원(heat source)과 방열기(heat sink)가 설치되어 있고, 주위로의 열손실을 최소화하고 봉을 통과하는 1차원 열유동을 확실히 하기 위하여 복합봉의 측면을 단열재로 둘러싸고 있다. 양쪽 봉 A와 B에는 열전대가 설치되어 있다.

열전도율을 이미 알고 있는 재료 A의 온도구배를 측정하여 열전달량을 계산하고 이로부터 미지의 재료 B의 열전도율을 계산한다.

$$Q = -k_A A\left(\frac{dT}{dx}\right)_A = -k_B A\left(\frac{dT}{dx}\right)_B \tag{12.23}$$

3) 액체나 기체의 열전도율 측정

액체나 기체의 열전도율을 측정할 때 주의해야 할 점은 유체 내에 유동이 발생하지 않도록 해야 한다는 점이다. 유동이 발생하면 전도의 영향에 추가하여 대류의 영향이 작용하게 되므로 정확한 열전도율을 얻을 수 없다. 액체의 열전도율을 측정하기 위하여 그림 12.11과 같은 방호 열판장치가 사용된다.

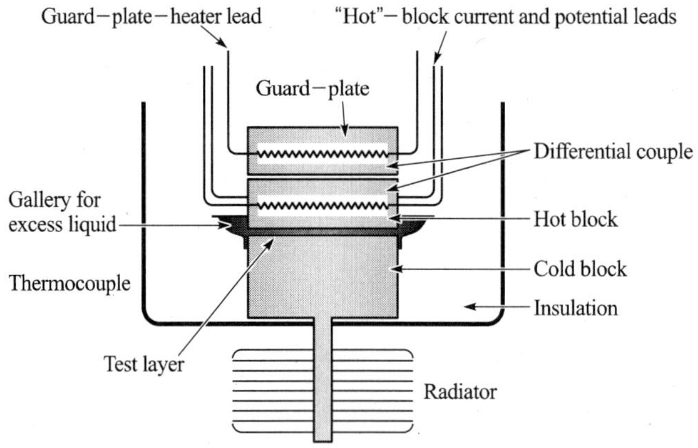

그림 12.11 **액체 열전도율 측정용 방호 열판장치 [참고문헌 17]**

얇은 수평 유체층에 대하여 윗판을 가열하고 아랫판을 냉각하면 온도구배가 안정적이기 때문에 유체 내 자연대류에 의한 유동이 발생하지 않도록 한다. 열손실을 줄이기 위하여 가열판 위에 방호 열판이 설치되어 있고 실험장치 주위가 단열되어 있다. 측정원리는 고체 평판의 열전도율 측정원리와 동일하다.

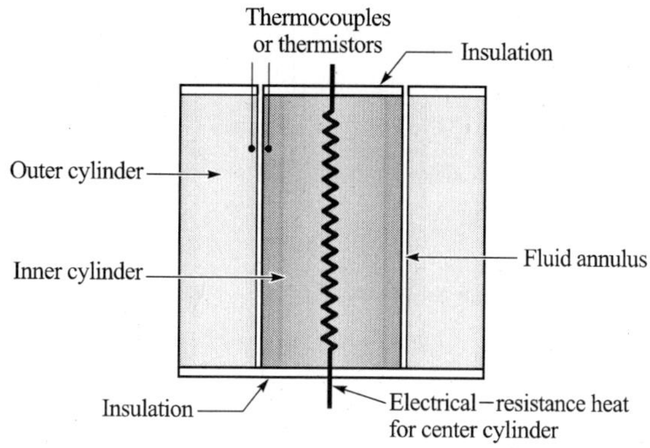

그림 12.12 액체 열전도율 측정용 동심 실린더 방법

액체의 경우에는 굳이 평판형태의 시편을 고집할 필요가 없이 동심 실린더 방법을 이용할 수 있다. 2개의 원통 사이의 작은 틈새에 유체를 넣고 안쪽 실린더는 가열되고 바깥쪽 실린더는 냉각수로 냉각된다. 중심의 가열기로부터 발생한 열량은 아랫면과 윗면을 제외하면 모두 유체를 통해 전달된다. 평판의 경우보다 열손실 면적을 줄일 수 있는 장점이 있다. 이 경우 유체층이 수직이기 때문에 작은 온도차에도 매우 느린 자연대류 유동이 발생한다. 온도차에 의한 유동속도가 전도영역(conduction regime)을 벗어나지 않도록 하여야 한다.

동심 실린더 장치의 경우 열전도율을 계산하는데 사용되는 관계식은 다음과 같다.

$$k = \frac{Q\ln(R_2/R_1)}{2\pi L(T_1 - T_2)} \tag{12.24}$$

여기서, L은 실린더의 길이이고, R_1과 R_2는 유체를 포함하는 환상형 공간의 안쪽과 바깥쪽 반지름이다. 그리고 T_1과 T_2는 R_1과 R_2에서 측정한 온도이고 Q는 열전달량이다.

기체의 열전도율을 측정하는 데에도 동심 실린더 장치가 사용된다. 기체는 대부분 열전도율이 매우 작기 때문에 실린더의 길이를 더욱 길게 하고 실린더 위아래에 방호 가열기를 설치하여 실린더 모서리를 통한 열손실 영향을 최소화하여야 한다. 또한 기체의 경우 내부와 외부 원통면을 통한 복사 열전달이 발생하기 때문에 복사의 영향을 보정해주어야 한다.

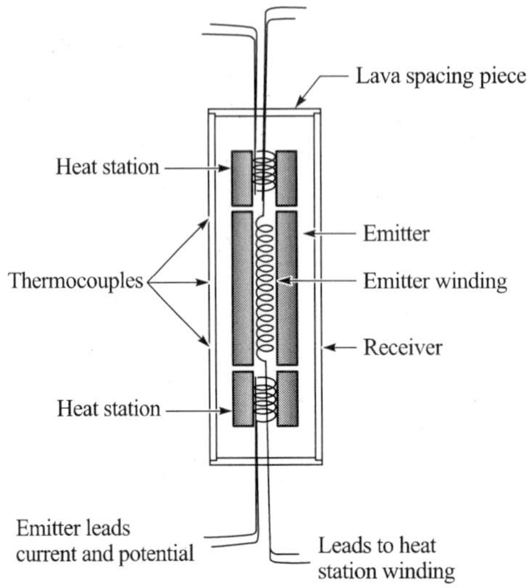

그림 12.13 고온 기체 열전도율 측정장치

12.3 열전달계수와 열유속의 측정

엄밀하게 말하면 열전달계수는 물성치가 아니다. 열전달계수는 유체의 종류뿐만 아니라 유동상태에 따라 변화한다. 열전달계수의 측정장치는 계측기라기보다는 실험장치에 해당한다고 볼 수 있다. 여기서는 열전달계수를 측정하기 위한 강제대류와 자연대류 실험장치를 소개하고, 열전달량을 측정하기 위한 열유속계(heat flux meter)를 소개하기로 한다.

1) 열전달계수

(a) 강제대류 열전달계수

매끄러운 관 내부의 대류 열전달계수를 측정하기 위해서 시험부에서 발열시키고 관의 입·출구에 온도계를 설치하여 온도차를 측정한다. 원관은 전기저항이 큰 스테인리스강으로 만들어 직접 전류에 의해 발열시키고, 외부를 단열시켜서 가열되는 모든 열이 내부 유체로 흡수되도록 한다. 관 내부 유체에 일정한 열유속이 작용하는 것으로 생각할 수 있고 유체의 혼합평균온도는 직선적으로 증가한다고 볼 수 있다. 관을 따라서 설치된 열전대는 벽면온도 변화를 측정하는데 사용된다. 이때 관 내의 열전달계수는 다음과 같이 계산된다.

$$h = \frac{Q}{A(T_w - T_b)} \tag{12.25}$$

여기서, 열전달량 $Q = E \cdot I$이고 E와 I는 시험부에 부과된 전압과 전류의 측정값이다. 또 열전달면적 $A = \pi d_i L$로서, d_i는 관내경이고 L은 가열부의 길이이다. T_w는 벽면온도이며 T_b는 유체의 혼합평균온도(bulk mean temperature)이다.

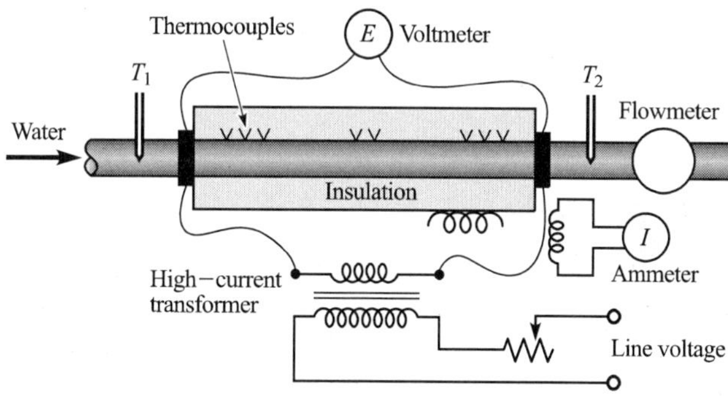

그림 12.14 관 내부 강제대류 열전달계수의 측정

(b) 자연대류 열전달계수

수평원통으로부터의 자연대류 열전달계수를 구하기 위한 실험장치가 그림 12.15에 나타나 있다. 측정부분을 중심으로 양쪽에 방호가열기를 설치하여 축방향으로의 열손실을 줄인다. 세 부분 모두 전기가열기로 가열되고 원통 표면의 온도와 주위 공기의 온도를 측정한다.

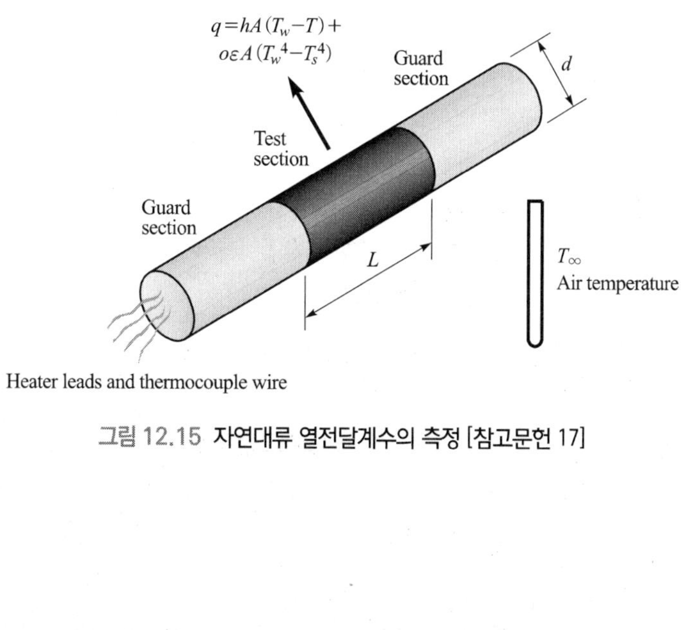

그림 12.15 자연대류 열전달계수의 측정 [참고문헌 17]

시험부에서의 열전달은 다음 식과 같이 대류와 복사에 의해 일어난다.

$$Q = hA(T_w - T_\infty) + \epsilon\sigma A(T_w^4 - T_s^4) \tag{12.26}$$

여기서, T_w, T_∞, T_s는 각각 원통 벽면의 온도, 주위 공기의 온도, 그리고 주위 실내벽면의 평균복사온도이다. 자연대류 열전달계수 h를 구하기 위해서 표면방사율 ε를 알아야 한다. 실제로는 대류 손실에 비하여 복사 손실이 작게 되도록 측정부위의 표면을 니켈이나 크롬으로 도금한다.

2) 열유속계 (Heat flux meter)

(a) 슬러그 센서 (Slug sensor)

높은 열전도율을 갖는 재질로 만들어진 슬러그가 절연층이 있는 벽에 설치되어 있다. 슬러그가 표면에서 열유속을 받으면 온도가 올라가는데, 시간에 따른 슬러그의 온도변화로부터 열유속의 크기를 결정할 수 있다. 슬러그의 과도 열에너지 평형식은 다음과 같다.

$$\frac{Q}{A} = \frac{mc_p}{A}\frac{dT_s}{dt} + U(T_s - T_w) \tag{12.27}$$

여기서, Q/A는 가해지는 열유속이며 m은 슬러그 질량, c_p는 비열, 그리고 U는 둘러싼 벽으로부터 전도열손실을 나타내는 열관류계수이다. T_s는 슬러그의 온도이며 T_w는 주위 벽체의 온도이다.

이 식으로부터 슬러그 온도는 슬러그의 특성값과 열유속에 의하여 결정된다. 따라서 T_s를 측정함으로써 열유속을 측정할 수 있다.

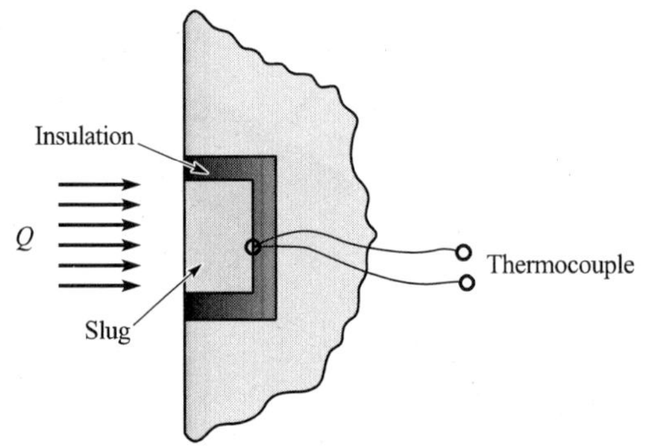

그림 12.16 슬러그 열유속계

그러나 슬러그 센서는 몇 가지 문제점을 안고 있다. 매우 높은 열유속에 대해서는 슬러그의 온도가 일정하지 않으며 온도측정상의 오차가 발생될 수 있다. 또 슬러그가 존재함으로써 벽의 온도분포를 변화시킨다. 슬러그 열유속계는 과도측정에만 사용될 수 있다.

(b) Gardon 열유속계

가르돈 열유속계는 그림 12.17에 나타나 있다. 그림과 같이, 박막의 콘스탄탄 디스크가 구리로 된 열싱크(heat-sink) 위에 설치되어 있다. 열싱크는 박막의 외주온도를 일정하게 유지시킨다. 원판 중심과 열싱크에 구리선이 설치되어 있어서 원판의 중심부와 외주의 온도차를 측정할 수 있는 구리-콘스탄탄 열전대를 형성한다. 원판에 열유속이 가해지면 반지름 방향으로 열이 전도되면서 막의 중심과 외주 사이의 온도차가 발생한다. 이 온도차는 열유속에 비례한다.

$$Q = 2(Sk/R^2)\Delta T = C \cdot e \tag{12.28}$$

여기서, S와 R은 막의 두께와 반경이며 k는 막 재료의 열전도율이다. 또 ΔT는 막의 중심과 외주 사이의 온도차이다. 따라서 열전달량 Q는 열전대의 밀리볼트 출력 e에 비례하며 C는 이때의 비례상수이다. 보통 사용되고 있는 Gardon 열유속계는 0.15에서 3.2 MW/m^2 정도 범위의 열유속 측정에 사용될 수 있고, 시간상수는 약 0.1 sec이다.

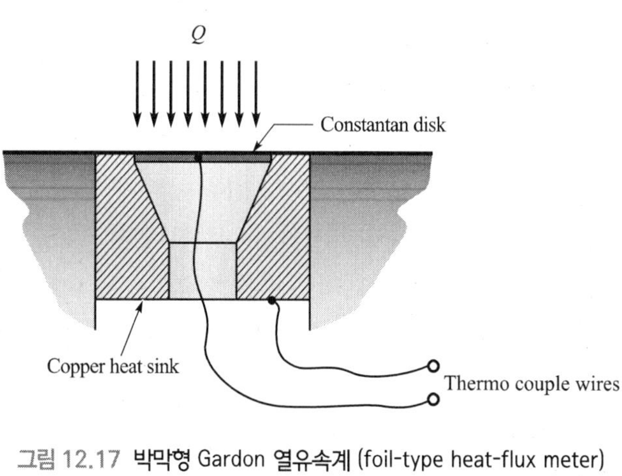

그림 12.17 박막형 Gardon 열유속계 (foil-type heat-flux meter)

(c) 전도원리에 의한 열유속계

전도의 원리를 이용한 열유속계는 열전도율이 알려진 얇은 평판의 양쪽면의 온도차를 측정하도록 되어 있다. 열유동을 1차원 정상상태로 가정하면 이 판을 통과하는 단위면적당 열유속 q는 양쪽면의 온도차 ΔT에 비례하게 된다.

$$q = \frac{k\Delta T}{t} \tag{12.29}$$

여기서, k는 열유속계의 열전도율이고 t는 두께이다. 이것은 앞에서 설명한 평판의 열전도율 측정원리와 동일하다.

두께가 얇은 경우 평판 양쪽면의 온도차가 매우 작기 때문에 하나의 열전대로 온도차를 정확하게 측정하는 것은 매우 어렵다. 이러한 작은 온도차를 측정하기 위하여 대부분은 열전대를 직렬로 연결한 열전퇴(thermopile)를 이용하고 있다. 그림 12.18과 같이 구리와 콘스탄탄을 교대로 연결함으로써 하나의 열전대로 측정할 때 출력값의 일정 배수만큼의 출력을 얻을 수 있다.

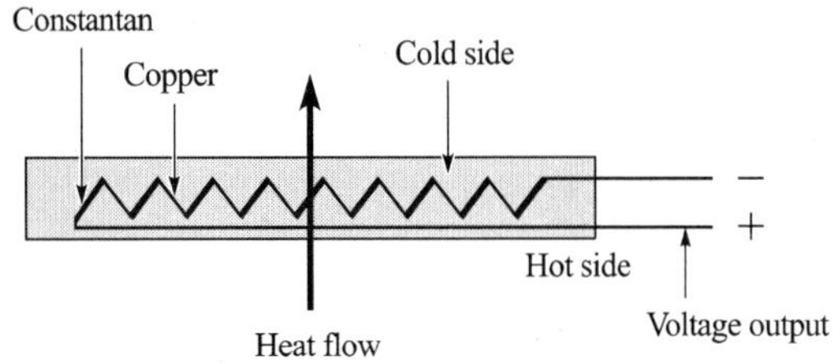

그림 12.18 전도원리를 이용한 열유속센서

이러한 열유속계를 이용할 때 오차의 발생요인을 생각해 보기로 한다. 우선 열유속계를 설치함에 있어서 열유속센서 자체의 열저항에 의하여 추가적인 열저항으로 작용함으로써 열유속을 방해하는 결과가 나타난다. 또한 열유속센서를 부착한 벽면과의 열전도율이 불균질하기 때문에 센서 주위로 열유속선이 굴절되어 열전달에서 2차원 효과가 나타나게 된다. 이러한 저항오차와 굴절오차는 열유속센서를 얇게 제작함으로써 줄일 수 있다. 반면, 두께가 얇아지면 얇아질수록 양쪽면의 온도차가 점점 작아져 측정상 오차가 크게 될 수 있다는 점을 잊어서는 안 된다.

그밖에 열유속센서를 벽면에 부착할 때 완전히 밀착되지 않아서 발생하는 접촉저항에 의해서 오차가 발생할 수 있다. 틈새에 있는 공기는 열전도율이 매우 낮기 때문에 추가적인 열저항으로 작용하게 된다. 이러한 접촉저항을 줄이기 위해서 벽면을 매끈하고 평평하게 해야 하며, 필요한 경우 틈새에 열전도율이 높은 써멀 그리스(thermal grease)나 써멀 페이스트(thermal paste)를 주입한다.

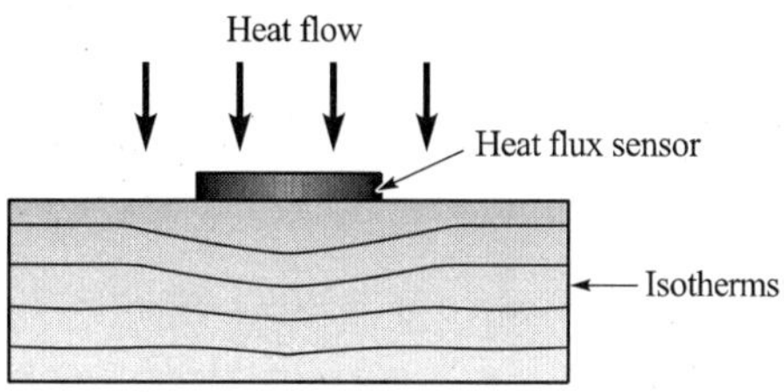

그림 12.19 열유속계에 의한 저항오차

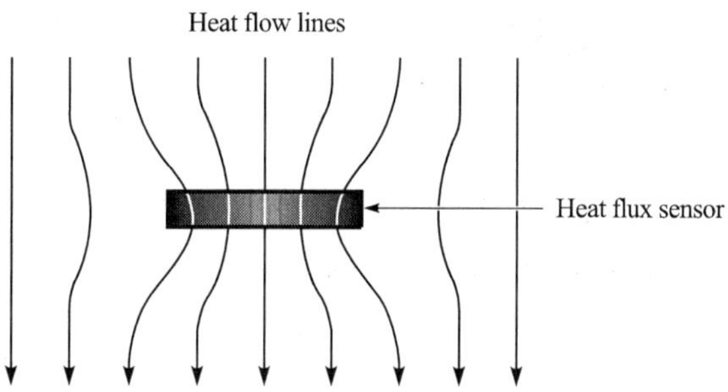

그림 12.20 열유속계에 의한 굴절오차

chapter 12

연습문제

12.1 간격이 0.1 mm인 평행한 두 평판 사이에 글리세린이 채워져 있다. 아래 판은 고정되어 있고 위판은 0.52 m/s의 속도로 움직일 때 필요한 전단응력을 계산하라.

12.2 길이가 100 mm이고 직경이 50.2 mm인 슬라이딩 베어링에 직경이 50 mm인 축이 1800 rpm의 속도로 회전하고 있다. 베어링과 축 틈새에는 모터오일이 채워져 있다. 축을 회전하기 위하여 필요한 토크를 계산하라.

12.3 유리창의 실내 · 외 양면의 온도를 측정하니 각각 12.5℃, 9.2℃이었다. 유리창의 두께는 3 mm이고 크기는 1 m×1 m일 때 유리창을 통한 열전달량을 구하라.

12.4 비금속 건축재료의 열전도율을 측정할 때는 주로 그림 12.9와 같은 판형 측정기를 사용하는 반면, 금속의 열전도율을 측정할 때는 그림 12.10과 같은 원통형 측정기를 사용하는 이유를 설명하라.

12.5 전기저항이 6.4 Ω 인 원통형 물체에 직류전압 12 V를 걸어 가열하고 있다. 원통의 직경은 20 mm이고 길이는 1 m이다. 원통 표면온도를 측정하니 41℃이었다. 원통 표면으로부터의 열전달계수를 구하라. 주위 공기의 온도는 25℃이다.

12.6 그림과 같이 세관을 이용하여 물의 점성계수를 측정하고 있다. 양단이 대기압에 노출되어 있고 수면의 높이차가 120 mm로 일정하게 유지된 상태에서 세관을 통과하는 유량을 측정하니 0.1 L/min이었다. 관의 길이는 90 mm, 직경은 1.5 mm라 할 때 물의 점성계수를 계산하라. (물의 밀도는 1000 kg/m^{3}으로 한다)

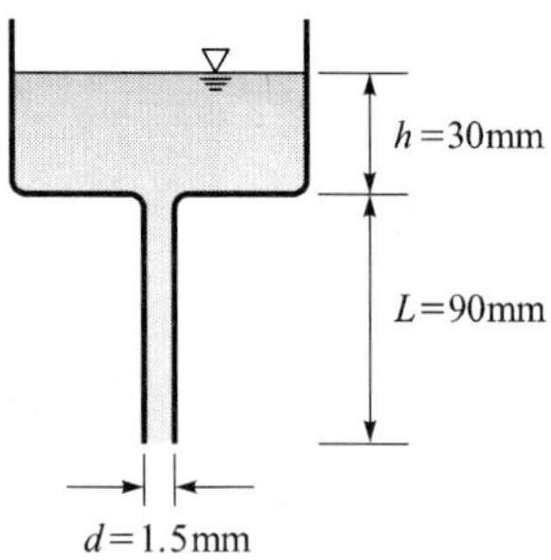

12.7 위의 문제에서 관 길이와 관 직경의 측정상 불확도가 각각 90±0.5 mm, 1.5±0.01 mm라 할 때 점성계수 측정상의 불확도를 구하라.

12.8 모세관을 이용하여 20℃ 물의 점성계수를 측정하고자 한다. 모세관의 관경과 길이를 설계하여 보라. $Re = 500$ 정도로 하고 차압계는 약 50 kPa 범위에서 측정할 수 있다고 한다. 관경과 길이를 각각 크게 하였을 때와 작게 하였을 때의 장 · 단점을 논하라.

12.9 그림과 같은 점도계를 이용하여 안쪽 원통을 ω의 각속도로 회전시킬 때 발생하는 토크를 측정하여 틈새에 들어있는 유체의 점성계수를 측정한다. 틈새 t는 L이나 R에 비하여 매우 작다고 가정하고 토크를 계산하라. 아랫면은 중심축을 고정하기 위하여 뾰족하게 생겼으며, 틈새 간격이 반경 방향에 대하여 선형적으로 증가하고 있다.

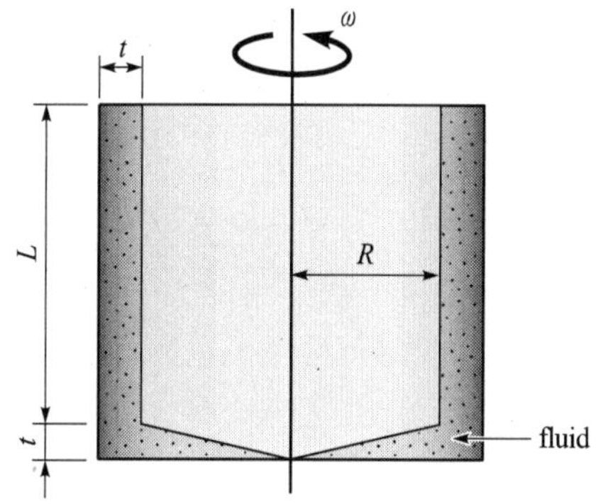

(1) 옆면에 의한 토크를 계산하라.

(2) 아랫면에 의한 토크를 적분에 의하여 계산하라.

(3) 만약 $L = 2R$이라고 하면 옆면과 아랫면에 의한 토크의 비는 얼마인가?

12.10 Saybolt 점도계를 이용하여 엔진오일의 동점성계수를 측정하고자 한다. 60 mL의 오일을 흘려보내는데 183±0.5 s 소요되었다. 동점성계수와 불확도를 구하라.

12.11 포물선 분포를 보이는 원관 내의 유동에서 평균유속은 최대유속 V_o의 몇 배인가? 또 직경이 D이고 길이가 L인 원관에서의 압력강하 ΔP와 평균유속 간의 관계를 구하라. 유체의 밀도는 ρ, 점성계수는 μ라고 한다.

12.12 방호가열기를 이용하여 단열재의 열전도율을 측정하고자 한다. 샘플의 크기는 300×300 mm이고 두께는 2.0 mm이다. 전기발열량이 5 kW±1%일 때 샘플 양면의 온도차는 55℃이었다. 대략적인 열전도율은 1.7 W/m℃이고, 온도차 측정상의 불확도는 ±0.3℃라고 할 때, 이 샘플 판의 열전도율과 불확도를 구하라. 열손실을 무시하고 샘플의 크기는 정확하다고 가정하라.

12.13 원주 둘레가 일정한 온도 T_o에 있고 원판의 한쪽 면으로 단위면적당 일정한 열유속 q가 주어질 때, 원판 내의 온도분포를 반경 r의 함수로 유도하라. 원판의 반경과 두께는 R과 S이며 열전도율을 k라고 한다.

12.14 25 mm의 직경을 갖는 구리 구(sphere)를 슬러그로 하여 열유속을 측정하고자 한다. 구는 온도가 35℃인 대류환경에 갑자기 노출되었고, 구에 설치된 열전대로 온도변화를 측정하였다. 열전달계수 h가 570 W/m² ℃이고 초기온도가 95℃라고 할 때, 이 구의 온도변화를 그래프로 그려라. 또 시간상수를 구하라.

CHAPTER 13

습도와 오염농도의 측정

(Humidity and Concentration Measurements)

CHAPTER

13 습도와 오염농도의 측정

공기 중에는 질소와 산소 이외에 수증기를 비롯한 여러 가지 가스와 입자상 물질들이 포함되어 있다. 공기 중의 가스농도나 입자농도를 측정하는 것은 대기의 오염정도를 파악하거나 인체에 대한 허용농도범위를 결정하는데 있어서 매우 중요하다. 습도는 공기 중에 포함되어 있는 수증기의 농도를 나타내는 것으로 일상생활에서 쾌적성과 밀접한 관계가 있으며 직물, 종이, 목재, 식료품 등의 제조나 가공 등의 공정에도 지대한 영향을 미친다. 여기서는 공기 중에 포함되어 있는 습도와 가스농도, 그리고 입자농도의 측정에 관하여 살펴보기로 한다.

13.1 습도의 측정

1) 습공기선도 (Psychrometrics)

습공기선도는 대기압 하에서 습공기의 성질을 표시하는 그래프로서 건구온도, 습구온도, 노점온도, 상대습도, 절대습도, 엔탈피, 비체적 등을 나타내는 선으로 구성되어 있다. 이 중에서 2가지가 주어지면 습공기선도 상에서 상태점을 결정할 수 있다.

건구온도(dry bulb temperature)는 습증기 혼합물의 온도이며, 습구온도(wet bulb temperature)는 젖은 무명천 위에서 물의 증발에 의해 나타나는 수막의 온도이다. 증발에 의한 열손실 때문에 건구온도보다 낮게 나타난다. 측정되는 습구온도는 열역학적인 습구온도인 단열포화온도(adiabatic saturation temperature)에 가깝다. 노점온도(dew point temperature)는 습공기 중의 수증기가 공기로부터 분리되어 응축하기 시작할 때의 온도, 즉 습공기의 수증기 분압과 동일한 분압을 갖는 포화 습공기의 온도를 말한다.

공기 중에 포함되어 있는 수증기의 양을 표시하는 데에는 여러 가지 방법이 있다. 절대습도란 건공기 1 kg당 함유되어 있는 수증기의 질량을 표시하는 것으로, 이것을 비습도

(specific humidity) 또는 습도비(humidity ratio)라고 한다. 건공기와 수증기를 이상기체로 가정하여 비습도 W를 구하면 다음과 같이 된다.

$$W = \frac{m_v}{m_a} = \frac{p_v / R_v T}{p_a / R_a T} = \frac{M_v p_v}{M_a p_a} \tag{13.1}$$

$$= 0.6219 \frac{p_v}{p_a}$$

여기서, 하첨자 a는 건공기를, v는 수증기를 의미한다. M_a와 M_v는 각각 건공기와 수증기의 분자량으로 28.965와 18.015이다. 이 식에서 수증기의 분압 p_v과 건공기의 분압 $(p_a = p - p_v)$으로부터 비습도를 계산할 수 있다.

또 일상생활에서 흔히 사용되는 상대습도(relative humidity)란 단위체적 내에 포함된 수분의 질량을 포화상태의 수분의 질량에 대한 비율로 표시한 것으로, 수증기의 분압과 동일 온도의 포화 습공기의 수증기 분압의 비와 같다.

$$\phi = \frac{m_v}{m_{sat}} = \frac{p_v / R_v T}{p_{sat} / R_v T} = \frac{p_v}{p_{sat}} \tag{13.2}$$

예제 13.1

20℃, 1기압(P=1.013×10^5 Pa) 하에서 수증기가 포화되었을 때와 상대습도가 50%일 때, 절대습도는 각각 얼마인가? 열역학 테이블에 의하면 20℃일 때 물의 포화증기압은 0.02339×10^5 Pa이다.

풀이

건공기 분압은 $p_a = P - p_v$이므로,

- 포화되었을 때 :

$p_v = p_{sat} = 0.02339 \times 10^5\, Pa$이므로

$W = 0.6219 \frac{p_v}{p_a} = 0.6219 \frac{0.02339}{(1.013 - 0.02339)} = 0.01470\, kg_w / kg_a$이다.

- 상대습도 50%일 때 :

$p_v = p_{sat} \times 0.5 = 0.011695 \times 10^5\, Pa$이므로

$W = 0.6219 \frac{p_v}{p_a} = 0.6219 \frac{0.011695}{(1.013 - 0.011695)} = 0.01168\, kg_w / kg_a$이다.

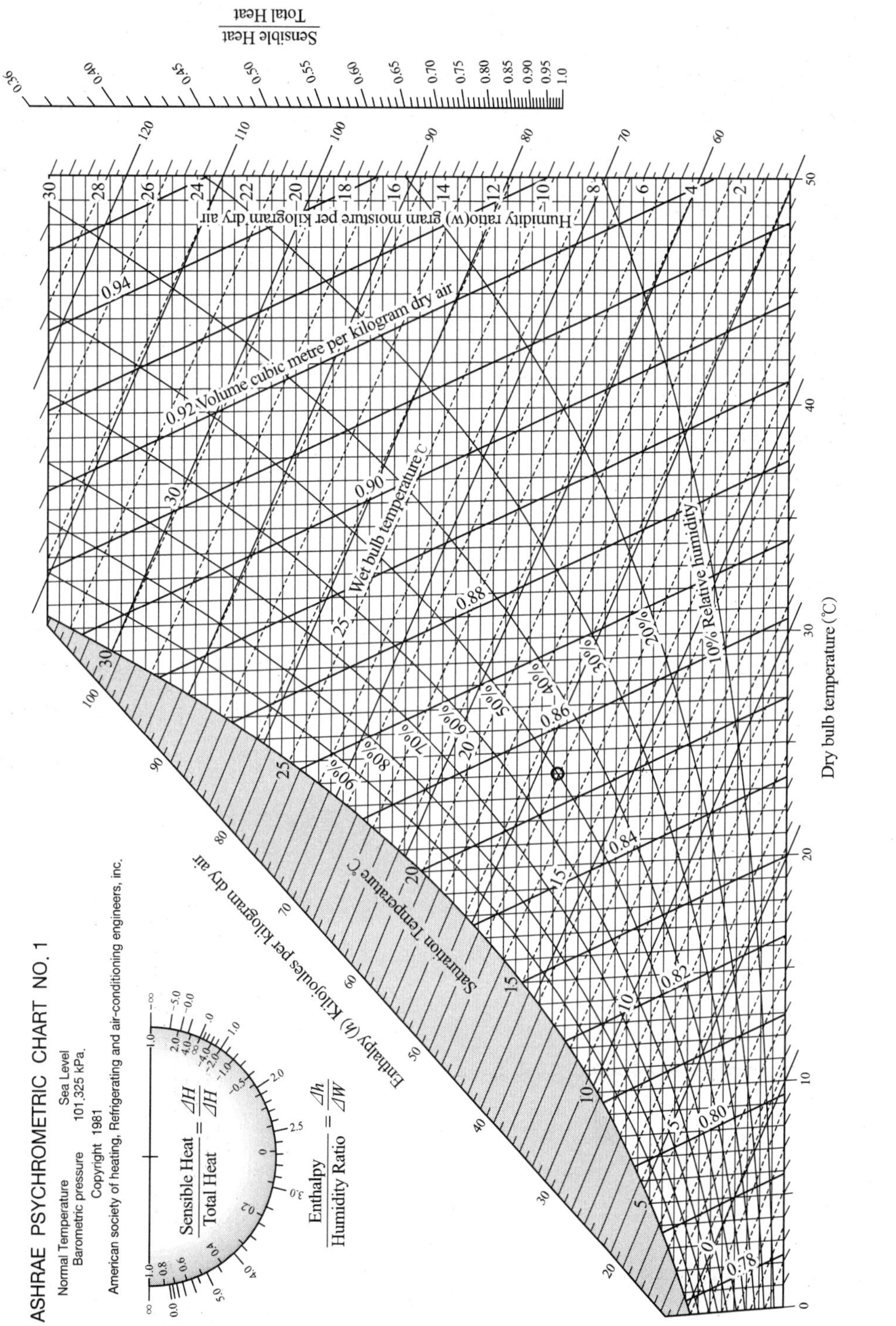

그림 13.1 습공기선도(Psychrometric Chart) [참고문헌 7]

2) 건습구 온도계

건구온도와 습구온도를 측정하면 상대습도를 구할 수 있다. 건습구 온도계는 대기에 직접적으로 노출되어 있는 건구온도계와 온도계의 밸브가 항상 심지에 둘러싸여 물에 젖어 있는 습구온도계로 이루어져 있다. 실제로 습구온도계는 물의 증발에 의한 냉각효과와 주위 공기로부터의 열전달에 의한 평형온도를 측정하게 되는데, 이것은 이론적인 단열포화온도와는 다소 차이가 있다. 단열포화온도(adiabatic saturation temperature)란 단열된 상태에서 공기가 무한히 넓은 표면적을 갖는 물과의 열 및 물질전달에 의하여 포화되었을 때 나타내는 열역학적 온도이다. 일반적으로 습구온도계 주위의 복사열전달의 영향이 줄어들면 단열포화온도와의 오차가 줄어든다. 복사에 비하여 대류열전달에 의한 영향을 상대적으로 크게 하기 위하여 습구 주위에 일정한 기류를 형성하도록 하는 것이 좋다. 습구온도계 주위의 풍속을 1 m/s 이상으로 하면 오차가 1% 이내로 매우 작아지는 것으로 알려져 있다.

회전 건습계(sling psychrometer)는 그림과 같이 손잡이가 있어 공기 중에서 흔들거나 회전시킴으로써 공기와의 상대운동을 유발할 수 있도록 만들어진 건습구 온도계이다. 구조가 매우 단순하고 이동은 간편하나 연속적인 측정이나 자동 측정은 곤란하다.

이에 비해 아스만 건습계(Assmann psychrometer)는 가장 많이 사용되는 건습계로서 내부에 작은 송풍기가 설치되어 있어서 습구 주위에 일정한 풍속을 제공한다. 건구와

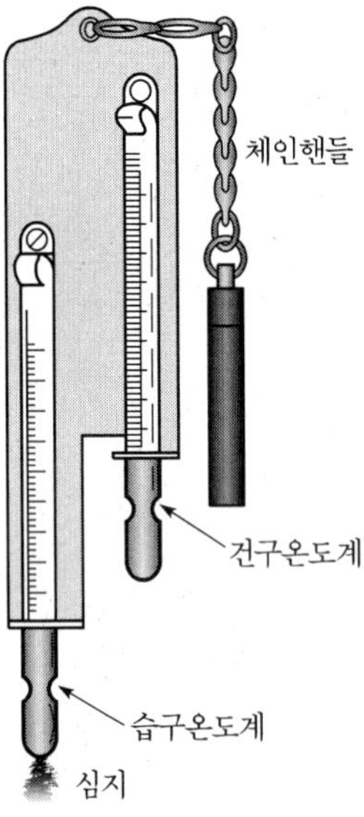

그림 13.2 회전 건습계

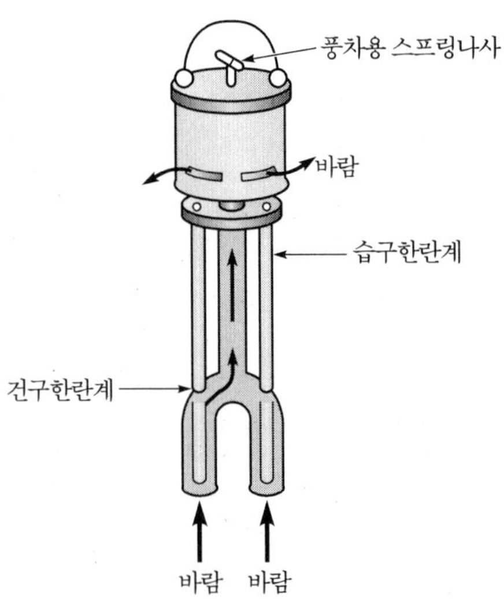

그림 13.3 아스만 건습계

습구에 열전대나 서미스터를 부착하여 전기적인 측정도 가능하다.

아스만 건습계를 이용할 때, 습구를 둘러싸고 있는 무명천이 건조되지 않도록 항상 주의를 기울여야 한다. 또한 정밀한 측정을 위해서는 습구에 기름이나 오염물질이 묻지 않도록 하고 물은 증류수를 써서 무명천에 불순물이 쌓이지 않도록 한다.

3) 흡습형 습도계

머리카락, 나일론, 데이크론, 동물 피막(animal membrane), 종이 등과 같은 유기물질은 흡습성을 갖고 있어서 습도의 변화에 따라 신축성을 보인다. 이와 같은 흡습체의 팽창·수축에 따른 길이 변화를 측정하여 주위 공기의 상대습도를 측정한다. 사람의 머리카락이 가장 보편적으로 많이 사용되고 있다. 머리카락은 주위의 습도에 민감하게 반응하고 수분 함유량에 따른 길이 변화가 상당히 크게 나타나는 특성이 있다. 보통 이력현상(hysteresis)이 나타나지만 압연과 화학처리를 하면 신축특성과 이력현상을 개선할 수 있다. 이러한 길이 변화를 지침이나 펜을 움직이게 하여 상대습도를 연속적으로 측정하게 할 수도 있다. 흡습형 습도계는 원리가 간단하고 보통 값이 싸지만, 단점으로는 불확도가 크고 측정시간 지연이 크다. 또한 흡습체의 특성이 시간에 따라 변화하기 때문에 정확한 측정을 위해서는 빈번한 보정작업이 필요하다.

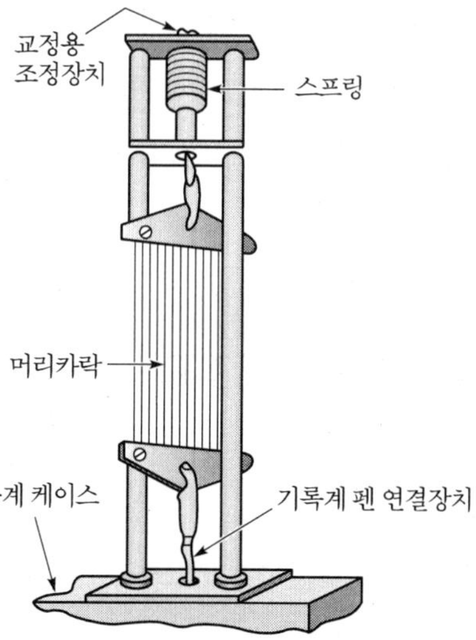

그림 13.4 흡습형 습도계

4) 전기저항식 습도계 (Electrical impedance hygrometer)

전기저항식 습도계는 주변 공기의 습도에 의해서 검출부의 임피던스가 변화하는 것을 이용하여 상대습도를 측정한다. 전해질에 의한 것, 전기 절연재료의 표면저항에 의한 것, 반도체 박막에 의한 것 등이 있다.

던모어(Dunmore)형 감습소자는 전해질을 이용한 습도계 중에서 대표적인 것이다. 전도성이 좋은 전선을 폴리에틸렌 원통에 일정한 간격으로 평행하게 감고 표면에 염화리튬 수용액을 도포한다. 그러면 전선 사이를 연결하는 전기통로가 형성되는데 상대습도에 따라 전기저항이 크게 변화한다. 보통 AC 브리지 회로를 이용하여 저항을 측정하며 연속기록이나 원격측정이 가능하다. 그러나 습도에 따른 저항변화가 선형적이지 못하기 때문에 측정할 수 있는 습도범위가 좁다(10%RH 정도). 넓은 습도범위에 대한 측정을 위해서는 다중센서를 이용하여야 한다. 정확도는 약 1.5%RH이고, −40℃에서 65℃의 온도 범위에서 사용된다.

5) 용량형 습도계 (Capacitance hygrometer)

고분자막은 주위의 상대습도에 따라 평형상태의 수분 함유량이 결정되고 그에 따라 비유전율이 변화하여 정전용량(capacitance)이 변화한다. 이러한 정전용량의 변화를 전기신호로 추출하여 상대습도를 측정한다. 알루미나 박판 위에 Au-Pt의 빗살모양의 하부전극이 있고 그 위에 고분자 감습막이 수 μm 의 두께로 균일하게 도포되어 있고, 새로이 그 도포막 위에 Au 박막의 상부전극으로 구성되어 있다.

두 개의 나란한 평판 사이의 정전용량은 다음 식으로 표현된다.

$$C = K\varepsilon_o \frac{A}{d} \tag{13.3}$$

여기서, A는 면적, d는 간격이고 ε_o는 진공에서의 유전율(permissivity)이다. K는 비유전율로서 고분자막의 비유전율은 건조 상태에서 약 3이고 물은 80이다. 따라서 상대습도 ϕ%에 따라 정전용량 $C(\phi)$은 비유전율 $K(\phi)$에 비례하여 변한다. 즉,

$$C(\phi) = C_o + \alpha\, K(\phi) \tag{13.4}$$

이고, 여기서 a와 C_o는 센서의 고유상수이다.

용량형 습도센서는 온도에 대한 의존성이 적은 특성이 있다. 또 크기가 소형이고 두께가

얇아서 습도 변화에 대한 응답시간이 수초 정도로 매우 짧다. 한편 산이나 알칼리 또는 유기용제가 함유되어 있는 분위기나 고온 중에서는 사용을 가급적 피하는 것이 좋다.

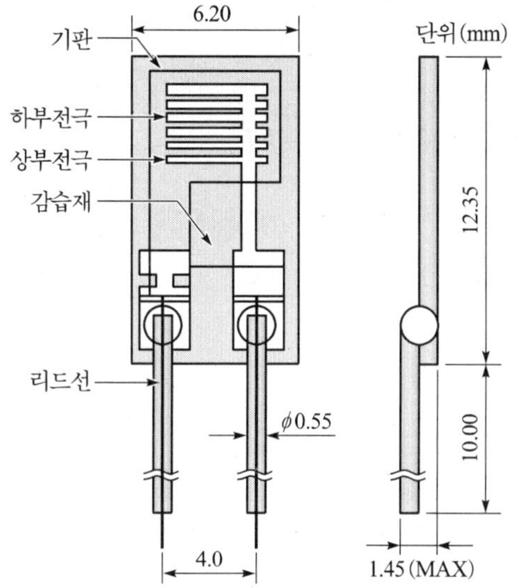

그림 13.5 용량형 고분자 습도센서의 구조 [참고문헌 1]

6) 노점 온도계 (Dew point hygrometer)

(a) 냉각식 노점계

냉각식 노점계는 직접 공기를 냉각하여 포화상태의 온도, 즉 노점을 측정하는 것이다. 이것은 정의에 따라 노점을 측정하기 때문에 별도의 습도 보정작업이 필요 없다. 거울같이 매끈한 금속면을 냉각하여 표면에 이슬이 맺히는 순간의 온도를 측정한다. 공업적으로는 이슬점의 검출을 광학적으로 실시하는 광전관 노점계가 많이 이용되고 있다. 냉각 금속면에 빛을 조사하고 반사광의 강도를 광전소자로 측정한다. 표면에 이슬이 생기면 빛은 산란되어 반사광의 강도가 약해진다. 이 순간을 검출하여 금속면 온도를 일정하게 유지하면서 노점온도를 측정한다.

금속면의 냉각에는 주로 전자냉동(thermoelectric cooling) 소자를 사용한다. 빛의 검출에는 광전관이나 반도체 광전소자가 사용되고, 온도의 검출에는 열전대나 RTD 또는 서미스터가 사용된다. 보통 노점범위 −40℃~90℃에서 측정이 가능하며 ±0.5℃ 정도의 오차범위를 갖는다. 기타 적외선의 반사를 이용한 것, α선의 흡수나 β선의 산란을 이용한 방사선식 등도 있다.

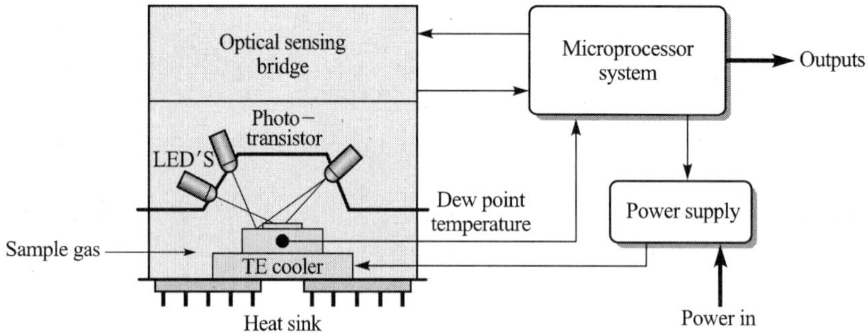

그림 13.6 광전관 노점온도계

(b) 염화리튬 노점계

염(salt)류의 포화수용액의 수증기압은 온도의 함수로서 온도 상승과 더불어 증가한다. 용액의 수증기압이 주위 공기의 수증기압과 같게 될 때까지 용액의 온도를 높여서 그 온도에서 주위 공기의 수증기압에 따른 노점을 구한다. 염화리튬을 사용한 노점계가 이 종류의 대표적인 것이다.

그림 13.7은 물과 염화리튬 포화수용액의 수증기압을 나타낸다. 측정 공기의 상태를 나타내는 c점에서 수평으로 잇는 선과 물의 수증기압 곡선과의 교점을 a, 염화리튬의 증기압 곡선과의 교점을 b라 하면, 점 a는 노점온도에 해당한다. 점 c의 온도에서는 염화리튬수용액의 수증기압은 주변 공기의 수증기압보다 매우 낮으나, 이것을 가열하여 점 b에 이르면 수증기압은 서로 같아진다. 이 점의 온도와 노점온도와의 사이의 일정한 관계를

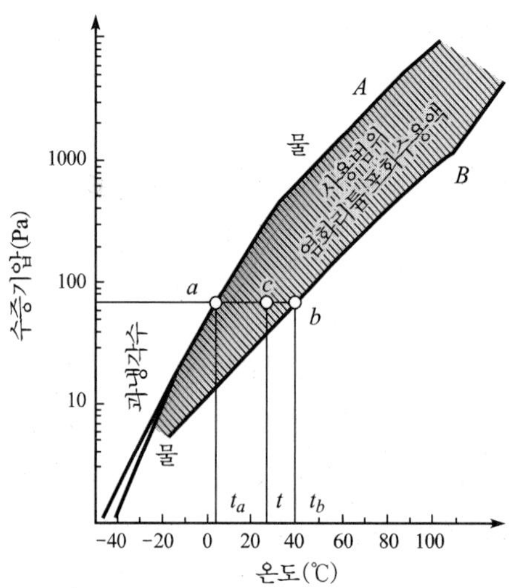

그림 13.7 염화리튬수용액의 포화수증기압의 변화 [참고문헌 1]

안다면, 측정된 b점의 온도로부터 노점의 직독이 가능하다. 점 b에서 염화리튬 포화수용액과 주변 기체와의 수증기압의 평형에는 염화리튬 포화수용액의 전도도(conductivity)가 이 점을 경계로 크게 변화한다는 사실을 이용하고 있다.

대표적인 듀셀 노점계(Dewcel hygrometer)는 금속관 외부가 절연되어 2개의 가는 선이 평행하게 감겨 있고 그 위에 염화리튬수용액이 발라져 있다. 여기에 교류 전원을 연결하면 염화리튬을 통하여 전류가 흐르면서 가열된다. 염화리튬의 포화증기압이 주변 기체의 수증기압보다 낮으면 용액 중에 고체염이 없기 때문에 전도도가 높아서 전류에 의해 용액의 온도가 상승한다. b점 위로 온도가 상승하면 수증기압의 관계가 역전되어 용액 중의 고체염이 석출되어 전도도가 상당히 작아지게 된다. 그러면 전류량이 줄어들고 자동적으로 온도가 b점에서 유지된다.

Dewcel의 작동범위는 주변의 온도범위 -40~120℃, 노점온도 -40~60℃, 상대습도는 약 20~100%이다. 염화리튬용액이 오염되면 노점온도에서 ±0.5℃, 상대습도에서 2~3% 정도의 오차가 발생한다.

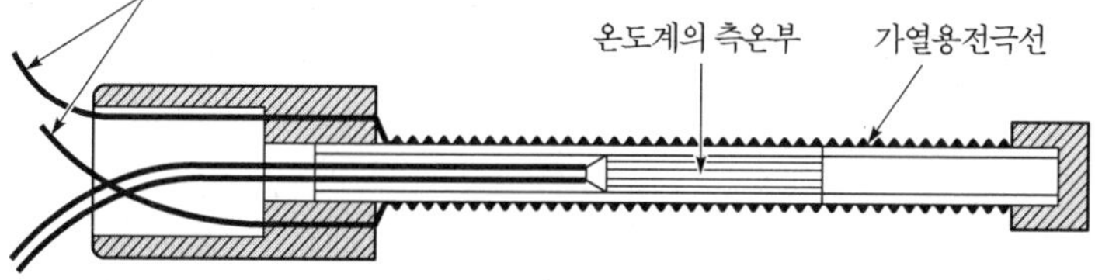

그림 13.8 염화리튬 노점계

7) 포화염 수용액

가장 기본적인 습도의 측정방법은 미국의 NBS(National Bureau of Standards)에서 사용되고 있는 중량법이다. 건조제를 이용하여 공기 중에 포함되어 있는 수증기를 완전히 제거하고 그 중량을 측정하는 방법으로 오차를 0.1% 이내까지 정확하게 측정할 수 있다. 그러나 취급이 곤란하고 측정에 장시간을 요하므로 대체 표준으로서 포화염 수용액을 이용하는 경우가 많다.

포화염 수용액이 노출되어 있는 밀폐 시험조 내의 공기는 주어진 온도상태에서 일정한 포화수증기압을 보인다. 상대습도 측정상의 불확도는 약 ±1% 정도로 알려져 있다.

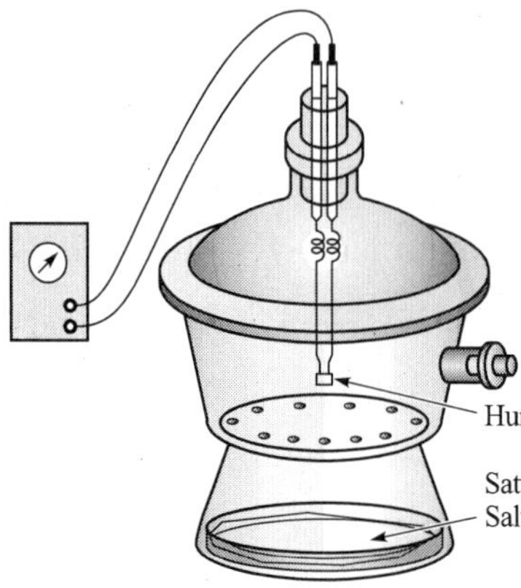

그림 13.9 포화염 수용액을 이용한 습도계의 보정

표 13.1 포화염 수용액에 의한 상대습도[%]

Temperature / Substance	0℃	5℃	10℃	15℃	20℃	25℃	30℃
K_2SO_4	99	98	98	98	98	97	97
KNO_3	96	96	96	95	95	94	92
KCl	89	88	87	86	85	84	84
NaCl	76	76	76	76	75	75	75
NaBr	65	64	62	61	59	58	56
$Mg(NO_3)_2 \cdot 6H_2O$	60	59	57	56	54	53	51
$K_2CO_3 \cdot 2H_2O$	43	43	43	43	43	43	43
$MgCl_2 \cdot 6H_2O$	34	34	33	33	33	33	32
$LiCl \cdot H_2O$	11	11	11	11	11	11	11

13.2 가스농도의 측정

1) 공기오염 농도기준

공기 중에 함유되어 있는 오염가스의 양은 체적기준 또는 질량기준으로 표시된다. 대개의 경우 오염 함유량이 매우 작기 때문에 ppm(parts per million)이라는 단위를 이용한다.

$$\text{ppm} = \frac{\text{체적(오염물질)}}{10^6 \text{체적(공기} + \text{오염물질)}} \tag{13.5}$$

$$= \text{체적비의 } 0.0001\%$$

체적기준의 단위를 질량기준으로 바꾸기 위해서는 오염물질의 분자량을 알아야 하고, 온도와 압력이 주어져야 한다. 이상기체로 가정하면 다음 식과 같이 질량농도를 계산할 수 있다.

$$\frac{m_p}{V} = \frac{M_p P}{RT} \times (C \cdot 10^{-6}) \tag{13.6}$$

여기서, $m_p/V =$ 체적당 오염질량 농도 [kg/m^3]

$M_p =$ 오염물질의 분자량 [kg/kmol]

$P =$ 압력 [Pa]

$R =$ 일반 기체상수 [8314 J/kmol K]

$T =$ 절대온도 [K]

$C =$ 체적 농도 [ppm]

예제 13.2

온도 25℃의 공기 중 일산화탄소 농도가 2 ppm일 때, 공기 1 m^{3}에 들어있는 일산화탄소 질량은 얼마인가?

풀이

일산화탄소(CO)의 분자량은 28이므로,

$$\begin{aligned}\frac{m_p}{V} = \frac{M_p P}{RT} C \times 10^{-6} &= \frac{28(1.013 \times 10^5)}{8314(298)}(2 \times 10^{-6}) \\ &= 2.290 \times 10^{-6}\ \text{kg/m}^3 \\ &= 2290\ \mu\text{g/m}^3\end{aligned}$$

이다.

보통 체적당 질량농도 m_p/V의 값은 매우 작기 때문에 주로 [μg/m^3]를 사용한다. 일반적인 오염물질들의 상당체적과 질량농도를 표 13.2에 보인다.

표 13.2 1 ppm 오염물질의 1기압 하에서의 질량농도

Pollution	Mass concentration [μg/m^3]	
	0℃	25℃
Carbon monoxide (CO)	1250	1145
Nitric oxide (NO)		1230

Pollution	Mass concentration [$\mu g/m^3$]	
	0℃	25℃
Nitrogen dioxide (NO_2)		1880
Ozone (O_3)	2141	1962
PAN [$CH_3(CO)O_2NO_2$]	5398	4945
Sulfur dioxide (SO_2)	2860	2620

2) 공기표본 샘플링 방법

공기의 표본을 추출하는 과정은 그림 13.10과 같고 샘플링 방법에는 포집, 흡착, 흡수, 응축과 동결 등의 방법이 있다.

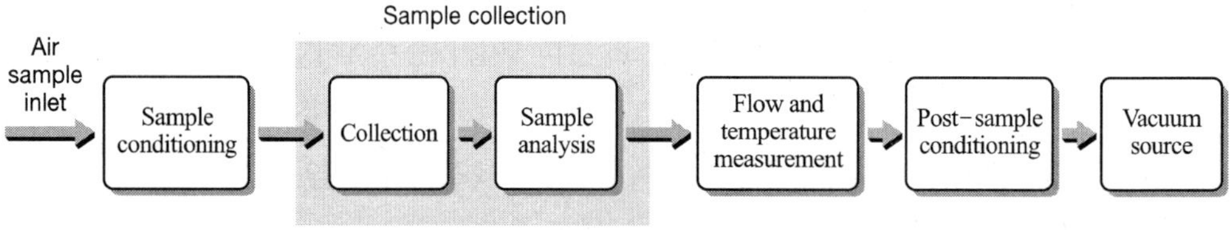

그림 13.10 일반적인 공기표본 추출순서

(a) 샘플백/샘플병 포집 (Sampling bag)

분석하고자 하는 공기 샘플을 그대로 채취하여 샘플백이나 샘플병에 포집하는 방법이다. 작은 펌프가 내장되어 있는 에어샘플러 등을 이용하여 포집한다.

(b) 흡수(Absorption) 기법

공기표본 기포를 액체 속으로 통과시킴으로써 오염가스를 화학반응에 의해 액체에 흡수시킨다. 흡수장치로 임핀저(impinger), 분무식 세정기, 가루유리 세정기 혹은 충전장치 등이 있다. 흡수율은 흡수장치를 통과하는 기체유량, 흡수용제의 농도, 그리고 총 반응시간의 영향을 받는다. 흡수 후에 액체 반응물을 분석하여 원래 기체상태의 오염물질 농도를 측정한다.

(c) 흡착(Adsorption) 기법

기체상태의 분자를 고체 표면과 접촉시키면 기체분자들이 표면에 달라붙는데, 이것을 흡착이라고 한다. 대표적인 흡착제는 활성화 탄소(activated carbon), 활성화 알루미나

(AlO$_2$), 실리카겔(silica gel : SO$_4$)과 분자를 거르는 장치이다. 흡착과정 후에 고체들은 오염물질을 용해시킬 수 있는 시약으로 씻어내어 분석한다. 물론 흡착과정 후에는 주기적으로 고체를 재생시켜야 한다.

(d) 응축과 동결(Condensation and freeze-out) 기법

매우 낮은 압력하의 냉각 챔버에 공기표본을 통과시키면 여러 기체성분들이 응축되거나 동결될 수 있다. 이와 같은 방법에서는 원하는 오염물질을 추출해내기 전에 수증기나 다른 성분을 제거하기 위해서 여러 개의 동결부를 직렬로 연결해 사용해야 할 경우도 있다.

3) 가스농도 측정법

(a) 비분산형 적외선 분석법 (NDIR)

비분산 적외선(non-dispersive infrared)법은 가스 고유의 파장대역에서 적외선을 통과시킬 때 배기가스 중에 포함된 가스의 농도에 비례하여 적외선의 흡수농도가 달라지는 성질을 이용하는 방법이다. 주로 일산화탄소와 탄화수소의 측정에 사용된다. 그림 13.11은 NDIR분석계의 구조를 보인다.

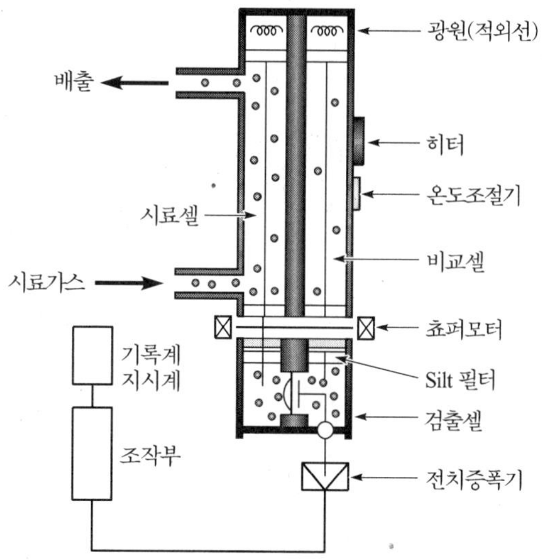

그림 13.11 비분산형 적외선 분석법(NDIR)의 원리도

그림에서 보는 바와 같이 두 개의 적외선 광원에서 나온 빛은 시료셀과 비교셀을 각각 통과하여 좌우 검출셀에 도달한다. 검출셀 내의 측정가스의 농도가 변함에 따라 적외선

검출기에 도달하는 양이 변하게 된다.

한편 비교셀에는 적외선을 흡수하지 않는 불활성가스(N_2, O_2, H_2 등의 대칭 2원자분자 또는 Ar, Ne 등)가 들어 있어서 광원으로부터 나온 빛은 그대로 검출기에 도달된다. 따라서 얇은 박막(콘덴서 마이크로폰)으로 분리되어 있는 검출기의 좌우실은 적외선 흡수량의 차에 따른 흡수에너지의 차이가 생기고, 각 실의 압력차가 생겨 압력이 작은 시료셀 쪽으로 박막이 늘어나게 된다. 광원에서 나온 적외선은 회전 섹터 또는 쵸퍼(chopper) 모터 등을 거쳐 감지기(detector)에 도달하여 박막을 진동하게 한다. 그 금속막의 진폭을 전기출력으로 변화시키고 증폭기에서 증폭시킴으로써 시료가스의 농도를 지시계에서 표시할 수 있고 필요에 의해서 기록계에서 기록하여 농도 해석에 사용된다.

측정가스 중의 다른 성분가스에 의한 간섭영향, 외부로부터의 진동 등에 의한 영향, 광원부, 셀부의 기능 저하로 인한 드리프트 등 계기의 불안정요인의 영향을 경감시키기 위한 복수검출기 방식이 개발되어 있다. 이는 복수검출기와 전자회로를 조합한 보상방식을 채용하는 것으로, 특히 저농도에 있어서는 CO_2, H_2O 등에 의한 지시오차를 무시할 수 있는 것으로 알려져 있다. 이것은 주 신호와 방해성분의 신호를 검출하여 그 신호의 차이를 증폭함으로써 방해성분의 신호를 검출하고, 그 신호의 차이를 증폭함으로써 방해성분의 영향을 최소화하여 정확한 측정결과를 얻는 장치이다.

(b) 수소염 이온화 분석법(FID)

FID(flame ionization detector)법은 유기탄소화합물의 수소염이 고온에서 이온화하는 성질을 이용한 것으로 감도는 탄소수에 비례한다. 그림 13.12와 같이 감지기 중의 모세관에서 연료가스 및 시료가스를 분사시키고 그 주위에 공기를 생성한 불꽃염은 확산염이 된다. 이때 시료가스 중에 탄화수소성분이 존재하여 함께 연소될 때는 전도성을 갖는 불꽃염이 되어 전류의 흐름이 형성되어 이를 증폭부에서 증폭, 표시계에 표시된다. 이 방법은 감도가 좋아 여러 가지 탄화수소성분 분석에 널리 응용

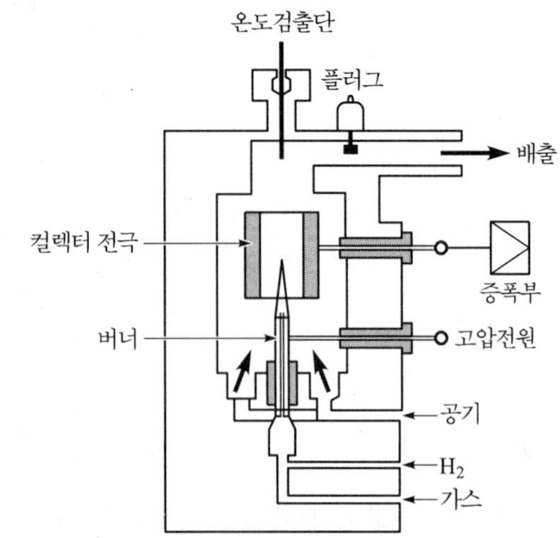

그림 13.12 수소염 이온화 분석법(FID)의 원리도

되며, 특히 자동차 배기가스 중의 전탄화수소 분석에 많이 사용된다.

(c) 화학발광검출법(CLD)

화학발광검출법(chemiluminescencent detection)은 화학반응 시 발생하는 빛의 강도를 측정함으로써 가스농도를 측정하는 원리이다. 일반적으로 일산화질소(NO)와 오존(O_3)은 가스 상태에서 아래와 같은 화학반응을 발생시킨다.

$$\begin{aligned} &NO + O_3 \rightarrow NO_2 + O_2 \\ &NO + O_3 \rightarrow NO_2^* + O_2 \\ &NO_2^* \rightarrow NO + hV \ (NO_2^* : \text{여기상태}) \end{aligned} \tag{13.7}$$

위 반응의 일부 NO(약 10%)가 여기상태의 NO_2로 되고, 이것이 다시 기저상태의 NO_2로 변할 때 파장 590~2,500 nm(5,900~25,000 Å)의 빛이 발생된다. 그 발광강도가 NO의 질량 유량에 비례하는데, 이때 적절한 파장을 선택하여 광전자 증배관에서 측정한다.

배출가스 중 NO_2는 변환기(converter)를 써서 NO로 환원시켜 위와 같이 측정하기에는 감도가 낮으므로 CVS법에서는 CLD법을 채택하고 있다. 이 분석기의 원리를 간단하게 나타내면 그림 13.13과 같다.

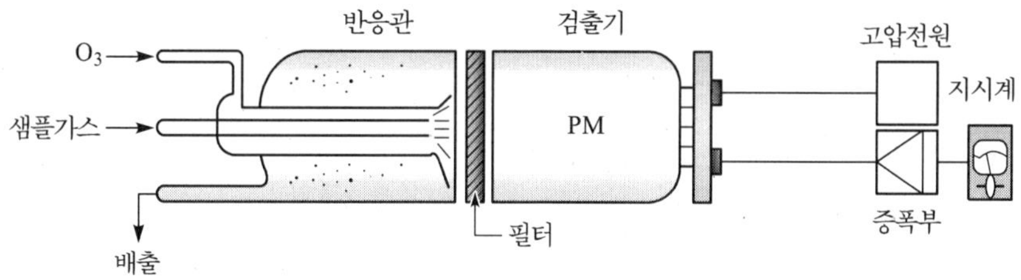

그림 13.13 화학발광검출법(CLD)의 원리도

13.3 입자농도의 측정

1) 공기 중의 입자상 물질

공기 혹은 가스 중에 포함되어 있는 고체나 액체상태의 작은 입자를 에어로졸 (aerosol)이라고 한다. 에어로졸의 크기는 보통 0.002~100 μm 범위 내에 있으며, 생성 메카니즘과 상태에 따라 분진, 흄, 스모크, 포그 등으로 구분된다. 그림 13.14는 전형적인 입자상 물질의 크기를 보인다.

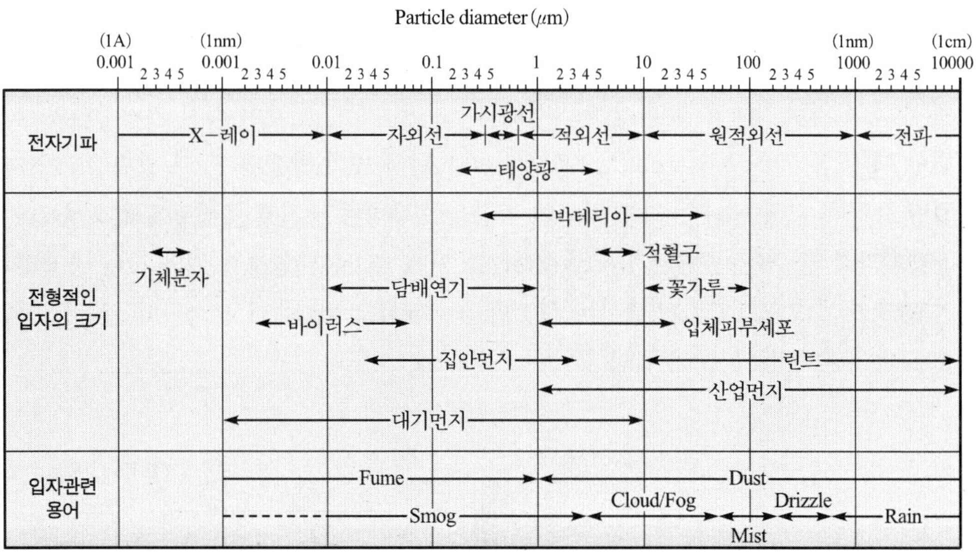

그림 13.14 전형적인 입자의 크기

- **분진(dust)**: 마찰, 절단, 연마 혹은 굴착과 같은 과정에서 생기는 아주 작은 모래알 같은 입자를 통상 분진 또는 먼지라고 부른다. 분진 중 비교적 무거워서 침강하기 쉬운 것을 강하분진이라고 하고, 미세하고 가벼워서 좀처럼 침강하기 어려워 장기간 공중에 떠다니는 것을 부유분진(suspended particle)이라고 한다. 입경 10 μm 이하의 미세먼지로 PM10이라 한다.
- **흄(fume)**: 연소, 승화 또는 증발과 같은 화학적 반응에 의해 생긴 고체상의 물질로 금속물질이 연소했을 경우에 생성되는 용접입자 같은 것이 여기에 속한다. 흄은 대단히 응집되기 쉬운 성질을 갖고 있다.

- **매연(smoke)**: 주로 연소와 같은 산화과정에서 어떤 물질이 완전히 타지 않을 때 생기는 아주 작은 알갱이로 크기는 0.01 μm 이상이다.
- **안개(fog)와 연무(mist)**: 기체상태의 수증기가 작은 액체입자로 응고하거나 액체 자체가 분산되었을 경우에 표면장력에 의하여 작은 액체방울로 생성된다. 안개는 아주 작은 물방울이 공기 중에 떠있는 현상으로 연기와 가까운 상태를 말한다. 연무는 안개보다 입자의 크기가 크며 투명하다. 표면장력에 의해 구상을 형성하며 큰 것은 침강하기도 한다. 또 이와 비슷한 것으로 헤이즈(haze)는 대단히 작은 입자가 대기 중에 떠있는 현상으로서 검은 배경에서 청자색을 띄는 것을 말한다.
- **스모그(smog)**: 스모크와 포그가 결합된 형태로서 광화학반응 생성물과 수증기가 결합되어 생기는 광화학적 대기반응에서 흔히 볼 수 있는데, 입자의 크기는 매우 작아 보통 1 μm 이하이다.

공기 중에 부유하고 있는 입자의 농도를 표시하는 방법에는 단위체적당 입자의 개수(개/cm^3)나 단위체적당 입자의 질량($\mu g/m^3$)으로 표시하는 방법과 빛이 투과할 때 반사율의 저하를 백분율 등으로 나타내는 상대적 표시법이 있다.

2) 입자상 물질 측정법

(a) 측정방법

부유분진의 측정방법에는 부유측정법과 포집측정법이 있다. 부유측정법이란 기체 중에 있는 분진을 부유상태로 그 농도를 측정하는 방법으로 직접법이라고 한다. 이러한 측정기에는 CNC, DMPS, OPC, APS 등이 있다.

또 포집측정법이란 기체 중에 부유하는 분진을 여과지, 커버 글라스, 증류수 등에 분리・포집하여 그 농도를 측정하는 방법으로 간접법이라고 한다. 이것은 분진의 포집과 정량의 2단계 조작을 필요로 한다. 포집하는 방법에는 다음과 같은 것들이 있다.

(b) 포집방법

입자를 포집하는 것은 입자의 특성을 파악함으로써 가능하다. 필터에 포집되는 원리는 일반적으로 입자의 확산(diffusion)과 관성충돌(inertial impaction), 그리고 차단(interception)에 의한다. 그림 13.15는 이러한 입자의 여과 메카니즘을 보여주고 있으며, 그림 13.16은 전형적인 필터의 여과 또는 포집효율을 보여주고 있다. 작은 입자는 브라운 운동(Brownian motion)에 의한 확산에 의해 주로 포집되며, 큰 입자는 주로 관성충돌이나 차단에 의하여 포집된다. 중간 크기의 입자는 관성과 확산이 적어서 포집효율이 상대적으로 낮다.

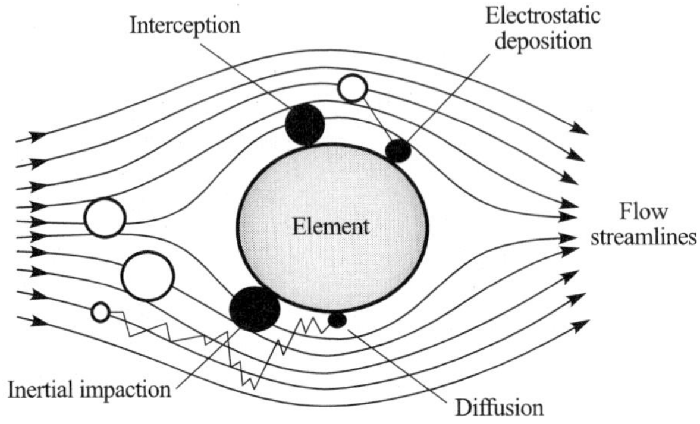

그림 13.15 입자의 포집원리

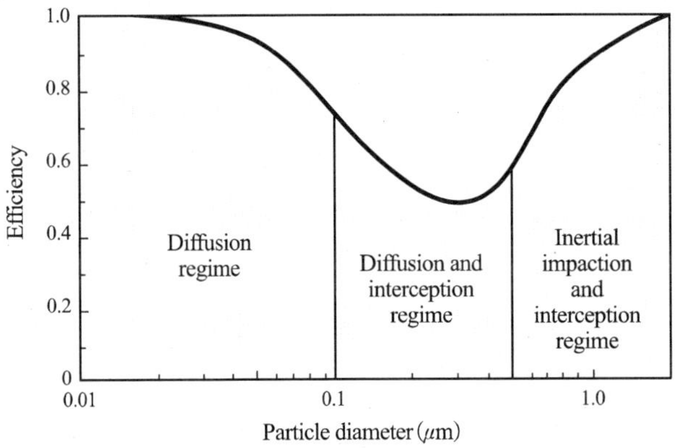

그림 13.16 전형적인 필터의 여과효율 [참고문헌 16]

입자를 포집하는데 사용되는 실제적인 방법을 정리하면 다음과 같다.

- **관성충돌식** : 커버 글라스, 스테인리스 등의 포집판에 기체를 빠른 속도로 충돌시켜 입자를 판 위에 포집하는 방식(cascade impactor)
- **정전식** : 코로나 방전을 하고 있는 전극 간에 기체를 통과시켜 분진을 하전시킨 후 정전인력에 의해서 분진을 포집하는 방식(DMA)
- **여과식** : 여과층을 통해서 공기를 흡입하여, 여과층에 분진을 포집하는 방식(filter, mini-dilution tunnel, smoke tester)

- **침강식** : 기체 중의 부유분진을 자연침강에 의해 포집판 상에 포집하는 방식
- **온도구배식** : 기체를 온도구배가 있는 공간을 통과시키면 온도구배에 의해서 입자는 저온쪽으로 이동하게 된다. 이러한 현상을 이용하여 포집하는 방식
- **충돌식** : 기체를 액체 속에서 충돌판에 충돌시켜 분진을 현탁액으로 하여 포집하는 방식

3) 총합 입자량의 측정

포집된 입자의 총합량을 측정하여 공기 중의 입자농도를 계산한다. 포집된 입자량을 측정하는 방법에는 천칭을 이용하여 직접 무게를 측정하는 방법, 현미경을 이용하여 입자 개수를 세는 방법, 그리고 광산란이나 광반사 정도를 측정하는 방법 등 다양하다.

(a) 천칭을 이용한 중력법 (Gravitational method)

가장 생각하기 쉬운 방법으로 일정한 체적의 공기를 필터에 통과시키고 필터에 집적된 입자의 무게를 측정하는 방법이다. 입자를 통과시키기 전과 통과시킨 후에 무게를 측정하면 그 차이가 입자의 무게이다. 필터의 효율을 알아야 하지만 보통 고효율의 필터를 쓰고 있으며 100%라고 가정해도 무리가 없다. 작은 무게 차이를 측정해야 하므로 매우 정교한 질량 측정장치가 있어야 한다. 기계적 분석천칭의 경우 0.1 mg 정도의 정밀도를 보인다. 공기 중의 단위체적당 질량농도를 측정하는 것이며 입자개수 농도는 구하지 못한다.

(b) 현미경을 이용한 직독법 (Direct reading method)

일정한 체적의 공기를 통과시킨 필터를 현미경에 올려놓고 확대해보면서 입자의 개수를 세는 방법이다. 현미경으로 보이는 면적 내에 있는 입자의 개수를 세어 전체 개수를 산출한다. 전체 입자 분포가 균일하지 않고 표본구간의 면적당 입자개수가 전체를 대표하기 어려운 경우에는 오차가 크게 발생할 수 있으나 가장 직접적인 방법이다. 공기 중의 단위체적당 입자개수 농도를 구하게 되며 질량농도는 구할 수 없다.

(c) 광분산식 분진계

직접 입자의 개수를 세거나 무게를 측정하는 방법 대신에 입자에 의한 빛의 산란 특성을 이용하여 측정하는 원리이다.

분진의 크기, 형상, 산란계수 등 여러 가지 인자가 일정한 경우, 분진에 의해서 생기는

산란광의 세기는 그 질량농도에 비례하기 때문에 산란된 빛의 강도를 측정하여 입자의 총 합량을 측정한다. 이 측정기는 응답시간이 빠르나 보통 3~5분 정도 측정하여 1분당 평균값을 구한다.

(d) 광반사식 스모크 테스터 (Smoke tester)

매연이 포집된 필터종이 위에 빛을 쏘아 그 반사되는 양을 광도계(photometer)로 측정함으로써 매연 농도를 측정한다. 광반사측정기는 7~230까지의 측정값을 내는데, 7은 완전히 검은 상태(매연 100%)이고 230은 완전히 하얀 상태(매연 0%)이다. 필터종이는 장비 내에 롤로 장착되어 있어 자동으로 이송된다. 측정이 끝나면 필터종이는 밖으로 나온다.

$$\text{매연값} = \left[1 - \frac{(r-b)}{(w-b)}\right] \times 100 \tag{13.8}$$

여기서, r은 광반사측정기에 의한 측정값, $b=7$, $w=230$이다.

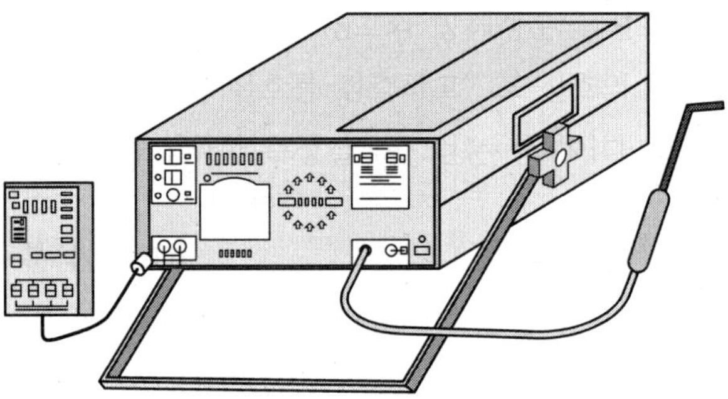

그림 13.17 스모크 테스터

(e) β선 흡수식 질량농도계

이 장치는 자동입자 질량측정기로서 β방사선을 이용한 것이다. β방사선이 물질투과시 강도가 다음 식과 같이 지수적으로 감소되는 현상을 이용한다.

$$I = I_o e^{-\mu x} \tag{13.9}$$

여기서, I_o는 입사방사능의 강도, μ는 질량에 의한 방사능 흡수상수이며 x는 단위면적당의 무게로 g/cm^3로 나타낸다.

보통 β선 소스로 100 μC의 C^{14}(반감기 5730년)를 사용하며, 이를 임팩터나 필터에 포집된 입자 위에 조사하여 실리콘 표면장벽 검출기(Si surface-barrier detector)로 방사능 양을 측정함으로써 포집된 입자 질량을 측정한다.

(f) 수정 발진식 질량농도계

임팩터나 필터에 입자가 포집되면 질량이 미소하게 변화하는데, 이러한 수정진동자를 이용하여 질량 변화를 측정하는 장치이다. 수정진동자는 공진주파수가 포집된 입자의 무게변화량에 선형적으로 감소하는 원리를 이용한 것이다. 이 방식은 10 MHz의 AT-cut 수정진동자를 이용하였을 경우 약 5×10^{-9} g의 정밀도를 갖는다.

(g) 다단 임팩터 (Cascade impactor)

임팩터의 노즐을 통과하는 입자 중 작은 입자는 유선을 따라 다음 단으로 넘어가지만, 관성이 큰 입자는 유선(streamline)을 따르지 못하고 충돌판에 침착된다. 즉, 유선의 이탈 유무에 따라 공기역학적 지름에 의해 입자의 크기를 분류한다.

일반적으로 4단에서 8단 정도로 이루어지며 맨 마지막 단에 최종필터를 설치하여 임팩터로 샘플링하지 못한 입자를 모두 포집하도록 한다. 측정할 수 있는 입자크기 범위는 약 0.3 μm에서 20 μm 정도이며, 자동 계측성능을 갖고 있지 않으므로 실험이 끝난 후 데이터를 얻기 위하여 임팩터 충돌면의 무게를 측정해야 하는 후처리 과정이 필요하다.

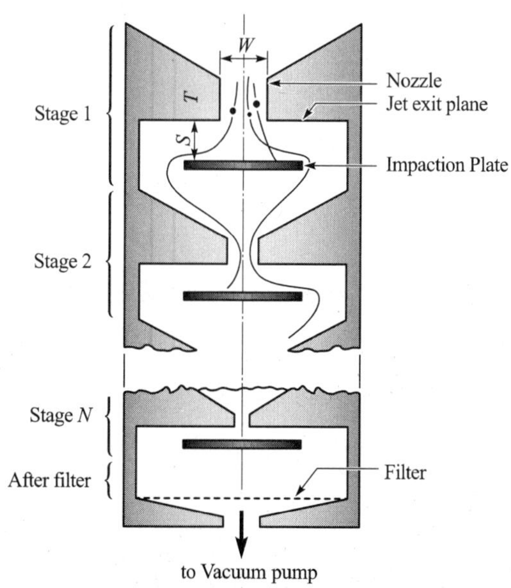

그림 13.18 다단 임팩터

4) 개별 입자의 측정

앞의 총 합량 측정에서는 포집된 입자의 총량을 측정하는 것으로서 실시간 측정이 곤란하며 개별 입자에 관한 정보를 얻기가 어렵다. 개별 입자의 크기와 개수를 측정하는 계측기는 대부분 고가이며, 주로 광산란에 의한 방법을 사용하고 있다.

(a) 광학입자계수기 (Optical particle counter)

광학입자계수기(OPC)는 입자에 의하여 산란된 빛의 강도와 파형으로부터 입자를 크기별로 자동적으로 계산할 수 있는 장치이다.

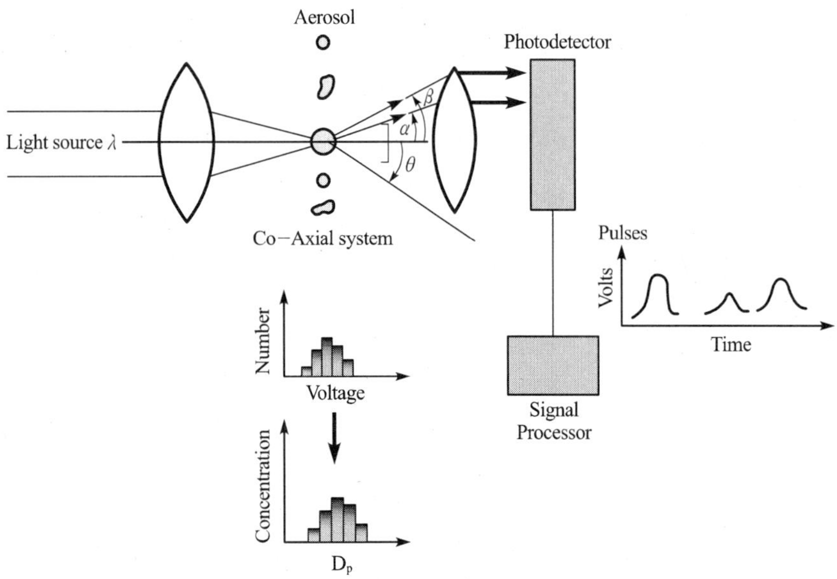

그림 13.19 광학입자계수기의 원리 [참고문헌 14]

입자를 포함한 공기제트에 한쪽 방향에서 빛을 조사하면 입자 하나하나에 의해서 산란광이 발생한다. 이렇게 산란된 빛은 집광장치에 의해 모아져 광검출기(photodetector)로 보내지며, 검출기는 집광된 양에 비례하는 전기적 신호를 발생하게 된다. 이때 전기적 신호의 크기는 입자크기와 상관관계가 있으므로 이 관계에 의해 입자크기를 산출할 수 있다. 이 같은 특징에 의하여 광학입자계수기는 입자의 개수와 크기를 동시에 측정할 수 있다.

(b) 공기역학적 입자측정기 (Aerodynamic particle sizer)

공기역학적 입자측정기(APS)는 입자가속노즐과 광학 산란장치를 조합하여 입자의 공기역학적 크기를 측정한다. 이 계측기의 작동원리는 입자가 포함된 공기를 노즐을 통과시키면서 빠른 속도로 가속시킨다. 이때 입자의 가속되는 양은 입자의 크기에 따라 다르다. 즉, 입자의 가속영역인 노즐 끝부분에서 큰 입자의 경우 관성력이 커서 천천히 가속되고, 작은 입자의 경우는 관성력이 작아 빨리 가속된다. 이들 입자의 속도는 일정한 간격을 유지하고 있는 두 개의 레이저 빔 사이를 통과하면서 산란되는 빛의 펄스 간격을 측정함으로써 공기역학적 입자크기를 측정한다. 측정가능 입자크기는 0.5 μm 에서 15 μm 이다.

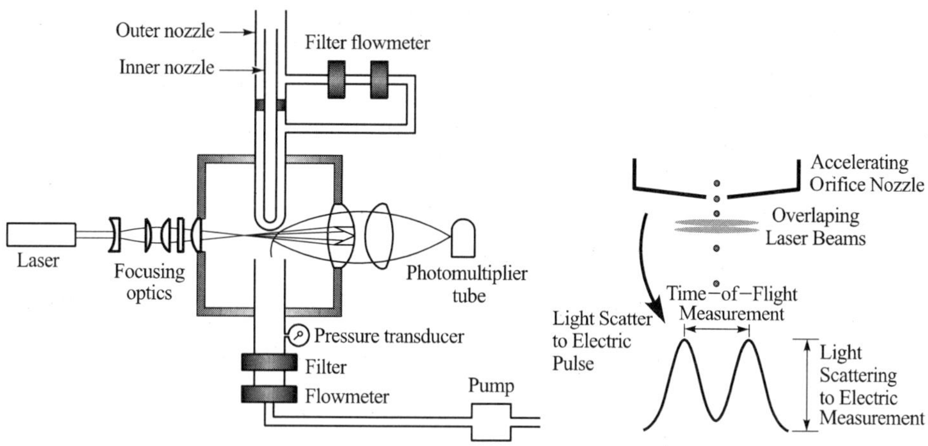

그림 13.20 공기역학적 입자계수기 [참고문헌 14]

(c) 응축핵 계수기 (Condensation nuclei counter)

매우 작은 직경의 입자에 의한 광산란은 매우 미약하기 때문에 그 개수나 농도를 직접 측정하는 것이 쉽지 않다. 응축핵 계수기(CNC)는 0.003 μm 에서 1.0 μm 범위의 작은 입자의 개수를 측정하는 것으로 입자 주위에 알코올, 물, 글리세린 등의 증기를 응축시켜 큰 입자로 성장시킨 후 광학적 방법으로 입자의 개수를 측정하게 된다. 포화증기 속에서 작은 입자는 핵의 역할을 하여 주위의 증기를 응축시키는 원리를 이용한 것이다. 응축과정에서 입자의 크기가 변화하였으므로 입자의 크기를 측정할 수 없는 단점이 있으나 노이즈가 거의 없는 장점이 있다.

상용으로 시판되고 있는 CNC의 구조를 보여주고 있다. 이 CNC는 입자 농도가 1000개/cm^3 이하에서는 각각의 응축된 입자를 측정하며, 그 이상의 농도에서는 응축된 입자로부터의 전체 산란광을 측정한다.

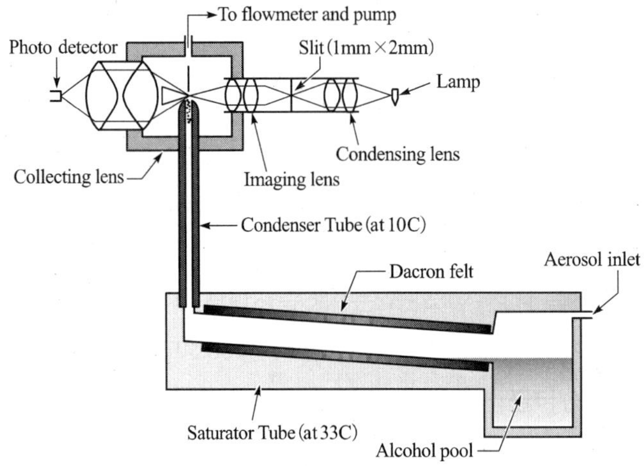

그림 13.21 응축핵 입자계수기

(d) 차동기동성 입자 측정기 (Differential mobility particle sizer)

DMPS는 입자의 전기적 특성을 이용하여 입자의 직경과 개수를 측정하는 장치로 크게 차동기동성 분석기(Differential mobility analyzer)와 CNC 그리고 이 두 장비를 통합 조절하고 데이터를 수집하는 컴퓨터로 구성되어 있다. DMA는 그림 13.22와 같이 동심원관으로 이루어져 있으며, 두 원통 사이로 입자가 이동할 때 안쪽 원통에 전압이 주어지면

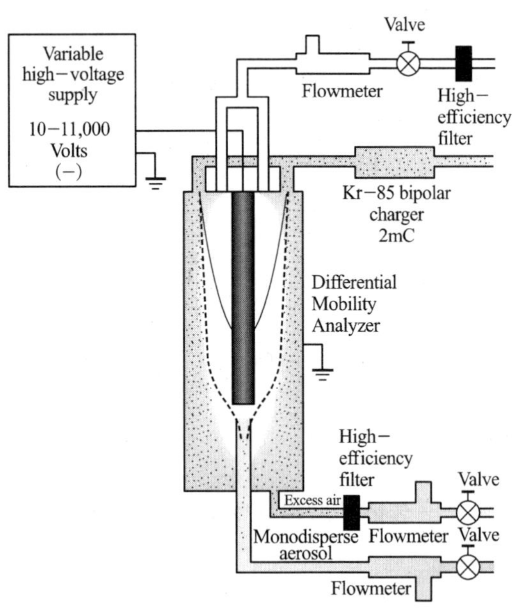

그림 13.22 차동기동성 분석기(DMA)

입자는 안쪽으로 휘어져 흐른다. 입자의 궤적은 전압강도와 입자의 크기에 따라 다르다. 전압강도를 조절하여 일정한 크기의 입자만을 아래쪽에 마련된 구멍을 통하여 분류해냄으로써 공기 중에 섞여있는 입자의 크기 분포를 측정할 수 있다.

DMA를 통과한 입자는 CNC로 유입되어 입자의 개수를 측정하게 되며, 입자크기 측정 가능범위는 0.003 μm 에서 1 μm 사이 정도이다.

chapter 13

연습문제

13.1 건구온도가 24℃이고 습구온도가 20℃로 측정되었다. 이때의 상대습도는 얼마인가? 또 노점온도는 몇 도인가?

13.2 건구온도가 20℃이고 상대습도가 50%일 때 비습도를 구하라.

13.3 대기압 하($P_{atm} = 101.3$ kPa)에서 수증기압이 2.5 kPa일 때 비습도 W를 구하라.

13.4 공기 중 이산화탄소의 농도가 310 ppm(0.00031)이라고 한다. 이것은 공기 1 kg 중에 몇 kg의 이산화탄소가 포함되어 있다는 말인가?

13.5 체적이 20 m^3인 방안에 일산화탄소가 100 mg 포함되어 있다. 일산화탄소의 체적농도는 몇 ppm 인가?

13.6 5분간 10 L/min의 공기를 흡입하여 47 mm 필터(유효 필터단면적 = 41 mm)를 통과시켰다. 현미경으로 보이는 0.30 mm 직경 내의 입자를 임의의 5군데에서 측정하였더니 총 441개이었다면 공기 중의 입자개수 농도는 얼마인가?

13.7 스모크 테스터에서 측정된 광반사 측정값이 190이라면, 이때 매연값은 얼마인가?

13.8 Re수가 1보다 작을 때의 유동을 Stokes 유동(Stokes flow) 또는 느린 유동(slow flow)라고 한다. 구 주위의 스톡스 유동에 의한 항력계수는 $C_D = \dfrac{24}{Re}$와 같이 유도되며, 항력은 $F = 3\pi\mu VD$로 계산된다. 여기서, μ는 유체의 점성계수, D는 구의 직경, V는 유체의 속도이다. 공기 중에 10 μm 크기의 구형 입자($\rho_p = 1000 \text{ kg/m}^3$)가 중력에 의하여 침강하는 종속도를 구하라.

13.9 위 문제와 동일하되 직경이 0.1 mm인 작은 물 입자가 침강하는 속도를 계산하라. 이때의 Re수를 계산해서 Stokes 유동의 가정이 타당한지 밝혀라.

13.10 여름철 고속도로를 주행하고 나면 자동차 앞 유리에 날파리들이 많이 붙어있는 것을 볼 수 있다. 이것을 설명하라.

CHAPTER 14

실험계획과 보고서 작성

(Experimental Planning and Reporting)

Mechanical Measurements

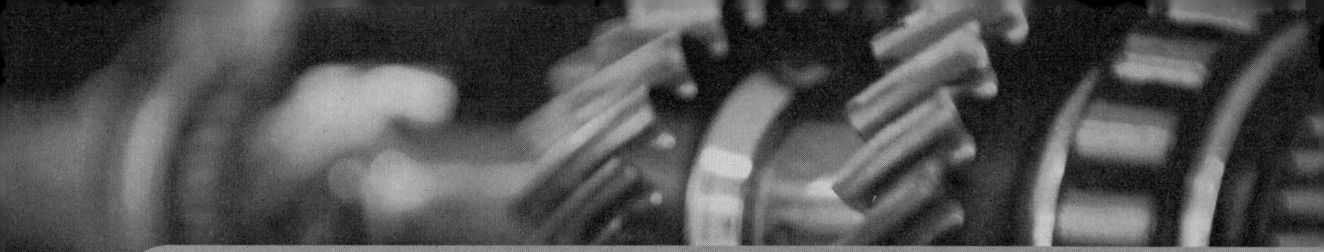

CHAPTER

14 실험계획과 보고서 작성

14.1 실험계획 (Experimental Planning)

자연과학을 접근하는 방법에는 두 가지 방법이 있다. 해석적 방법과 실험적 방법이 그것이다. 해석적 방법에서는 가설을 세우고 가설에 의한 모델을 설정하여 실험결과와 비교·분석함으로써 모델의 타당성을 입증한다. 타당성이 입증된 모델을 이용하여 유사한 자연현상이나 공학적인 문제에 적용하여 이를 이론적으로 모사하고 예측하는 방법을 말하며 연역적(deductive)이라 할 수 있다.

반면, 실험적 접근방법은 실험조건을 설정하고 결과를 측정하여 분석함으로써 그 현상을 설명할 수 있는 모델이나 결론을 유추하는 방법으로 귀납적(inductive)이다. 해석적 방법에서는 시작단계에서부터 변수 몇 개를 선정하여 그 영향을 고찰하는 반면, 실험적 방법에서는 변수가 미리 알려져 있지 않으며 그 개수도 무한히 많다. 실험적 방법은 일반적으로 돈이 많이 들고 노력이 많이 소요되는 것이 사실이나 새로운 현상의 발견과 해석적 결과의 검증을 위해서는 실험적 방법이 절대적으로 필요하다.

여기서는 실험적 접근방법에 관하여 고찰해보고자 한다. 일반적으로 실험적 절차는 다음과 같이 나누어 생각할 수 있다.

1) 실험의 필요성 인식 (Assignment)

우선 실험을 왜 수행해야 하며 실험을 통해 무엇을 알고자 하는 것인지 분명해야 한다. 보통 연구를 위한 실험목적에는 다음의 세 가지가 있다. 첫째, 계측시스템과 데이터 분석 프로그램의 타당성과 부합성 검토를 위한 실험, 둘째, 일반적으로 잘 알려진 결과의 기초데이터를 제공하기 위한 실험, 그리고 새로운 현상이나 지식을 탐구하기 위한 실험이 그것이다.

2) 실험의 구체적 목적 결정 (Determination of specific objectives)

실험연구에서 포함할 변수의 종류와 범위를 결정하여야 한다. 변수의 범위는 알려진 기존의 결과와 비교할 수 있는 기본적 범위도 포함하고 있어야 한다. 또한 최종적으로 무엇을 보고할 것인가에 대한 고려를 해야 한다. 즉, 어떠한 형태의 결과 그래프가 얻어질 수 있도록 하여야 하는지를 머릿속에 미리 그려보는 것도 좋은 방법이다.

3) 실험방법의 선택 (Selection of experimental approach)

실험방법이란 사용할 측정방법, 데이터 획득시스템, 데이터 분석시스템 등 각종 실험기법을 말한다. 새로운 실험기법과 측정시스템은 계속해서 개발되고 있다. 어떠한 실험방법이 위에서 제시한 구체적 목적을 가장 잘 만족시킬 수 있는지 검토한다. 불확도 해석은 제안된 실험방법을 평가하기 위한 좋은 수단이 될 것이다. 불확도 해석을 통하여 동일한 장비를 이용하고 동일한 노력을 들이더라도 좀 더 신뢰성 있는 데이터를 측정할 수 있다.

4) 실험장치의 변수 설계 (Parametric design of apparatus)

위에서 정한 변수범위를 만족시킬 수 있는 현실성 있는 범위 내의 설계가 이루어져야 한다. 현실성이란 현재 가용한 예산범위, 설치 공간, 실험기간 등을 고려하여 실험장치의 크기, 용량, 계측기의 정확도, 그리고 반복 실험횟수 등이 결정되어야 한다.

또한 실험에서 고찰하고자 하는 변수가 여럿인 경우, 이들 변수의 범위 내의 모든 조합에 대하여 실험을 수행하는 것은 불가능하다. 특히 변수의 개수가 많은 경우 차원해석(dimensional analysis)을 통하여 무차원 변수를 도출해냄으로써 변수의 개수를 크게 줄일 수 있다. 예를 들어, 관내유동에 관한 실험에서 유속 V, 관경 D, 유체의 밀도 ρ와 점성 μ 등이 변수가 될 수 있으나 차원해석을 통하여 Reynolds수($Re = \rho VD/\mu$)라고 하는 무차원 변수를 도출할 수가 있다. 이러한 무차원 변수를 이용함으로써 변수의 개수를 줄일 수 있을 뿐만 아니라 실험장치의 크기나 용량 선정에도 이용할 수 있다. 앞의 예에서 무차원수 Re의 범위를 만족시키기 위하여 직경이 큰 관에서 느린 유속으로 설계할 수도 있고, 작은 관에서 빠른 유속으로 설계할 수도 있다. 또한 공기 대신 물을 이용하여 동일한 Re수의 범위를 맞출 수도 있을 것이다.

5) 실험장치의 구체설계 (Hardware design)

실험장치의 구체설계란 필요한 부품이나 계측기를 선정하고 장치의 설계도면을 작성하는 작업을 말한다. 앞의 변수설계가 제대로 이루어지면 구체설계 및 장치구성은 쉽게 이루어질 수 있을 것이다. 단지 이 과정에서 다소 앞에서 정한 변수의 범위가 축소되거나 확대되는 경우가 있다.

6) 실험장치의 제작 및 설치 (Construction and installation)

실험장치에는 크게 나누어 측정대상이 되는 좁은 의미의 실험장치와 실험조건을 제시하기 위한 부대장치, 그리고 측정을 하기 위한 계측장치가 있다. 측정대상이 되는 실험장치에 대해서는 실험의 의도와 목적에 따라서 특별하게 제작되어야 하는 경우가 많다. 주문제작하는 경우에는 설계상의 의도가 실제 제작하는 사람에게 충분히 전달되어야 한다. 핵심부품을 제외한 범용부품에 대해서는 시중에 나와 있는 것을 구매하여 사용하는 것이 좋다. 실험 부대장치나 계측장비는 직접 제작하는 경우는 거의 없고 필요한 장비를 구매하거나 임차하여 사용한다. 이들을 실험장치에 부착하거나 조립함으로써 전체적인 실험장치를 구성한다.

7) 예비운전 및 문제점 파악 (Shakedown, debugging and qualification)

예비운전단계는 매우 중요하다. 장치의 구성이 완료되면 예비실험을 하면서 처음에 의도한 바대로 장치가 운전되고 있는지를 점검한다. 예를 들어, 1차원 정상상태로 가정하였다면 예비운전을 하면서 시간에 따른 변화를 측정하여 얼마나 정상상태에 가까운지 하는 것과 위치에 따라 1차원적으로 변화하고 있는지 하는 것들을 검증하여야 한다. 실제 현상은 어쨌든 3차원 비정상상태일 것이기 때문이다. 만약 한쪽 면을 단열되었다고 가정하기 위하여 단열재를 부착하였을 경우라면 실제로 얼마나 이상적인 단열조건에 근접하게 운전되고 있는지를 검증하여야 한다.

또한 간단한 조건(특히 결과가 알려진 조건)에 대하여 실험을 수행하여 비교함으로써 실험결과가 정확한지를 검증(baseline test)하여야 하고, 몇 가지 같은 조건에 대한 반복적 실험을 통하여 측정값의 반복성 테스트(repeatability test)와 오차범위를 검토하여야 한다. 이외에도 균일도 테스트(uniformity test), 안정성 테스트(stability test), 밸런스 테스트(balance test) 등을 수행한다.

만약 이러한 조건들을 충분히 만족시키지 못하고 문제점이 파악된다면 이 실험장치를 버리고 새로 만들 것인지 아니면 보완할 것인지를 결정하여야 한다. 예비운전의 단계는 실제 데이터를 획득하는 본 실험의 단계에 비하여 훨씬 시간적으로 오래 걸리고 어려운 작업이다.

8) 스텝 2)부터 반복수행 (Iteration)

9) 본 실험의 수행 및 데이터 획득 (Data taking)

측정결과를 얻기 위한 본 실험의 수행단계는 어찌 보면 기계적으로 정해진 실험절차에 따라 변수를 변화시키며 실험을 반복하는 단순작업이 될 것이다. 처음 설계한대로 변수들의 범위가 충분히 포함되도록 해야 하되, 실험 변수가 많은 경우에는 모든 변수들을 일률적으로 변화시키며 반복 실험하는 것은 불가능하므로 기본 조건을 설정하여 이를 중심으로 하나 둘씩 변수를 변화시켜나가며 관찰한다. 예를 들어 변수가 4개인 경우, 각각의 변수의 최대 범위에 걸쳐서 5 조건에 대하여 실험을 하려면 5×5×5×5=625번의 실험을 반복하여야 한다. 이럴 경우, 하나의 기본조건을 설정해 놓고 3개의 변수는 고정시킨 상태에서 나머지 하나의 변수를 변화시키면서 그 변수의 영향을 파악하도록 하는 방법을 생각해 본다.

실험을 수행하는 과정에서는 가능하면 기타 실험조건이나 실험절차를 변화시키지 않음으로써 반복성을 유지하여야 할 것이다. 또 실험을 수행할 때, 실험노트(log book)를 작성하는 습관을 가져야 한다. 실험노트의 작성에는 특별한 원칙은 없으나 육하원칙에 의거하여 관찰한 내용을 스케치나 그래프 등도 곁들이면서 기술해 나간다.

10) 데이터 처리 및 분석 (Data reduction and analysis)

실험이 끝나면 실험노트를 보면서 측정된 데이터 값을 처리하고 분석한다. 측정된 값은 원래 측정하고자 하는 물리량의 실제값(real value)과 여러 가지 요인에 의하여 차이가 생긴다. 이러한 인자들을 고려하여 관측값(observed value)을 실제값(real value)에 가깝게 교정해줌으로써 교정값(corrected value)을 구한다. 교정값을 구하기 위해서는 다음 그림과 같은 데이터 측정과정과 측정값에 영향을 미치는 요인들을 이해하여야 한다.

그림 14.1 데이터 측정과정

취득가능값(available value)은 불완전한 단열, 누설, 주위 조건의 교란 등과 같은 시스템의 불완전함(system disturbance effect : A) 때문에 측정하고자 하는 실제값(real value)과 차이가 발생한다.

성취값(achieved value)이란 센서와 시스템의 상호관계(system-sensor interaction : B)에 의한 영향에 의하여 센서에 의해 인식될 수 있는 값이다.

관측값(observed value)이란 센서에 의하여 측정된 값으로서 앞의 성취값과 차이가 나는 것은 센서 보정상의 불완전함(calibration defect : C)에 의한다.

따라서 최종 교정된 측정값(corrected value)이란 앞의 A, B, C 세 과정에서 발생한 영향을 고려하여 교정되어야 한다.

이렇게 얻은 교정값을 이용하여 데이터 분석에 들어간다. 데이터 분석에는 불확도의 해석이 수반되어야 한다.

14.2 보고서 작성 (Reporting)

실험이 끝나면 그동안 작성한 로그북(log-book)을 기초로 하여 보고서를 작성한다. 보고서는 실험결과나 결론들을 다른 사람에게 알리기 위한 목적과 차후 실험에 참고하기 위하여 필요한 모든 정보를 정리해두기 위한 목적이 있다. 보고서는 작성목적에 따라 그 형식이나 길이가 다르겠지만, 일반적으로 공학보고서나 실험보고서는 다음과 같은 내용들을 포함한다.

1) 제목 (Title)

보고서의 내용을 잘 요약할 수 있는 제목을 기입하되 너무 길지 않으면서 내용을 잘 요약한 중심어로 구성되도록 한다. 아울러 보고서 작성자의 성명과 소속, 작성 날짜를 기입한다. 또한 필요한 경우 실험수행기관과 지원기관을 명시한다.

2) 요약문 (Abstract)

필요한 경우에 실험의 목적과 실험방법, 그리고 중요 실험결과와 결론을 중심으로 보고서 전체 내용을 축약하여 기술한다. 대개 100~200 정도의 단어로 구성하며 요약문만으로도 실험 전체에 대한 내용을 판단할 수 있도록 한다. 또한 자료를 검색할 때 보고서를 쉽게 찾을 수 있도록 모든 주요어를 포함하고 있도록 한다. 국제적인 자료공유나 자료검색을 위하여 요약문 정도는 영문으로 작성하는 것도 좋은 방법이다.

3) 서론 (Introduction)

서론에는 실험의 목적과 문제 설명이 간결하고 명확하게 표현되어야 한다. 또한 본 실험을 하게 된 배경과 실험방법에 대하여 설명하고 자료조사를 통하여 파악한 기존의 연구 상황에 관해서도 설명한다. 본 실험의 한계와 범위, 즉 무엇이 실험되었고 어디까지 실험되었는지 하는 것을 명확하게 밝힐 필요가 있다.

4) 이론적 배경 (Theoretical background)

필요한 경우 실험에 관련된 이론적 배경을 설명하여 실험장치나 실험방법 또는 실험결과에 관한 이해를 돕고자 하는 경우가 많다. 이론 설명은 실험대상이나 목적이 되는 물리현상에 관한 것일 수도 있고 새로운 측정기술이나 측정방법에 관한 이론적 배경일 수도 있다. 새로운 물리현상에 관한 실험이라면 주로 현상에 관련된 이론 설명이 주를 이룰 것이고, 새로운 측정기술을 이용하는 경우라면 측정방법에 관한 이론 설명이 주가 될 것이다.

예를 들어, 열전대를 이용하여 물체 내의 온도를 측정하여 열전도 현상을 실험하고자 할 때, Fourier 전도방정식이나 에너지 보존 방정식과 같은 물리현상에 관한 이론적 배경을 설명할 수도 있고, 열전대에서 발생하는 기전력의 원리 등을 설명할 수도 있다는 뜻이다. 보고서의 목적과 연관된 내용을 기술한다.

5) 실험장치와 방법 (Experimental setup and procedure)

실험에 사용된 장치와 계측기의 구성에 관하여 설명한다. 전체적인 실험장치의 구성도를 그림과 함께 설명함으로써 이해하기가 더욱 용이할 것이다. 실험장치에 대한 사진을 싣는 경우도 많이 있다. 사용된 계측기에 관해서 제작사, 사양 등에 관한 내용도 포함시킨다. 가급적 개조식 표현은 삼가고 모든 문장은 마침부호와 함께 마무리되도록 한다. 필요하면 실험조건과 장치의 사양에 대한 내용을 테이블 형태로 요약하여 나타낸다. 상세한 설계도면이나 계측기의 상세 사양에 관해서는 부록에 첨부하는 것이 좋다.

또 실험방법 및 절차에 관해서도 가급적 상세하게 설명한다. 대수롭지 않아 보이는 내용도 새로 실험을 수행하는 사람이나 차후에 다시 실험을 할 때 많은 도움이 될 수 있다. 실험을 원활하게 수행하기 위하여 취했던 특별한 조치나 고려사항에 대해서 설명하고 잘못 수행되어 고생했던 부분에 대해서도 솔직하게 기술하는 것이 좋다.

필요한 경우에 이론적인 배경이나 실험기법에 대한 원리 등 일반사항에 대해서도 기술한다. 본문에서 수식이 사용된 경우에는 그 수식 전·후에 사용된 기호를 설명하거나 필요한 경우에는 서론 앞부분에 기호 설명을 첨부한다. 또한 그림과 표에는 각각의 일련번호를 부여하고 그림 제목과 표 제목을 정한다.

6) 결과 및 고찰 (Results and discussion)

실험결과는 보통 그래프 형태나 테이블 형태로 나타낸다. 그래프는 많은 양의 데이터를 표시함으로써 전체적인 경향과 변수들의 영향을 한눈에 알아볼 수 있다. 테이블에는 데이터가 숫자 형태로 주어지므로 그래프에서 나타내기 어려운 정량적인 데이터를 표시할 수 있다. 그렇다고 모든 측정값을 테이블에 표시하는 것보다는 요약된 실험결과만을 표시하는 것이 좋다. 측정값의 단순 나열은 필요한 경우 부록에 첨부한다.

그래프는 보통 종축과 횡축으로 구성된 형태를 갖는데, 일반적으로 다음과 같은 요령에 따르는 것이 좋다.

① 적절한 $x-y$축 변수를 설정한다. 일반적으로 독립변수를 x축에 종속변수, 즉 실험결과를 y축에 표시한다.

② 선형, 로그, 세미로그 중에서 적절한 표현방식을 결정하고 $x-y$축의 최솟값과 최댓값을 결정한다. 그래프의 기울기가 약 20에서 60도 내에 들어가도록 꽉 차게 설정하는 것이 좋다. 축의 최솟값과 최댓값은 가능하면 2, 5 또는 10의 배수, 100의 배수 등이 되도록 한다. 눈금(tick) 마크는 변수의 범위를 적절히 나눌 수 있도록 하며 적절한 정수가 되도록 한다.

③ 좌표축의 설명은 아래에서 그리고 우측에서 읽을 수 있도록(시계방향으로 90도 회전시켜서 읽을 수 있도록) 하여야 하고, 가급적 영문으로 표시하고 단위를 기재하도록 한다.

④ 실험결과는 데이터 점이 아주 많은 경우를 제외하고는 원이나 사각형을 이용하여 선으로 연결되지 않은 개별 데이터 표시점으로 표시한다. 실험결과와 비교하기 위한 이론적 결과에 대해서는 개별 데이터 표시점을 표시하지 않고 연결된 선으로 그리는 것이 좋다. 실험데이터에 대한 최적 맞춤곡선도 마찬가지이다.

⑤ 여러 조건에 대한 결과를 중첩할 경우에는 다른 조건과 구별되도록 서로 다른 표시기호를 사용한다. 또 이때에는 표시기호를 설명하는 범례(legend)를 그래프에 포함시킨다.

모든 결과 그래프에 대해서는 실험조건에 대한 간략한 설명과 함께 결과에 대한 물리적 의미에 관해서 분석한 내용을 설명한다. 결과에 대한 분석을 통하여 실험의 목적과 관련하여 그 중요성과 의미를 부여할 수 있다. 이론값이나 수치해석적 결과 또는 다른 유사한 실험적 결과가 존재하는 경우에는 이와 비교하여 고찰하고 결과의 차이에 대해서도 언급한다. 또한 기대되지 않았던 결과에 대해서도 설명하고 실험결과의 불확도에 대해서도 기술한다. 이와 같은 결과에 대한 고찰이나 토론은 실험결과로부터 결론을 유추하는 가교 역할을 한다.

7) 결론 (Conclusions)

결론에는 실험의 목적에 따라 실험결과를 요약하여 유추된 몇 가지의 구체적인 결론을 기술한다. 결론은 가급적 일반화시키는 것이 바람직하고 유추된 결론이 적용될 수 있는 조건과 범위를 명확히 하는 것이 필요하다. 이미 잘 알려진 사실을 결론으로 새삼 확인하는 것은 바람직하지 않다. 본 실험의 문제점 그리고 차후 보완해야 할 실험과제에 관해서 언급하는 것도 좋은 방법이다.

8) 참고문헌 (References)

필요한 경우 참고문헌이나 참고자료의 목록을 작성한다. 참고자료에는 제목, 저자, 출판사, 발표년도, 페이지 수 등을 표시하여 다른 사람도 그 목록을 보고 자료를 찾을 수 있도록 한다.

9) 부록 (Appendix)

부록에는 모든 독자가 관심이 있어 하는 것은 아니나 좀 더 상세한 내용을 원하는 일부 사람에게 필요한 내용들을 첨부한다. 보고서의 주된 내용으로서 대부분의 사람이 관심 있는 내용에 대해서는 본문에 포함시키도록 한다. 부록에는 측정 원본데이터나 결과 계산 예 또는 작성한 데이터 획득프로그램이나 데이터 분석프로그램, 그리고 실험장치 설계도면이나 계측기의 상세 사양 등의 보조 자료를 포함한다.

부 록

(Appendix)

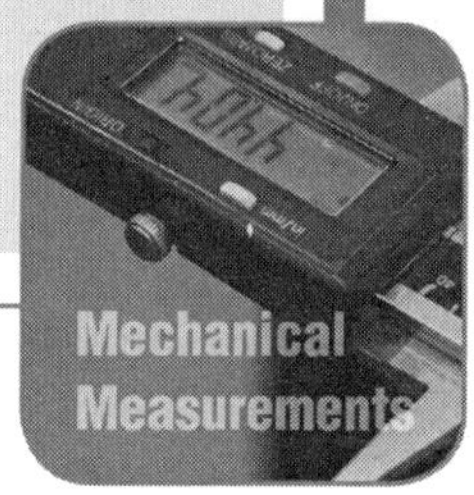

Appendix 부 록

부록 A 물성치 표

TABLE A.1 Elastic properties of materials at 20℃

Materials	E Modulus of elasticity [10^9 Pa]	G Modulus of regidity [10^9 Pa]	ν Poisson's ratio	ρ Density [10^3 kg/m^3]
Aluminum (Pure and alloy)	68–72	26–27	0.330–0.334	2.65–2.87
Brass (70% Cu, 30% Zn)	110	41	0.331	8.35–8.49
Copper	108	40	0.355	8.93–8.96
Iron, cast (2.7–3.6% C)	93–145	36–57	0.211–0.299	6.94–7.33
Steel (Carbon and low alloy)	197–207	76–82	0.283–0.292	7.71–7.85
Stainless steel (18% Cr, 8% Ni)	190	73	0.305	7.63–7.91
Titanium (Pure and alloy)	106–114	41	0.34	4.51
Glass (Various)	50–79	26–32	0.21–0.27	2.38–3.87
Polyethylene	0.14–0.38	0.12	0.45	0.912
Rubber	0.0007–0.0041	0.0003–0.0014	0.50	0.995–1.244

TABLE A.2 Electric properties of materials at 20℃

Substance	Temperature coeff. of resistance, α [1/℃]	Resistivity, ρ [$\mu\Omega \cdot$ cm]
Brass	0.0015	6.21
Steel (soft)	0.0016	15.9
Nickel	0.0067	6.85
Iron(alloy)	0.002 to 0.006	10
Tungsten	0.0048	5.65
Aluminum	0.0045	2.65
Copper	0.0043	1.67
Lead	0.0042	20.6
Silver	0.0041	1.59
Gold	0.004	2.35
Platinum	0.00392	10.5
Mercury	0.00099	98.4
Manganin	±0.00002	44
Carbon	−0.0007	1400
Electrolytes	−0.02 to −0.09	Variable
Semiconductor(thermistors)	−0.068 to +0.14	10^9

Source : K.S.Lion, "Instrumentation in Scientific Research", McGraw-Hill, 1959.

* $R=\rho L/A$
* $R=R_o[1+\alpha(T-T_o)]$

TABLE A.3 Thermal properties of metals at 21℃

Metal	Density [kg/m³]	Specific heat [kJ/kg · ℃]	Linear coeff. of expansion [1/℃]	Electrical conductivity relative to copper	Thermal conductivity [W/m · ℃]
Aluminum, pure	2,675	0.921	0.23×10^{-4}	0.66	204
Red brass : (85% Cu, 9% Sn, 6% Zn)	8,714	0.385	0.18		61
Copper, pure	8,890	0.398	0.16	1.00	386
Iron, pure	7,897	0.452	0.12	0.18	73
Lead	11,370	0.130	0.29	0.08	35
Magnesium	1,746	1.013	0.26	0.40	171
Nickel	8,906	0.444	0.126	0.25	90
Platinum	21,380	0.134	0.09	0.18	69
Silver	10,520	0.234	0.193	1.15	407
Stainless steel(18% Cr, 8% Ni)	7,817	0.46	0.005	0.0234	16.3
Steel, Structural	7,769	0.46	0.126	0.12	57
Tin	7,304	0.226	0.198	0.16	64
Tungsten	19,350	0.134	0.036	0.33	163
Zinc	7,144	0.385	0.32	0.31	64

TABLE A.4 Thermal properties of some nonmetals at 21℃

Material	Density [kg/m³]	Specific heat [kJ/kg · ℃]	Thermal conductivity [W/m · ℃]
Asbestos sheet	961	0.84	0.144
Brick, common	1,762	0.92	0.073
Concrete	2,243	0.67	1.73
Fiberboard	240	2.09	0.047
Fiberglass	96	2.09	0.038
Glass, window	2,563	0.67	0.87
85% magnesia pipe covering	240	0.84	0.073
Plaster	1,522	1.05	0.47

TABLE A.5 Properties of some saturated liquids at 20℃

Fluid	Chemical formula	Density [kg/m³]	Specific heat [kJ/kg · ℃]	Kinematic viscosity [m²/s]	Thermal conductivity [W/m · ℃]	Prandtl number
Ammonia	NH_3	612	4.81	0.036×10^{-5}	0.521	2.02
Carbon dioxide	CO_2	772	5.02	0.091	0.087	4.10
Freon-12	CCl_2F_2	1,329	0.96	0.020	0.073	2.17
Glycerine	$C_2H_3(OH)_3$	1,264	2.39	118	0.286	12.5
Mercury	Hg	13,580	0.138	0.011	8.69	0.025
Motor oil(typ.)		881	1.88	92.9	0.138	10.0
Water	H_2O	1,000	4.19	0.10	0.597	7.02

TABLE A.6 Properties of gases at 1 atm and 20℃

Gas	Formula	Molecular weight [kg/mol]	Specific heat, c_p [kJ/kg · ℃]	c_p/c_v γ	Thermal conductivity [W/m · ℃]	Viscosity [kg/m · s]
Air		28.95	1.005	1.40	0.026	1.82×10^{-5}
Acetylene	C_2H_2	26.02	1.591	1.25	0.0215	0.99
Ammonia	NH_3	17.03	2.177	1.30	0.0246	0.99
Carbon dioxide	CO_2	44.00	0.837	1.30	0.0164	1.49
Freon-12	Ccl_2F_2	120.9	0.628	1.14	0.0091	1.28
Hydrogen	H_2	2.01	14.24	1.40	0.178	0.91
Methane	CH_4	16.03	2.26	1.30	0.0339	1.12
Nitrogen	N_2	28.02	1.03	1.40	0.026	1.82
Oxygen	O_2	32.00	0.90	1.40	0.0265	1.98

TABLE A.7 Properties of saturated water

T [℃]	Density [kg/m³]	Viscosity [N · s/m²]	Specific heat [kJ/kg · K]	Thermal conductivity [W/m · K]	Prandtl number, Pr	Bulk modulus [N/m²]	$\frac{g\beta\rho^2 c_p}{\mu k}$ [1/m³ · ℃]
0	999.9	1.792×10^{-3}	4.194	0.56	13.3	204×10^{-7}	–
10	999.7	1.308	4.202	0.58	9.4	211	0.634×10^{10}
20	998.2	1.005	4.190	0.60	7.0	220	1.38
30	995.7	0.801	4.179	0.62	5.4	223	2.25
40	992.2	0.656	4.177	0.63	4.3	227	3.66
50	988.1	0.549	4.178	0.65	3.5	230	5.04
60	983.2	0.469	4.183	0.66	3.0	228	6.48
70	977.8	0.406	4.187	0.66	2.6	225	8.60
80	971.8	0.357	4.197	0.67	2.24	221	10.48
90	965.3	0.317	4.206	0.68	1.98	216	–
100	958.4	0.284	4.233	0.68	1.75	207	–

Source : A. I. Brown and S. M. Marco, Introduction to Heat Transfer, 3d ed., McGraw-Hill, Inc., New York, 1958.

TABLE A.8 Properties of dry air at 1 atm[a]

Temperature [K]	Density [kg/m^3]	Viscosity [N · s/m^2]	Specific heat [kJ/kg · K]	Thermal conductivity [W/m · K]	Prandtl number Pr
100	3.6010	0.6924×10^{-5}	1.0266	0.009246	0.770
150	2.3675	1.0283	1.0099	0.013735	0.753
200	1.7684	1.3289	1.0061	0.01809	0.739
250	1.4128	1.5990	1.0053	0.02227	0.722
0℃	1.293	1.716	1.0055	0.02414	0.715
10℃	1.248	1.765	1.0056	0.02493	0.712
20℃	1.205	1.813	1.0057	0.02572	0.709
300	1.1774	1.846	1.0057	0.02624	0.708
350	0.9980	2.075	1.0090	0.03003	0.697
400	0.8826	2.286	1.0140	0.03365	0.689
450	0.7833	2.484	1.0207	0.03707	0.683
500	0.7048	2.671	1.0295	0.04038	0.680
550	0.6423	2.848	1.0392	0.04360	0.680
600	0.5879	3.018	1.0551	0.04659	0.680
700	0.5030	3.332	1.0752	0.05230	0.684
800	0.4405	3.625	1.0978	0.05779	0.689
900	0.3925	3.899	1.1212	0.06279	0.696
1000	0.3524	4.152	1.1417	0.06752	0.702
1200	0.2947	4.69	1.179	0.0782	0.707
1400	0.2515	5.17	1.214	0.0891	0.705
1600	0.2211	5.63	1.248	0.100	0.705
1800	0.1970	6.07	1.287	0.111	0.704
2000	0.1762	6.50	1.338	0.124	0.702
2500	0.1394	7.57	1.688	0.175	0.730

Source : Natl. Bur. Std. (U.S.), Circ. 564, 1955.

[a] Gas constant R=287.0 J/kg · K : Specific heat ratio=1.400 : Molecular weight=28.97.

μ, k, c_p와 P_r은 압력에 크게 의존하지 않기 때문에 넓은 압력범위에 걸쳐 사용할 수 있다. 밀도는 절대압력에 비례하므로 P/101.3250을 곱하여 구한다.

TABLE A.9 Diffusion coefficients of gases and vapors in air at 25℃ and 1 atm

Substance	D, cm^2/s	Sc = ν/D	Substance	D, cm^2/s	Sc = ν/D
Ammonia	0.28	0.78	Formic acid	0.159	0.97
Carbon dioxide	0.164	0.94	Acetic acid	0.133	1.16
Hydrogen	0.410	0.22	Aniline	0.073	2.14
Oxygen	0.206	0.75	Benzene	0.088	1.76
Water	0.256	0.60	Toluene	0.084	1.84
Ethyl ether	0.093	1.66	Ethyl benzone	0.077	2.01
Methanol	0.159	0.97	Propyl benzene	0.059	2.62
Ethyl alcohol	0.119	1.30			

TABLE A.10 Approximate emissivities of various surfaces at 20℃

Surface	Emissivity
Aluminum, heavily oxidized	0.20–0.30
Aluminum, polished	0.09
Asbestos sheet	0.93–0.96
Brass, polished	0.06
Brick	0.93
Carbon, lampblack	0.96
Copper, heavily oxidized	0.75
Copper, polished	0.03
Enamel, white fused on iron	0.90
Iron, oxidized	0.74
Paint, aluminum	0.27–0.67
Paint, flat black lacquer	0.97
Steel, polished	0.07
Steel plate, rough	0.95
Tin, bright	0.06
Water	0.95

부록 B 엑셀을 이용한 실험데이터의 분석

실험데이터 분석에 사용하는 소프트웨어로는 SAS, SPSS 등을 생각하기 쉬우나, 가장 널리 사용하고 있는 소프트웨어 중의 하나인 엑셀에도 통계자료분석과 관련된 강력한 데이터 분석도구의 기능이 포함되어 있다. 여기서는 3장에서 다룬 실험데이터의 통계적 분석과 4장의 신호처리에 포함된 예제를 중심으로 사용방법을 다뤄보기로 한다.

엑셀의 일반적인 설치로는 상단메뉴의 [도구]를 눌러도 하위메뉴에 [데이터 분석]이 나타나지 않는다. 따라서 [추가기능]을 선택하여 메뉴 중에 [데이터 분석]을 체크하면 새로이 하위메뉴에 포함된다. 이와 관련된 자세한 사용법은 엑셀의 도움말 기능을 활용하기로 한다.

B.1 통계분석

엑셀의 기본적인 함수와 사칙연산을 이용하면 3.2절에서 설명한 데이터의 평균값, 표준편차 등의 통계분석을 수행할 수 있다. 여기 설명된 엑셀의 기술통계법은 계산식을 일일이 입력하지 않고 입력데이터만을 이용하여 통계분석 결과를 얻을 수 있는 기능을 말한다.

예제 3.6의 평균값의 95% 신뢰구간을 구하는 문제는 최근 연구논문 등에 필수적으로 요구되는 통계처리이다. 단순히 평균값 3.617 mm 정도의 표기로는 논문수정 및 보완조치가 내려질 것이다. 예제에서는 10번 측정한 평균값 $\overline{x}$이 3.617 mm인데, 무수히 측정하여 얻은 평균값, 즉 모평균 μ가 포함될 구간을 추정하고자 하는 것으로 3.617±0.0895 mm에 포함될 확률이 95%라는 의미이다. 이를 엑셀을 통해 구해보기로 한다.

데이터를 그림 B.1의 화면 왼쪽과 같이 입력하고(편의상 열의 방향으로 입력하였음), [도구]-[데이터 분석]-[기술통계법]을 차례로 선택하면 그림 B.2와 같은 대화상자가 나타난다. 입력범위 등을 정해주고 출력 옵션을 결정한 후 확인 버튼을 누르면 그림 B.1의 오른쪽에 나타난 결과를 얻을 수 있다.

평균값은 3.617이고 95% 신뢰구간은 ±0.00895임을 바로 알 수 있으며, 그 밖의 표준편차, 분산 등도 함께 계산된다.

	A	B	C	D
1	3.61		Column1	
2	3.62			
3	3.60		평균	3.617
4	3.63		표준 오차	0.003958
5	3.61		중앙값	3.62
6	3.62		최빈값	3.62
7	3.60		표준 편차	0.012517
8	3.62		분산	0.000157
9	3.64		첨도	-0.06596
10	3.62		왜도	0.280477
11			범위	0.04
12			최소값	3.6
13			최대값	3.64
14			합	36.17
15			관측수	10
16			신뢰 수준(95.0%)	0.008954

그림 B.1 데이터 입력 및 기술통계법에 의한 출력결과

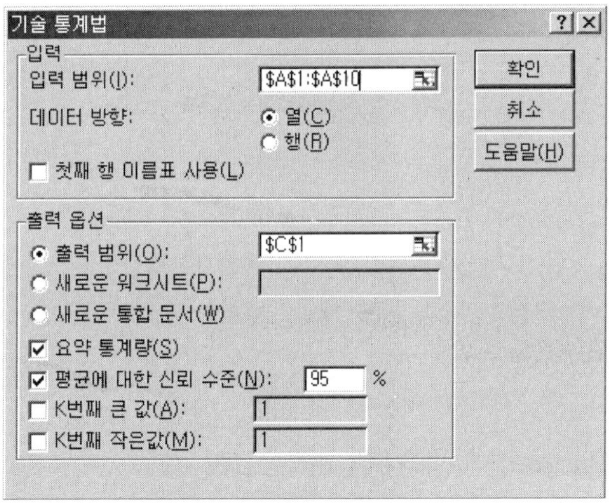

그림 B.2 기술통계법의 대화상자

그림 B.1의 결과에서 분산은 $s^2 = \sum_{i=0}^{n}(x_i - \overline{x})^2/(N-1)$, 표준편차는 $s = \sqrt{s^2}$ 로 정의되며, N개의 데이터가 흩어진 정도(산포)를 나타내는 잘 알려진 값이다. 표준오차란 데이터의 평균값 $\overline{x}$의 산포를 나타내는 값으로서 $s/\sqrt{N}$이 된다. 이는 또 다른 10개의 측정치에 대한 평균값 $\overline{x}$를 구하게 되면 3.617 mm가 아닌 다른 값이 나올 것이며, 이러한 평균값의 표준편차가 바로 표준오차라고 이해하면 된다.

평균값의 95% 신뢰구간은 예제 3.6과 같이 $\bar{x} \pm t(N-1; \frac{\alpha}{2})\frac{s}{\sqrt{N}}$ 이므로, 그림 B.1의 결과에서 표준오차 $s/\sqrt{N}$는 0.003958이고, 유효수준 $\alpha = \frac{100-95}{100} = 0.05$로부터 통계학 교재 등에서 $t(9;\ 0.025)$를 찾아보면 2.262를 구할 수 있으며, 따라서 신뢰구간은 (0.003958)(2.262)=0.00895와 같이 구할 수도 있다.

한편 엑셀에서 제공하는 통계와 관련된 함수 중 TINV을 이용하여 t − 분포값을 구할 수도 있는데, 그림 B.3과 같이 TINV(0.05,9)=2.262159로서 이때는 반드시 $\alpha = 0.05$를 사용해야 한다.

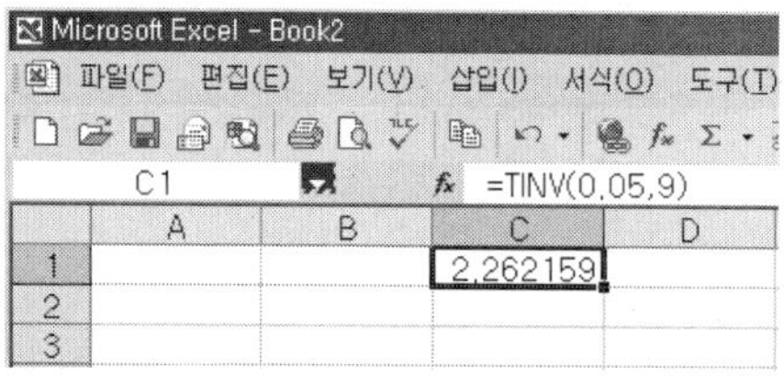

그림 B.3 엑셀에서 t 분포 구하는 방법

B.2 회귀분석

통계분석과 마찬가지로 엑셀의 기본적인 연산기능을 이용하면 3.3절의 수식에 따라 맞춤식의 계수를 계산할 수 있다. 또 차트마법사로 그래프를 그린 후 [추세선 추가] 기능을 이용하면 간단하게 맞춤식과 R제곱값 정도를 구할 수 있다. 여기서는 종합적인 회귀분석 결과를 얻을 수 있는 강력한 엑셀의 기능을 소개한다.

예제 3.8은 최소제곱법에 의한 직선맞춤(curve fitting)으로 통계학의 단순선형회귀에 해당되는 문제이다. 먼저 그림 B.4와 같이 반드시 열 방향으로 데이터를 입력한 후 [도구]-[데이터 분석]-[회귀분석]을 선택한다.

	A	B	C
1	온도(x)	길이(y)	
2	15	0.561	
3	20	0.57	
4	25	0.581	
5	30	0.593	
6	35	0.603	
7	40	0.614	
8			

그림 B.4 입력 데이터

그림 B.5와 같은 회귀분석 대화상자가 열리면 적절한 값을 입력해주고 확인 버튼을 누리면 그림 B.6과 같은 결과를 얻게 된다.

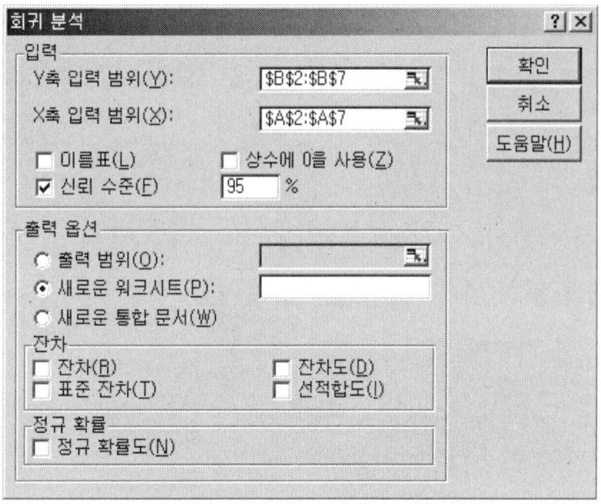

그림 B.5 회귀분석 대화상자

	A	B	C	D	E	F	G
1	요약 출력						
2							
3	회귀분석 통계량						
4	다중 상관계	0.99942					
5	결정계수	0.998841					
6	조정된 결정	0.998552					
7	표준 오차	0.000765					
8	관측수	6					
9							
10	분산 분석						
11		자유도	제곱합	제곱 평균	F 비	유의한 F	
12	회귀	1	0.00202	0.00202	3448.195	5.04E-07	
13	잔차	4	2.34E-06	5.86E-07			
14	계	5	0.002022				
15							
16		계수	표준 오차	t 통계량	P-값	하위 95%	상위 95%
17	Y 절편	0.527914	0.001054	501.0587	9.52E-11	0.524989	0.53084
18	X 1	0.002149	3.66E-05	58.72133	5.04E-07	0.002047	0.00225

그림 B.6 회귀분석 결과

기울기 a는 0.002149이며, y절편 b는 0.5279로 회귀식은 $y=0.002149x+0.5279$이나, 사실 이 값들은 어디까지나 추정값이므로 a의 경우 95% 신뢰구간은 하위 95%, 상위 95%의 범위인 0.002149±0.000102이다.

엑셀에서는 선형회귀 이외에도 독립변수가 둘 이상인 중회귀분석 및 곡선회귀분석도 가능하나 여기서는 설명을 생략한다. 상세한 내용은 참고문헌(신봉섭, 엑셀활용과 통계자료분석, 교우사)을 참조하기 바란다.

또 (x, y) 데이터에 대해 간단하게 곡선맞춤을 하려면 엑셀의 추세선 추가 기능을 써서 직선, 지수, 로그, 다항식 등 기본적인 함수로 맞춤식을 구할 수 있다.

B.3 푸리에 분석

엑셀의 기본적인 연산기능을 이용하여 DFT 또는 FFT변환 연산을 수행할 수는 있으나 매우 지루한 작업이 될 것이다. 엑셀에는 입력된 2^N개의 일련의 데이터를 직접 FFT변환해 주는 푸리에 분석 기능이 있다.

예제 4.4에 나오는 $f(t) = e^{-t}\sin t$ 함수를 $T = 0.375$, $N = 16$으로 하여 FFT변환하는 것을 엑셀의 푸리에 분석 기능을 이용하여 풀이해 본다. 우선 그림 B.7과 같이 입력데이터를 준비한 후, [도구]-[데이터 분석]-[푸리에 분석] 메뉴를 선택한다. 푸리에 분석 입력데이터 개수는 2^n이 되어야 한다. 여기서는 16 = 2^4이므로 문제가 없으나, 그렇지 않을 때는 나머지 부족한 데이터를 0으로 입력하여 개수를 맞춰준다. 그림 B.8의 푸리에 분석 대화상자에서 입력범위를 입력하고(여기서는 C열) 출력범위를 선택해준다. 결과는 그림 B.9와 같이 복소수 형태(E열)로 출력된다. 이어서 실수부와 허수부 또는 크기를 구하려면 엑셀의 IMREAL, IMAGINARY 라는 함수를 이용하면 된다.

FFT 역변환을 수행하려면 푸리에 분석 대화상자에서 역변환을 체크하고 동일한 방법으로 입력범위와 출력범위를 설정해주면 된다.

	A	B	C	D
1	n	t=nT	fn=f(t)	
2	0	0	0	
3	1	0.375	0.25174	
4	2	0.75	0.32198	
5	3	1.125	0.29292	
6	4	1.5	0.22257	
7	5	1.875	0.14631	
8	6	2.25	0.08201	
9	7	2.625	0.03578	
10	8	3	0.00703	
11	9	3.375	-0.00791	
12	10	3.75	-0.01344	
13	11	4.125	-0.01345	
14	12	4.5	-0.01086	
15	13	4.875	-0.00753	
16	14	5.25	-0.00451	
17	15	5.625	-0.00221	
18				

그림 B.7 입력 데이터

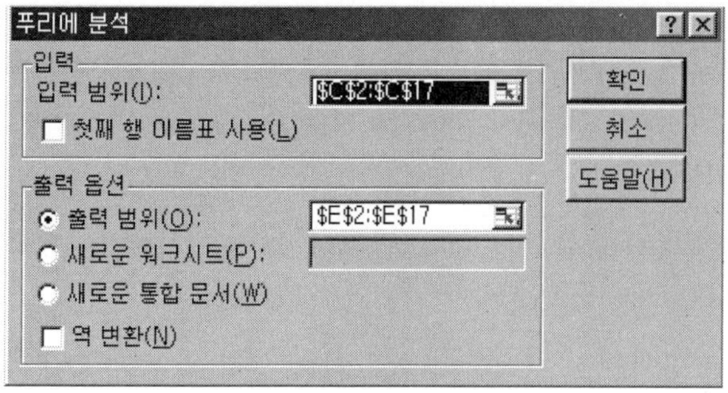

그림 B.8 푸리에 분석 대화상자

E	F	G	H
푸리에 분석결과	실수부	허수부	크기
1.30043	1.3004	0.0000	1.3004
0.432126718952433-1.07086713172002i	0.4321	-1.0709	1.1548
-0.304275990130126-0.479199124857419i	-0.3043	-0.4792	0.5676
-0.239122613313233-0.163795396901773i	-0.2391	-0.1638	0.2898
-0.1673-6.957E-002i	-0.1673	-0.0696	0.1812
-0.126935142361431-3.39421263940697E-002i	-0.1269	-0.0339	0.1314
-0.105084009869875-1.71191248574191E-002i	-0.1051	-0.0171	0.1065
-9.41889632777681E-002-7.29386121231246E-003i	-0.0942	-0.0073	0.0945
-9.087E-002	-0.0909	0.0000	0.0909
-9.41889632777673E-002+7.29386121231279E-003i	-0.0942	0.0073	0.0945
-0.105084009869875+1.71191248574187E-002i	-0.1051	0.0171	0.1065
-0.126935142361431+3.39421263940695E-002i	-0.1269	0.0339	0.1314
-0.1673+6.957E-002i	-0.1673	0.0696	0.1812
-0.239122613313232+0.163795396901773i	-0.2391	0.1638	0.2898
-0.304275990130125+0.479199124857419i	-0.3043	0.4792	0.5676
0.432126718952433+1.07086713172002i	0.4321	1.0709	1.1548

그림 B.9 푸리에 분석 결과

부록 C 실험계획법과 분산분석

C.1 실험계획법의 개요

실험계획법(experimental design)이란 실험을 실시하는 데 필요한 제반 계획을 세우는 방법을 연구하는 것으로, 어떻게 실험을 실시하고 자료를 어떻게 얻을 것이며 이 자료를 어떤 통계적 방법으로 분석하여 최소의 비용과 횟수로 최대의 정밀하고 유용한 정보를 얻을 수 있는가를 추구하게 된다. 통계적 분석으로는 앞서 간단히 소개한 회귀분석 이외에도 상관분석, 분산분석(analysis of variance, ANOVA) 등이 있으며, 이 중에서도 가장 많이 사용하는 분석법이 분산분석으로 어떤 원인의 영향이 큰지를 분석하게 된다.

데이터에 산포를 준다고 생각되는 무수히 많은 원인들 중에서 실험에 직접 취급하는 원인을 인자(factor)라고 부른다. 또한 실험을 하기 위한 인자의 조건을 인자의 수준(level)이라고 한다. 예를 들면, 온도와 압력이 인장강도에 어떤 영향을 주는가를 알아보기 위해 온도 100, 150, 200℃, 압력 1, 2 MPa로 변화시켜가며 실험을 수행하였다면 인자의 수는 2이며, 인자 중 온도의 수준은 3, 압력의 수준은 2가 된다. 이때 인장강도를 반응치 혹은 특성치라 부른다.

실험의 목적을 달성하기 위해 관련되는 인자를 모두 선택해주는 것이 원칙이나, 지나치게 많으면 실험의 정도를 떨어뜨리고 실험비용이 크기 때문에 적절한 범위 내에서 최소의 인자를 택해주어야 한다. 인자의 수준과 수준수를 택하는 원칙을 정리하면 다음과 같다.

- 실험자가 관심을 가지고 있는 흥미영역에서만 수준을 잡아준다. 예를 들면, 과거의 경험에 의해 특성치가 명확히 나쁘게 될 것이라 예상되는 인자의 수준은 포함시키지 않는다.
- 최적이라고 예상되는 수준 및 현재 사용하고 있거나 기준이 되는 인자의 수준은 반드시 포함시킨다. 예를 들면, A씨의 논문에서 압력 0.1 MPa일 때 특성치인 인장강도가 최대라고 주장한다면 이를 포함시켜야 한다.
- 수준수는 2~5 정도가 적절하며 6수준을 넘기지 않도록 한다.
- 온도, 압력과 같은 인자를 계량인자라 하며, 이 경우에는 흥미영역의 최솟값과 최댓값을 잡고 등간격으로 수준을 취하는 것이 좋다. 계수인자(원료의 종류, 첨가제의 종류 등)의 경우에는 종류만큼을 수준수로 취해주게 된다.

한편, 실험계획 단계에서 염두에 두어야 할 사항에는 (1) 랜덤화의 원리, (2) 반복의 원리, (3) 블록화의 원리, (4) 교락의 원리, (5) 직교화의 원리 등이 있다. 이 중 특히 (1)과 (2)는 대단히 중요하므로 잘 이해해 둘 필요가 있다.

(1) 랜덤화의 원리

표 C.1과 같이 2인자 2수준의 2회 반복이 있는 실험계획에서 번호순으로 실험하는 경우 온도, 압력의 인자 이외에도 기타의 원인들이 실험결과에 편의되게 영향을 미치는 수가 있다. 즉, 이 실험을 하루에 마치려 할 때 아침에 시작한 실험이 점차 외기온도가 올라가면서 결과에 영향을 줄 수도 있고, 실험자가 피곤해지면서 집중력을 잃으면서 실험결과에 나쁜 영향을 줄 수도 있다. 따라서 ①에서 ⑧까지 적은 쪽지를 함에 넣고 추첨순으로 실험하는 것이 대표적인 랜덤(무작위) 실험이다.

(2) 반복의 원리

실험은 각 수준의 조합에서(예를 들면, 100℃, 1 MPa) 1회 행하는 것보다 반복하여(단, 반복하더라도 랜덤화의 원리에 따라 연속해서 2회가 아니고) 2회 이상 행하는 것이 실험결과의 신뢰를 높일 수 있다.

표 C.1 실험배치

	100℃	200℃
1 MPa	① ②	③ ④
2 MPa	⑤ ⑥	⑦ ⑧

실험실에서 수행하는 실험계획에는 주로 요인배치법과 분할법이 사용된다. 이외에도 실험계획법의 종류는 무수히 많지만 실험횟수를 줄이기 위한 것이 주목적으로, 주로 실험횟수에 제약이 따르는 현장실험에 적용되는 경향이 있다. 교락법, 일부실시법, 불완비블록계획법, 반응표면 계획법 등이 이에 해당되며, 사실 실험계획법의 묘미는 이러한 방법들에 있으나 상세한 내용은 전문서적에 맡기는 것으로 한다.

(1) 요인배치법

랜덤화의 원리에서 예시한 바와 같이 인자의 각 수준의 모든 조합에 대하여 실험을 수행하는 것으로 실험순서는 랜덤하게 정한다. 인자가 하나이면 일원배치법, 둘이면 이원배치법, 셋 이상이면 다원배치법이라 부른다.

(2) 분할법

실제의 실험에서는 완전히 랜덤하게 수행하는 것이 어렵거나 불가능한 경우가 있으며 단계별로 랜덤화하는 실험계획법을 분할법이라 한다. 표 C.1에서 온도의 조절이 대단히 어렵다면 먼저 온도에 대해 랜덤화하고(즉, 100℃와 200℃에서 랜덤하게 순서를 정한 결과 200℃가 먼저라면), 다음 압력에 대해 랜덤하게 순서를 정하여 실험을 수행하게 된다. 또한 각 수준의 조합까지는 랜덤하게 순서를 정한 후 2회 연속해서 실험하는 것도 일종의 분할법이라 할 수 있다. 이와 같은 분할법의 경우는 요인배치법과 데이터의 나열은 동일하나 분석방법에 차이가 있으므로 주의가 요구된다.

C.2 일원배치법

특성치에 대해 하나의 인자의 영향을 조사하기 위하여 사용되는 가장 단순한 실험계획법으로서, 많은 인자가 특성치에 영향을 미쳐도 하나의 인자만의 영향을 분석하고자 할 때 사용된다. 가장 큰 영향을 줄 것으로 예상되는 인자의 영향을 분석할 때 특히 유용하다. 사실 실험계획법이라는 용어를 알지 못하는 상태에서도 기본적으로 사용하고 있는 방법으로서, 여기서는 얻어진 결과데이터를 대상으로 분산분석법을 통해 유용한 정보를 획득하는 방법에 대해 설명하기로 한다.

예제 C.1

인자로서 반응온도를 취하고 4수준(A1: 60℃, A2: 70℃, A3: 80℃, A4: 90℃)으로 실험을 수행한 결과 다음과 같은 인장결과의 데이터를 얻었다고 하자.

표 C.2 반응온도(A)의 변화에 따른 인장강도

	인자의 수준				
반복	A1(60℃)	A2(70℃)	A3(80℃)	A4(90℃)	
1	8.44 ①	8.59 ④	9.34 ⑦	8.92 ⑩	
2	8.36 ②	8.91 ⑤	9.41 ⑧	8.92 ⑪	
3	8.28 ③	8.60 ⑥	9.69 ⑨	8.74 ⑫	
평균	8.36	8.70	9.48	8.86	8.85

표 C.2의 결과는 ①에서 ⑫까지 무작위의 순서로 실험을 수행하여 얻은 데이터임을 상기하기 바란다. 통상 각 수준에 대한 평균값만 구하고 그래프를 그린 다음 80℃에서 최대 인장강도 9.48 Pa이라고 정리하게 되는데, 분산분석을 수행하면 훨씬 유용한 정보를 얻을 수 있다.

	A	B	C	D
1	A1	A2	A3	A4
2	8.44	8.59	9.34	8.92
3	8.36	8.91	9.41	8.92
4	8.28	8.6	9.69	8.74

그림 C.1 일원배치법의 데이터 입력

그림 C.1과 같이 엑셀에서 데이터를 입력하고 [도구]-[데이터 분석]-[분산분석: 일원배치법]을 선택한 후, 다음 대화상자에서 적절한 값을 입력한다. 참고로 엑셀 프로그램에서 해당 메뉴가 나타나지 않는 경우에는 추가 기능을 써서 설치하여야 한다. [도구]-[추가 기능]-[분산분석]을 선택하고 확인을 누르면 CD로부터 필요한 정보를 읽어 분산분석관련 기능을 추가로 설치할 수 있다. 그림 C.2에서 유의수준 0.05(5%)에 대해서는 뒤에서 설명하기로 하고, '첫째 행 이름표 사용'을 체크하면, 첫째 행이 입력범위에 포함되어 있어도 실제 계산에는 사용되지 않고 결과표에 이름표로만 이용된다. 실행결과 그림 C.3과 같은 분산분석표가 출력된다.

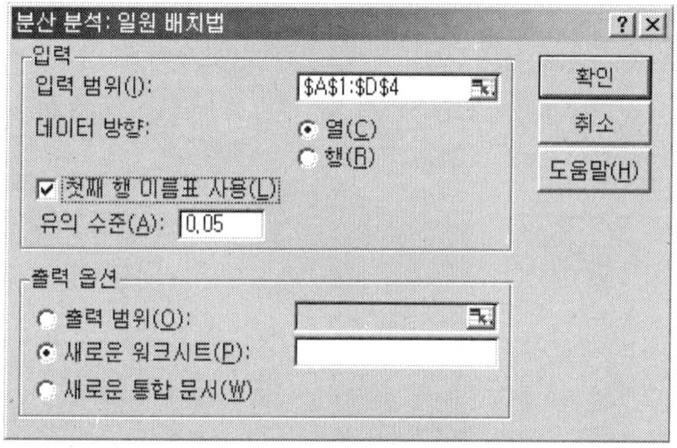

그림 C.2 일원배치법의 대화상자

	A	B	C	D	E	F	G
1	분산 분석: 일원 배치법						
2							
3	요약표						
4	인자의 수준	관측수	합	평균	분산		
5	A1	3	25.08	8.36	0.0064		
6	A2	3	26.1	8.7	0.0331		
7	A3	3	28.44	9.48	0.0343		
8	A4	3	26.58	8.86	0.0108		
9							
10							
11	분산 분석						
12	변동의 요인	제곱합	자유도	제곱 평균	F 비	P-값	F 기각치
13	처리	1.9788	3	0.6596	31.18676	9.17E-05	4.06618
14	잔차	0.1692	8	0.02115			
15							
16	계	2.148	11				

그림 C.3 일원배치법의 분산분석표

분산분석의 주 기능은 오차와 요인의 영향을 비교하는데 있다. 표 C.2에서 같은 온도 60℃에서 수행한 실험의 경우에도 8.44, 8.36, 8.28로 산포가 있는데, 이 요인을 오차(또는 잔차)라고 한다. 온도 조건을 달리하여 얻어진 평균값은 각각 8.36, 8.7, 9.48, 8.86으로서 직관적으로도 온도가 인장강도에 영향을 줌을 알 수 있다.

그러나 만약 80℃에서의 평균값이 9.48이 아닌 8.3이라도 온도가 인장강도에 영향을 줄 수 있다고 단정 짓기에는 다소 무리가 따른다. 즉, 이것이 순수하게 온도의 영향인지 아니면 단순한 오차인지 구분하기가 결코 용이하지 않게 된다.

그림 C.3에서 F비는 요인A(처리)에 의한 산포와 오차(잔차)에 의한 산포의 비를 나타내며, 이 값이 클수록 요인A, 즉 온도에 의한 영향이 큰 것을 의미한다. 일정값 이하가 되면 이것이 온도 때문에 인장강도가 달라지는 것인지 단순한 오차에 불과한지 식별하기 어렵게 되며 이 경우 온도의 영향이 없다고 간주하게 된다.

그림 C.3에서 F비는 31.19로서 기준값, 즉 F기각치보다 훨씬 크므로 유의하다라는 표현을 쓰고, 유의수준 5%(잘못 판정할 확률, 위험률이라고도 함)에서 온도가 인장강도에 영향을 준다고 판정한다. 이러한 경우에 F비의 값 31.19*와 같이 표시하는 것이 관례이며, 유의수준 1%에서도 유의한 경우에는 31.19**와 같이 표시해 둔다. 유의수준 1%에 대한 계산은 그림 C.2의 대화상자에서 유의수준을 0.01로 설정해 두고 다시 계산하면 된다.

마지막으로 각 수준에 대한 평균값의 구간추정으로 구간의 범위는 앞에서 계산한 것과 유사하게 다음 식으로 구하게 된다.

$$\overline{Ai} \pm t(\phi_E\,;\alpha/2)\sqrt{\frac{V_E}{m}}$$

여기서, $\overline{Ai}$는 수준 i에서의 평균값, ϕ_E는 오차의 자유도로서 그림 C.3의 분산분석표로부터 8이고, V_E는 오차의 제곱평균으로서 0.02115이며, m은 실험의 반복횟수이다. t분포는 앞서 설명한 바와 같이 엑셀에서의 함수 TINV(0.05, 8) = 2.306을 이용하여 구할 수 있으므로, 60℃에 대한 인장강도의 평균값 $\overline{A1}$의 95% 신뢰구간은

$$8.36 \pm 2.306\sqrt{\frac{0.02115}{3}} = 8.36 \pm 0.1936$$

이 된다. 다른 수준에 대한 것도 마찬가지의 방법으로 쉽게 구할 수 있을 것이다. 그래프로 표시할 때도 평균값만 표시하는 것이 아니고 이렇게 구한 상한과 하한을 같이 표시하는, 즉 error bar 형태로 표시하는 것을 권장하고 싶다.

C.3 반복이 없는 이원배치법

예제 C.2

인자A는 온도(100, 200, 300, 400℃), 인자B는 원료의 종류(한국산, 일본산, 미국산)라고 할 때 다음과 같은 실험결과를 얻었다고 하자.

표 C.3 반복이 없는 이원배치법의 결과 데이터

	A1	A2	A3	A4	평균
B1	97.6	98.6	99.0	98.0	98.3
B2	97.3	98.2	98.0	97.7	97.8
B3	96.7	96.9	97.9	96.5	97.0
	97.2	97.9	98.3	97.4	97.7

인자A에 대한 수준은 4, B에 대한 수준은 3인 이원배치법으로서 각 수준의 조합에서 반복이 없는 실험계획법이다(수준수는 $l \times m = 4 \times 3$이라는 표현을 씀). 엑셀에서 [도구]-[데이터 분석]-[반복 없는 이원배치법]을 선택하면

	A	B	C	D
1		B1	B2	B3
2	A1	97.6	97.3	96.7
3	A2	98.6	98.2	96.9
4	A3	99	98	97.9
5	A4	98	97.7	96.5

그림 C.4 반복이 없는 이원배치법의 데이터 입력

이때 행과 열의 입력방식을 표 C.3이 아닌 그림 C.4와 같이 하는 것이 혼란의 여지가 없음을 기억해두기 바란다.

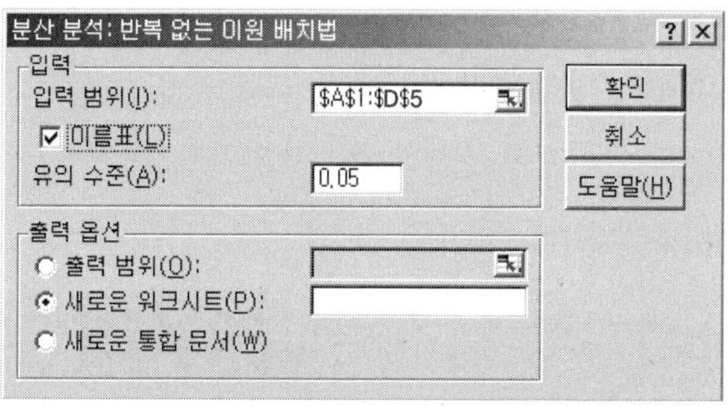

그림 C.5 반복이 없는 이원배치법의 대화상자

	A	B	C	D	E	F	G
1	분산 분석: 반복 없는 이원 배치법						
2							
3	요약표	관측수	합	평균	분산		
4	A1	3	291.6	97.2	0.21		
5	A2	3	293.7	97.9	0.79		
6	A3	3	294.9	98.3	0.37		
7	A4	3	292.2	97.4	0.63		
8							
9	B1	4	393.2	98.3	0.386667		
10	B2	4	391.2	97.8	0.153333		
11	B3	4	388	97	0.386667		
12							
13							
14	분산 분석						
15	변동의 요인	제곱합	자유도	제곱 평균	F 비	P-값	F 기각치
16	인자 A(행)	2.22	3	0.74	7.928571	0.01647	4.757055
17	인자 B(열)	3.44	2	1.72	18.42857	0.002744	5.143249
18	잔차	0.56	6	0.093333			
19							
20	계	6.22	11				

그림 C.6 반복이 없는 이원배치법의 분산분석 결과

인자A와 B 모두 F비가 F기각치보다 크므로 유의수준 5%에서 결과치에 영향을 준다고 할 수 있다. 그런데 표 C.3에서 수준 A1, 즉 온도 100℃에서 서로 다른 조건의 3회 실험을 수행하고, 100℃에서의 평균은 97.2이라고 구하는 것이 의미가 있을 것인가 하는 의문이 생길 수 있으나, 충분히 의미가 있으며 신뢰구간까지 구할 수 있다.

심지어는 수준의 조합 A3B1에서 단 한번밖에 실험을 수행하지 않았음에도 불구하고 이에 대한 신뢰구간도 구할 수 있다. 그 결과는 98.9±0.53으로서, 300℃ · 미국산 원료로 수없이 많은 실험을 한 평균값이 이 범위에 포함될 확률이 95%라고 보면 된다.

인자A에 대한 평균값의 신뢰구간은 일원배치법에서와 마찬가지로 $\overline{Ai} \pm t(\phi_E\,;\alpha/2)\sqrt{\dfrac{V_E}{m}}$ 이며, m은 인자B의 수준수이다. 인자B에 대해서는 $\overline{Bj} \pm t(\phi_E\,;\alpha/2)\sqrt{\dfrac{V_E}{l}}$ 로 구하게 된다. l은 인자A의 수준수이다.

그림 C.6의 분산분석표로부터 오차(잔차)의 자유도 $\phi_E = 6$, 오차의 제곱평균 $V_E = 0.093333$이며, t분포는 TINV(0.05, 6) = 2.4469이므로, A1의 평균값 $\overline{A1}$ 에 대한 신뢰구간은

$$97.2 \pm (2.4469)\sqrt{\frac{0.09333}{3}} = 97.2 \pm 0.43$$

$AiBj$에 대한 신뢰구간은 $(\overline{Ai} + \overline{Bj} - \overline{\overline{x}}) \pm t\left(\phi_E\,;\dfrac{\alpha}{2}\right)\sqrt{\dfrac{V_E}{n_e}}$, $n_e = \dfrac{lm}{l+m-1}$ 이다.

예를 들어, $A3B1$이라면 $\overline{A3}$=98.3, $\overline{B1}$=98.3이며, $\overline{\overline{x}}$는 전체 데이터의 평균값으로서 97.7이다.

$n_e = lm/(l+m-1) = (4)(3)(4+3-1) = 2$이므로, $A3B1$의 수준조합에 대한 평균값의 95% 신뢰구간은 $(98.3+98.3-97.7) \pm 2.4469\sqrt{\frac{0.09333}{2}} = 98.9 \pm 0.53$이다.

C.4 반복이 있는 이원배치법

반복의 원리가 적용됨으로써 검출력이 좋아지며, 특히 인자의 조합의 효과(교호작용)를 분리하여 구할 수 있는 장점이 있다. 교호작용에 대해 간단히 설명하면, 온도가 2배 높아지면 인장강도가 2배, 압력이 2배 높아져도 인장강도가 2배 커진다고 할 때, 만약 온도와 압력이 각각 2배 높아지면 인장강도는 4배 커져야 하나 3배밖에 커지지 않았다면 이는 온도와 압력 사이에 교호작용이 존재하기 때문이다.

예제 C.3

석고의 종류와 첨가량이 시멘트의 강도에 미치는 영향을 분석하고자 한다. 인자의 수준은 다음과 같다.

· 석고종류 A(3수준) : 화학석고 A1, 분말석고 A2, 혼합석고 A3

· 석고첨가량 B(6수준) : 1.6, 2.0, 2.4, 2.8, 3.2, 3.6%

	A	B	C	D	E	F	G
1		B1	B2	B3	B4	B5	B6
2	A1	305	335	366	372	376	348
3		302	337	364	374	373	350
4	A2	322	350	326	330	327	310
5		325	348	324	330	330	308
6	A3	320	342	338	348	350	330
7		322	344	336	348	350	328

그림 C.7 반복이 있는 이원배치법의 데이터 입력

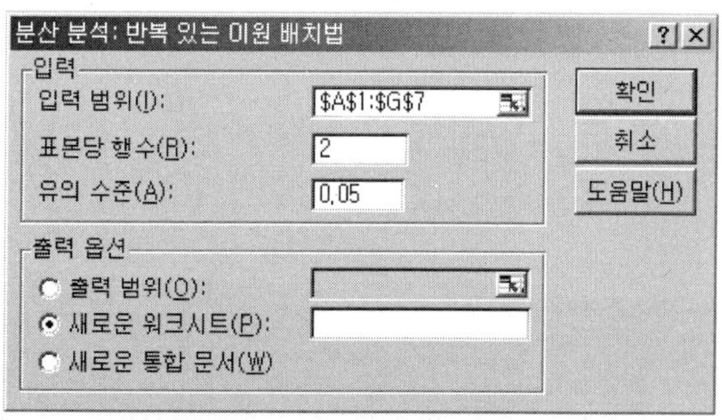

그림 C.8 반복이 있는 이원배치법의 대화상자

	A	B	C	D	E	F	G	H
1	분산 분석: 반복 있는 이원 배치법							
3	요약표	B1	B2	B3	B4	B5	B6	계
4	A1							
5	관측수	2	2	2	2	2	2	12
6	합	607	672	730	746	749	698	4202
7	평균	303.5	336	365	373	374.5	349	350.1667
8	분산	4.5	2	2	2	4.5	2	676.697
9								
10	A2							
11	관측수	2	2	2	2	2	2	12
12	합	647	698	650	660	657	618	3930
13	평균	323.5	349	325	330	328.5	309	327.5
14	분산	4.5	2	2	0	4.5	2	153
15								
16	A3							
17	관측수	2	2	2	2	2	2	12
18	합	642	686	674	696	700	658	4056
19	평균	321	343	337	348	350	329	338
20	분산	2	2	2	0	0	2	117.0909
21								
22	계							
23	관측수	6	6	6	6	6	6	
24	합	1896	2056	2054	2102	2106	1974	
25	평균	316	342.6667	342.3333	350.3333	351	329	
26	분산	97.2	35.06667	338.2667	373.4667	425.6	321.2	
28								
29	분산 분석							
30	변동의 요인	제곱합	자유도	제곱 평균	F 비	P-값	F 기각치	
31	인자 A(행)	3088.222	2	1544.111	694.85	9.14E-18	3.554561	
32	인자 B(열)	5548.889	5	1109.778	499.4	1.2E-18	2.77285	
33	교호작용	4825.778	10	482.5778	217.16	1.19E-16	2.411703	
34	잔차	40	18	2.222222				
35								
36	계	13502.89	35					

그림 C.9 출력된 결과 및 분산분석표

그림 C.9의 분산분석표를 보면 인자A와 B에 대한 F비 모두 F기각치에 비해 매우 크므로 대단히 유의하다고 할 수 있다. 즉, 석고의 종류 및 첨가량이 시멘트 강도에 미치는 영향은 지대함을 알 수 있으며, 인자A와 B의 교호작용 A×B도 대단히 유의하다.

인자A의 수준수 l, 인자B의 수준수 m, 반복횟수 r의 이원배치법($l \times m \times r$)에서 각 수준의 평균값의 신뢰구간을 구하는 식은 다음과 같다.

$$Ai \text{ 수준에서의 평균값의 신뢰구간 : } \overline{Ai} \pm t\left(\phi_E ; \frac{\alpha}{2}\right)\sqrt{\frac{V_E}{mr}}$$

$$Bj \text{ 수준에서의 평균값의 신뢰구간 : } \overline{Bj} \pm t\left(\phi_E ; \frac{\alpha}{2}\right)\sqrt{\frac{V_E}{lr}}$$

$$AiBj \text{ 수준의 조합에 대한 평균값의 신뢰구간 : } \overline{AiBj} \pm t\left(\phi_E ; \frac{\alpha}{2}\right)\sqrt{\frac{V_E}{r}}$$

$A1B5$의 수준조합에 대한 평균값의 신뢰구간을 구하기 위해 TINV(0.05, 18) = 2.100924, $V_E = 2.2222$를 대입하면

$$374.5 \pm 2.101\sqrt{\frac{2.22}{2}} = 374.5 \pm 2.2 = (372.3, 376.7)$$

을 구할 수 있다. 즉, 화학석고 $A1$을 1.6% 섞은 시료에 대한 강도의 평균값이 위의 범위에 포함될 확률이 95%이다.

부록 D 컴퓨터 프로그램

D.1 FFT 프로그램

Fortran으로 작성된 FFT 프로그램을 소개한다. FFT 알고리즘을 이용하는 것보다는 DFT의 정의에 따라 프로그램을 작성하는 것이 이해하기 쉽다. 그러나 데이터 개수가 많아지면 실행시키는데 많은 시간이 소요되므로 FFT가 훨씬 유리하다. FFT 알고리즘에는 여러 가지가 있으나, 여기 보인 FFT 서브루틴은 입력 비트 반전에 의한 시간분할법을 이용하고 있다. 상세한 것은 참고문헌(Brenner, 1967, Three Fortran Programs that Perform the Cooley-Tukey Fourier Transform, Lexington, Mass.: Lincoln Lab Technical Note 1967-2.)을 참조하기 바란다. 이 서브루틴은 입력행렬이 그대로 출력때 이용되기 때문에 출력행렬이 따로 필요 없다. 이 서브루틴을 부르는 FORTRAN 명령어는 다음과 같다.

CALL FFT(FR, FI, K)

여기서, $N=2^K$개의 데이터의 실수부를 FR에 허수부를 FI에 입력한다. 실수 데이터라면 허수부 데이터는 모두 영으로 입력한다. FFT 변환된 결과는 실수부와 허수부가 FR과 FI 행렬에 각각 출력된다.

예제 4.4에 대한 FFT 변환을 고려해보자. 메인 프로그램에서 $f(t)=e^{-t}\sin t$ 함수를 $T=0.375$, $N=16$으로 하는 입력데이터를 일단 생성하고, FFT 서브루틴을 불러 계산한 결과를 출력하는 기능을 한다. 출력된 $FR(M)$과 $FI(M)$은 각각 실수부와 허수부를 나타낸다. 여기서, N과 M은 1부터 16까지의 정수이며 4장에서 나온 0부터 15까지의 정수에 편의상 1씩 더한 것으로 이해하면 된다.

(1) 메인 프로그램

```
C - FFT TEST PROGRAM
C - COMPUTES DFT OF F(T)=EXP(-T)*SIN(T)
C - TIME STEP=0.375, NO. OF SAMPLES=16
          DIMENSION FR(16), FI(16)
          DO 1 N=1,16
          T=0.375*FLOAT(N-1)
          FR(N)=EXP(-T)*SIN(T)
1         FI(N)=0.
C
```

```
        CALL FFT(FR,FI,4)
C
        WRITE(3,2) (M,FR(M), FI(M),M=1,16)
2       FORMAT(I4, 2F10.4)
        PAUSE
```

(2) FFT 서브루틴

```
        SUBROUTINE FFT(FR,FI,K)
C - FAST FOURIER TRANSFORM USING싸ㅡㄸDECOMPOSITION
C - WITH INPUT BIT REVERSAL.
C - DATA IS IN FR(REAL) AND FI(IMAGINARY) ARRAYS.
C - COMPUTATION IS IN PLACE, OUTPU REPLACES INPUT.
C - NUMBER OF POINTS MUST BE N=2**K
C - FR(N) & FI(N) MUST BE DIMENSIONED IN MAIN PROGRAM.
        DIMENSION FR(1), FI(1)
        N=2**K
        MR=0
        NN=N-1
        DO 2 M=1,NN
        L=N
1       L=L/2
        IF(MR+L.GT.NN) GO TO 1
        MR=MOD(MR,L)+L
        IF(MR.LE.M) GO TO 2
        TR=FR(M+1)
        FR(M+1)=FR(MR+1)
        FR(MR+1)=TR
        TI=FI(M+1)
        FI(M+1)=FI(MR+1)
        FI(MR+1)=TI
2       CONTINUE
        L=1
3       IF(L.GE.N) RETURN
        ISTEP=2*L
        EL=L
        DO 4 M=1,L
        A=3.1415926535*FLOAT(1-M)/EL
        WR=COS(A)
        WI=SIN(A)
        DO 4 I=M,N,ISTEP
        J=I+L
        TR=WR*FR(J)-WI*FI(J)
        TI=WR*FI(J)+WI*FR(J)
        FR(J)=FR(I)-TR
        FI(J)=FI(I)-TI
        FR(I)=FR(I)+TR
        FI(I)=FI(I)+TI
4       CONTINUE
        L=ISTEP
        GO TO 3
        END
```

(3) 화면출력 결과

```
 M        FR(M)        FI(M)

 1        1.3004       0.0000
 2        0.4321      -1.0709
 3       -0.3043      -0.4792
 4       -0.2391      -0.1638
 5       -0.1673      -0.0696
 6       -0.1269      -0.0339
 7       -0.1051      -0.0171
 8       -0.0942      -0.0073
 9       -0.0909       0.0000
10       -0.0942       0.0073
11       -0.1051       0.0171
12       -0.1269       0.0339
13       -0.1673       0.0696
14       -0.2391       0.1638
15       -0.3043       0.4792
16        0.4321       1.0709
```

D.2 Curve Fitting 프로그램

과거 데이터 처리 상용 소프트웨어가 잘 발달되지 않았을 당시 유용하게 사용하던 곡선맞춤 프로그램을 소개한다. 지금도 여러 가지 형태의 함수를 자유자재로 조합하는데 매우 유용하게 사용될 수 있을 것이다. FITSUB이라는 서브루틴에서는 ORTHON2라는 서브루틴을 부른다. 사용자가 작성할 메인 프로그램(FITMAIN)은 함수의 개수(NFUN)와 함수 형태(예: 1, x, x^2 등)만을 입력해주면 된다. 여기 보인 메인 프로그램은 상수항, 1차항, 2차항 등 3개의 기본함수로 이루어진 곡선으로 맞춤하는 예를 보인다. 다음의 메인 프로그램을 FITSUB과 ORTHON2 프로그램을 모두 링크하여 실행파일을 만든다. 프로그램 실행 시 데이터의 입력이 필요한데, x, y 쌍으로 된 데이터가 입력되어 있는 파일 이름을 입력시키면 된다.

(1) 메인 프로그램

```
      PROGRAM FITMAIN
cccccccccccccccccccccccccccccccccccccccccccccccccccccccccccccccccc
c  To run this program, compile this and link it to FITSUB+ORTHON2.
c  Note that NFUN is a number of functions including a constant.
cccccccccccccccccccccccccccccccccccccccccccccccccccccccccccccccccc
      NFUN=3
      CALL FITSUB(NFUN)
      STOP
      END
```

```
C
      FUNCTION FUN(X,I)
C
      GO TO (10,20,30) I
   10 FUN = 1
      RETURN
   20 FUN = X
      RETURN
   30 FUN = X**2
      RETURN
      END
```

(2) FITSUB 서브루틴

```
      SUBROUTINE FITSUB(NFUN)
CCCCCCCCCCCCCCCCCCCCCCCCCCCCCCCCCCCCCCCCCCCCCCCCCCCCCCCCCCCCCCCCCC
C         X(I) IS THE ARRAY OF ABSCISSAS (INDEPENDENT VARIABLE)
C         Y(I) IS THE ARRAY OF ORDINATES (FUNCTION TO BE FIT)
C
C              YCALC = C(1)*FUN(X,1) + C(2)*FUN(X,2) + ···
C
C         NFUN IS THE NUMBER OF FITTING FUNCTIONS INCLUDING
C         THE CONSTANT                              ^^^^^^^^^^
C         ^^^^^^^^
C         MDAT IS THE NUMBER OF DATA POINTS (MAXIMUM OF 90 WITHOUT
C         CHANGING ARRAY DIMENSIONS)
CCCCCCCCCCCCCCCCCCCCCCCCCCCCCCCCCCCCCCCCCCCCCCCCCCCCCCCCCCCCCCCCCC
C
      DIMENSION A(100,11),C(10),X(90),Y(90),W(90),SEC(90),STAT(2)
      character*12 fdata
      LOGICAL  EPRINT
      EXTERNAL FUN
      DATA EPS,IDA /1.0E-13,100/
c     DATA NFUN /3/
      write(*,*)' Enter Data File Name ;         '
      read(*,9200) fdata
      open(unit=7, file=fdata)
C
      PRINT 9004
      READ (5,*)  IANS
      IF (IANS.EQ.1)  THEN
         EPRINT = .TRUE.
      ELSE
         EPRINT = .FALSE.
      ENDIF
C
C        READ DATA
C
c     REWIND 7
      DO 10 I=1,90
      MDAT = I - 1
      READ (7,*,END=20)  X(I),Y(I)
   10 W(I) = 1.0
```

```
   20  IF (MDAT.GT.90)  THEN
          MDAT = 90
          PRINT 9002
       ENDIF
       IF (NFUN.GT.10)  THEN
          PRINT 9005
          GO TO 9999
       ENDIF
C
C           CALCULATE LEAST SQUARES COEFFICIENTS
C
       CALL ORTHON2 (FUN,A,IDA,X,Y,W,MDAT,0,NFUN,SEC,STAT,EPS,JRANK)
C
       IF (JRANK.LT.NFUN) THEN
          NFUN = JRANK
          PRINT 9006, JRANK
       ENDIF
C
C           STORE COEFFICIENTS IN ARRAY C AND PRINT RESULTS
C
       PRINT 9010
       DO 100 I=1,NFUN
       C(I) = A(MDAT+I,NFUN+1)
  100  PRINT 9015, I,C(I)
       PRINT 9050, STAT(1)
       IF (EPRINT)  THEN
C
C          COMPUTE THE ERROR (DIFF) AND RELATIVE ERROR (RELERR)
C          IN THE APPROXIMATION OF THE CURVE FIT TO THE DATA
C
          PRINT 9100
          DO 200 I=1,MDAT
             YCALC = C(1)*FUN(X(I),1)
             DO 150 J=2,NFUN
             YCALC = YCALC + C(J)*FUN(X(I),J)
  150        CONTINUE
          DIFF = Y(I) - YCALC
          RELERR = (Y(I)-YCALC)/Y(I)
          PERCENT = 100.0*ABS(RELERR)
  200     PRINT 9110, I,X(I),Y(I),YCALC,DIFF,PERCENT
       ENDIF
C
 9002  FORMAT (//,10X,'ONLY THE FIRST 90 DATA POINTS ARE USED!!')
 9004  FORMAT (//,10X,'DO YOU WANT TO PRINT THE ERROR FOR EACH',
     +            ' DATA POINT?',/,10X,'(TYPE 1 FOR YES)')
 9005  FORMAT (//,10X,'YOU MUST EDIT THE PROGRAM TO USE MORE THAN',
     +            15X,'TEN FUNCTIONS')
 9006  FORMAT (//,10X,'LIBRARY PROGRAM ORTHON2 HAS CHANGED THE',
     +            ' THE NUMBER OF FITTING FUNCTIONS TO ',I2,//)
 9010  FORMAT (//,10X,'LEAST SQUARES COEFFICIENTS',/,10X,'I',10X,
     +            'C(I)',/)
 9015  FORMAT (9X,I2,5X,1PE15.8)
 9050  FORMAT (//,10X,'STANDARD ERROR OF THE Y ESTIMATE = ',
     +            1PE14.6)
```

```
9100   FORMAT (///,6X,'I',5X,'X(I)',7X,'Y(I)',6X,'YCALC',6X,
    +              'ERROR',6X,'PERCENT',/)
9110   FORMAT (6X,I2,1PE11.3,0PF9.3,F11.5,F12.4,4F10.2)
9200   format (a12)
9999   RETURN
       END
```

(3) ORTHON2 서브루틴

```
       SUBROUTINE ORTHON2 (FUNF,PHI,NDA,X,Y,W,IBIG,I1,ISMALL,SEOFC,STAT,O
      1PS,ICODE)
C
C      PROGRAMMED BY R. HOTCHKISS, UCC, U. OF MINN. FROM IDEAS IN
C      ORTHONORMALIZING CODES IN NUMERICAL ANALYSIS, PHILIP DAVIS
C      IN SURVEY OF NUMERICAL ANALYSIS, JOHN TODD, MCGRAW HILL, 1962
C      REVISED BY R. HOTCHKISS, UCC, UOFM, SPRING 82 FOR CRAY, FTN5 AND M77.
C
       DIMENSION SEOFC(ISMALL), PHI(NDA,ISMALL), STAT(2)
       DIMENSION EP(2), X(IBIG), Y(IBIG), W(IBIG)
       LOGICAL L3
       DATA EP(1),EP(2)/2*0.0/
       L3=.FALSE.
       GO TO 10
C
       ENTRY ORTHON3 (FUNF,PHI,NDA,X,Y,W,IBIG,I1,ISMALL,SEOFC,STAT,OPS,IC
      1ODE)
C
       L3=.TRUE.
10     NSMALL=ISMALL
       NCODE=NSMALL
       N2=NCODE+1
       M1=I1
       N5=M1+1
       NBIG=IBIG
       K1=NBIG+M1
       N4=NBIG+1
       N3=NBIG+NSMALL
       EP(2)=OPS
       EPS=EP(2)
       IDA=NDA
       L=0
       IF (IDA.LE.0.OR.IDA.LT.N3) L=1
       IF (M1.LT.0.OR.M1.GT.NSMALL) L=1
       IF (NSMALL.LT.1.OR.NSMALL.GT.NBIG) L=1
       IF (EPS.LT.0.0) L=1
       IF (L.EQ.0) GO TO 20
       PRINT 180, IDA,M1,NSMALL,NBIG,EPS

C      RUN THROUGH EACH COLUMN OF AUGMENTED MATRIX
20     DO 130 K=N5,N2
C      BEGIN GENERATION OF AUGMENTED MATRIX COLUMN
          N7=K-1
C      ZERO OUT KTH COLUMN FROM NBIG+1 TO NBIG+M1
          DO 30 I=N4,K1
30           PHI(I,K)=0.
C      SPECIAL CASE AT LAST STEP
          IF (K.EQ.N2) GO TO 60
```

```
C       BYPASS IF ORTHON 3 (VALUES ALREADY GIVEN IN PHI)
          IF (L3) GO TO 50
C       GENERATE COLUMN OF FUNCTIONAL VALUES
          DO 40 I=1,NBIG
40          PHI(I,K)=FUNF(X(I),K)
50        K1=K1+1
          PHI(K1,K)=1.
          GO TO 100
C       GENERATE LAST COLUMN
C       BYPASS IF ORTHON 3 (VALUES ALREADY GIVEN IN PHI)
60        IF (L3) GO TO 80
          DO 70 I=1,NBIG
70          PHI(I,N2)=-Y(I)
          GO TO 100
C       ORTHON3 .. CORRECT SIGN OF PHI VALUES
80        DO 90 I=1,NBIG
90          PHI(I,N2)=-PHI(I,NSMALL+1)
C       END GENERATION OF AUGMENTED MATRIX COLUMN
C       ITERATE EACH COLUMN TWICE
100       DO 130 L=1,2
C       SKIP IF DEGENERATE LOOP
            IF (N7.EQ.0) GO TO 120
C       ORTHOGONALIZATION STEP
            DO 110 J=1,N7
              C=DOTPROD(PHI(1,K),PHI(1,J),W(1),NBIG)
              K2=NBIG+J
              DO 110 I=1,K2
110             PHI(I,K)=PHI(I,K)-C*PHI(I,J)
C       BYPASS AT LAST STEP
            IF (K.EQ.N2) GO TO 140
120         C=SQRT(DOTPROD(PHI(1,K),PHI(1,K),W(1),NBIG))
C       ON FIRST ITERATION, ONLY CHECK FOR ZERO DENOMINATOR
C       ON SECOND ITERATION, CHECK FOR SMALL DENOMINATOR
            IF (C.LE.EP(L)) GO TO 170
            C=1./C
C       CALCULATE PHI(K) -- ORTHONORMALIZATION
            DO 130 I=1,K1
130           PHI(I,K)=PHI(I,K)*C
C       CALCULATED WEIGHTED ERROR SUM OF SQUARES AND STANDARD ERROR OF THE
C       Y-ESTIMATE
140     STAT(2)=DOTPROD(PHI(1,N2),PHI(1,N2),W(1),NBIG)
        STAT(1)=SQRT(STAT(2)/AMAX0(1,NBIG-NCODE))
C       CALCULATE ESTIMATE OF STANDARD ERROR OF EACH COEFFICIENT
        DO 160 I=1,NCODE
          C=0.
          NBIGPI=NBIG+I
          DO 150 J=I,NCODE
150         C=C+PHI(NBIGPI,J)**2
160       SEOFC(I)=SQRT(C)*STAT(1)
        ICODE=NCODE
        RETURN
C       ERROR IF WE GET HERE. KTH COLUMN NORM .LE. EPS SO RANK SET TO K-1
170     N2=K
        N5=N2
        NCODE=K-1
        N7=1
        IF (NCODE.EQ.0) N7=3
        PRINT 190, C,EPS,K
        GO TO 20
```

```
C
C
180     FORMAT ('0***** ORTHON ERROR, SEE WRITEUP: IDA,NPREV,N,M,EPS ARE',
       14I10,E17.4)
190     FORMAT (' NORM=',E17.10,', EPS=',E17.4,', K=',I3/' NORM OF KTH COL
       1. .LE. EPS, JRANK SET TO K-1')
        END
C
        FUNCTION DOTPROD (A,B,C,N)
C
        DIMENSION A(N), B(N), C(N)
        DOUBLE PRECISION SUM
        SUM=0.
        DO 10 I=1,N
10         SUM=SUM+DBLE(A(I))*DBLE(B(I))*DBLE(C(I))
        DOTPROD=SUM
        RETURN
        END
```

(4) 입력 데이터 파일의 예 (SAMPLE.DAT)

```
1    1.9
2    9.3
3    21.5
4    42
5    115.7
```

(5) 화면출력 결과

```
Enter Data File Name ;    SAMPLE.DAT

     DO YOU WANT TO PRINT THE ERROR FOR EACH DATA POINT?
     (TYPE 1 FOR YES) 1

     LEAST SQUARES COEFFICIENTS
     I         C(I)

     1      3.04400024E+01
     2     -3.43557091E+01
     3      1.00642843E+01

     STANDARD ERROR OF THE Y ESTIMATE = 1.137412E+01

     I     X(I)          Y(I)        YCALC         ERROR      PERCENT

     1  1.000E+00       1.900      6.14858       -4.2486      223.61
     2  2.000E+00       9.300      1.98572        7.3143      78.65
     3  3.000E+00      21.500     17.95144        3.5486      16.50
     4  4.000E+00      42.000     54.04572      -12.0457      28.68
     5  5.000E+00     115.700    110.26856        5.4314      4.69
```

참고문헌

reference

1. 박기엽, 김은원, '센서기초기술,' 광문각, 서울, 1999.
2. 박상현, 현대 실험 계획법, 민영사.
3. 신봉섭, 엑셀 활용과 통계자료 분석, 교우사.
4. 이성철, '정밀계측공학,' 동명사, 서울, 1987.
5. 한국공기청정연구조합, '공기청정편람 - 제1권 기초편,' 한국공기청정협회, 서울, 1996.
6. 한응교, 최만용, 장경영, 노병옥, '최신 정밀계측기술,' 동일출판사, 서울, 1998.
7. 한철호, 김수현, 장종훈, 송재복 역, '계측공학,' 반도출판사, 1996.
8. 홍준희, '계측공학의 기초,' 시그마프레스, 서울, 1988.
9. ASHRAE, 'ASHRAE Handbook, Fundamentals,' ASHRAE.
10. ASME, 'Fluid Meters Their Theory and Application,' 6th ed. ASME, New York, 1971.
11. Beckwith, T. G. and Maraangoni, R. D., 'Mechanical Measurements,' 4th ed, Addison_ Wesley, Reading, Mass, 1990.
12. Brown, A. I. and Marco, S. M., 'Introduction to Heat Transfer,' 3rd ed., McGraw-Hill, New York, 1958.
13. Coleman, H. W. and Steele, W. G., 'Experimentation and Uncertainty Analysis for Engineers,' 2nd ed., John Wiley & Sons, New York, 1999.
14. Doebelin, E. O., 'Measurement Systems, Application and Design,' 3rd ed., McGraw-Hill, New York, 1983.
15. Eckert, E. R. G. and Goldstein, R. J., 'Measurements in Heat Transfer,' 2nd ed.. Hemisphere, New York, 1976.
16. Goldstein, R. J., 'Fluid Mechanics Measurements,' Hemisphere, New York, 1983.
17. Halliday, D. and Resnick, R, 'Fundamentals of Physics,' John Wiley & Sons, New York, 1974.
18. Hinds, W. C., 'Aerosol Technology,' John-Wiley & Sons, New York, 1982.
19. Holman, J. P., 'Experimental Methods for Engineers,' 6th ed., McGraw-Hill. New York, 1994.
20. Holman, J. P., 'Heat Transfer,' McGraw-Hill, 1986.
21. Kuehn, T. H., Ramsey, J. W., and Threlkeld, J. L., 'Thermal Environmental Engineering,' Prentice-Hall, Upper Saddle River, New Jersey, 1988.
22. Lee, S. J., 'Experimental Thermo-Fluid Mechanics,' Lecture Note for the 2nd AFERC Short Course, Pohang University of Science and Technology, Pohang, 1995.
23. Lion, K. S., 'Instrumentation in Scientific Research,' McGraw-Hill, New York, 1959.
24. McGee, D., 'Principles and Methods of Temperature Measurement,' John Wiley & Sons, New York, 1988.
25. 'Measurements of Fluid Flow by Means of Orifice Plates, Nozzles and Ventury Tubes Inserted in Circular Cross Section Conduit Running Full,' Int. Organ, Stand. Rep. DIS-5167, Geneva, 1976.
26. Merzkirch, W., 'Flow Visualization,' Academic Press, New York, 1974.
27. National Bureau Standards, NBS Circ. 564, US, 1955.
28. Omega Engineering Inc., 'Flow and Level Measurement Handbook,' Omega Engineering, Stanford, Conn., 1987.

29. Omega Engineering Inc., 'Pressure and Strain Measurement Handbook,' Omega Engineering, Stanford, Conn., 1987.
30. Omega Engineering Inc., 'Temperature Measurement Handbook,' Omega Engineering, Stanford, Conn., 1987.
31. Sterns, S. D., 'Digital Signal Analysis,' Hayden Book, Rochelle Park, New Jersey, 1975.
32. Tuve, G. L., ' Mechanical Engineering Experimentation,' McGraw-Hill, New York, 1961.
33. Van Dyke, M., 'An Album of Fluid Motion,' Parabolic Press, Stanford, 1982.
34. Wark, K. and Warner, C., 'Air Pollution : It's Origins and Control,' Harper and Row, New York, 1981.
35. Wheeler, A. J. and Ganji, A. R., 'Introduction to Engineering Experimentation,' Prentice-Hall, Englewood Cliffs, New Jersey, 1996.

연습문제 해답

1장

1.1 0.03 m, 2.5%

1.2 (a) 1%, (b) 0.25%

1.3 0.05%

1.4 (A) 99.45, 0.24 mm

(B) 99.75, 0.48 mm

B is more accurate, but A is more precise.

1.5 0.5 V/kN

1.6 1.1 V

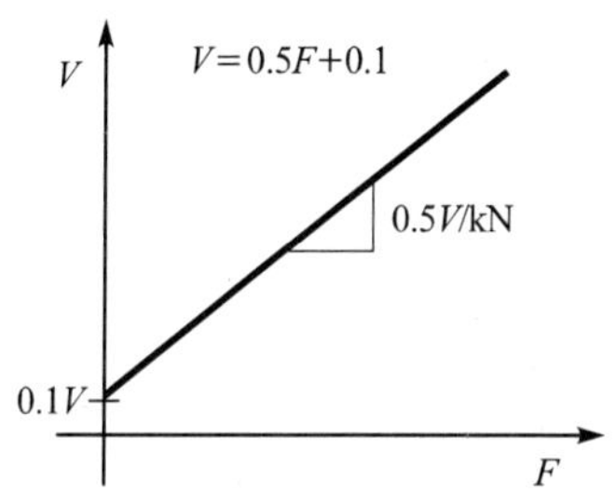

1.7 Bias error=0.12 kg, Max precision error=0.18 kg

1.8 3.0±0.25 V, 8.3%

1.9 0.001 V

1.10 $S=\frac{V}{mR}$, independent of initial pressure

1.11 20%

1.12 (1) M/L^3, (2) M/T^2L, (3) ML^2/T^3

1.13 5.44×10^{-6} sr

1.14 14.70 psi

1.15 (1) $2.495\leq2.50<2.505$, (2) $2.45\leq2.50<2.55$

1.16 (1) 119 (2) 41.7

2장

2.1 matter of time constant

2.2 158.3 ppm

2.3 51.1 s

2.4 295 s

2.5 29.4℃

2.6 2.10 s
2.7 0.02 s
2.8 377 rad/s, 0.0167 s
2.9 3.52 Hz
2.10 0.866
2.11 0.894
2.12 1.98 s
2.13 $\Omega < 1904$ Hz
2.14 $T > 0.956$ s, $\omega < 6.57$ rad/s
2.15 26.9%, $\phi = 23.7°$

3장

3.1 ±0.667%
3.2 8200 kg/m^3±2.65%
3.3 (1) 7.5 kΩ±7.29%, (2) ±6.53%
3.4 (1) 32 kΩ±7.29%, (2) ±4.88%
3.5 500 N/m±7.8%
3.6 ±0.52%
3.7 $\Delta P < 4.7$ kPa
3.8 (1) 0.142 m^3/s±1.31%
(2) 0.071 m^3/s±5.02%
(3) large error for low air velocity
3.9 $\bar{x} = 8.51$, $\sigma_{bias} = 0.1136$, $\sigma_{unbias} = 0.1197$
3.10 8.51±0.271
3.11 $N = 9$
3.12 2.3%
3.13 $C = 0.0068T + 1.126$
$C_{fitting} = 1.514$, $C_{interp} = 1.518$
3.14 $K = 8.522$, $\tau = 2.260$
3.15 $A = -0.0324$, $B = 0.7454$
3.16 0.0053 m/℃
3.17 $a = 2.0832$, $b = 8.1155$
3.18 2.40 min
3.19 2.37 min, line through origin
3.20 $R = 463$ J/kg℃, $b = 0.025$ m^3
3.21 $A = 18.605$, $B = -5207.3$
3.22 $\ln P = 3.021 \times 10^7 \left(\frac{1}{T}\right)^3 - 5.162 \times 10^5 \left(\frac{1}{T}\right)^2 - 2.855 \times 10^3 \left(\frac{1}{T}\right) + 15.395$

4장

4.1 (1) $\omega = 10$, $f = 10/2\pi$, $T = 2\pi/10$

(2) $\omega = 2\pi/3$, $f = 1/3$, $T = 3$

4.2 (1) 1.27 Hz

(2) $f(t) = 1 + 0.36\sin(8t + 0.983)$

4.3 signal with period of $T = 2\pi/40 = 0.157$

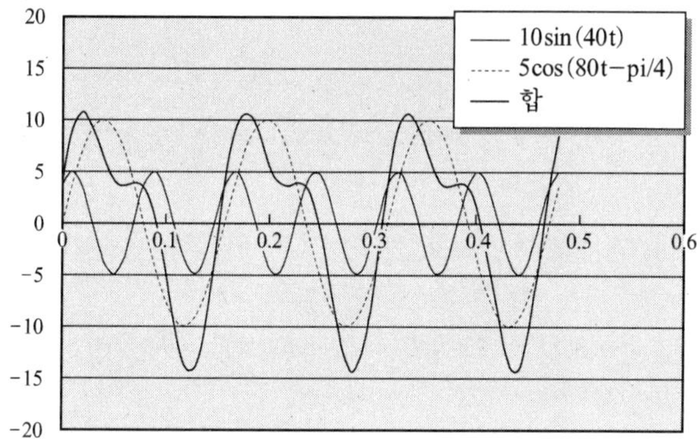

4.4 pulsation with frequency of (11−10) Hz

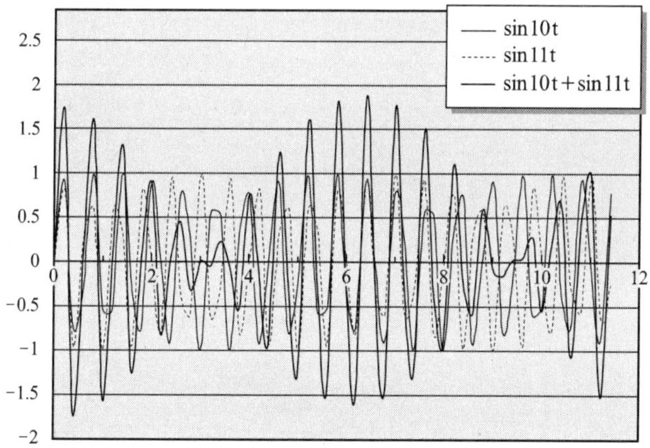

4.5 25 μs

4.6 $y = \dfrac{2\sqrt{2}}{\pi}\left(\cos\omega t + \dfrac{1}{3}\cos 3\omega t - \dfrac{1}{5}\cos 5\omega t - \cdots\right)$

4.7 $A_1 = 1$, $A_n = 0(\text{for } n \neq 1)$, $B_n = 0$

4.8 $A_0 = 0.5$, $A_n = 0(\text{for } n \neq 0)$

$B_1 = 1$, $B_n = 0(\text{for } n \neq 1)$

4.9 $f(t)=\frac{20}{\pi}\left(\frac{1}{1}\sin\pi t+\frac{1}{2}\sin 2\pi t+\frac{1}{3}\sin 3\pi t+\cdots\right)$

4.10 (a) $f(t)=\frac{k}{2}-\frac{16k}{\pi^2}\left(\frac{1}{2^2}\cos\frac{2\pi}{L}t+\frac{1}{6^2}\sin\frac{6\pi}{L}t+\frac{1}{10^2}\sin\frac{10\pi}{L}t+\cdots\right)$

(b) $f(t)=\frac{8k}{\pi^2}\left(\frac{1}{1^2}\sin\frac{\pi}{L}t-\frac{1}{3^2}\sin\frac{3\pi}{L}t+\frac{1}{5^2}\sin\frac{5\pi}{L}t-\cdots\right)$

4.11 $F(j\omega)=\frac{2(1-\cos\omega)}{\omega^2}$

4.12 $F(j\omega)=\frac{2}{1+\omega^2}$

4.13 Real : $F_1=4$, $F_7=4$, $F_0=F_2=F_3=F_4=F_5=F_6=0$

Imag(F_m)=0

4.14 Real : $F_2=4$, $F_6=4$, $F_0=F_1=F_3=F_4=F_5=F_7=0$

Imag(F_m)=0

4.15 Real(Fm) : $F_0=8$, $F_8=-8$, $F_1=F_2=F_3=F_4=F_5=F_6=F_7=0$

Imag(F_m)=0

4.16 $\omega_{nyq}=1024\text{ Hz}$, $\Delta\omega=2\text{ Hz}$

5장

5.1 10 N

5.2 10 V

5.3 (1) $y_{eff}=\frac{A}{\sqrt{3}}$

(2) $y_{eff}=\frac{A}{\sqrt{3}}$

5.4 $S=\frac{-E_i}{(R+R_i)^2}$

5.5 0.1

5.6 520.4 Ω

5.7 ±1.73%

5.8 3.16 times

5.9 6 times

5.10 1.26 times

5.11 (1) 0.0783, 22.12 dB

(2) 0.6177, −4.18 dB

5.12 40 dB

5.13 2.748 ms

5.14 1.061 ms, 0.5558(100 Hz), 0.8008(200 Hz), 0.9367(400 Hz)

5.15 $V_o = -(V_1 + 2V_2)$

5.16 summer with resistances of R, $2R$, $4R$ in parallel

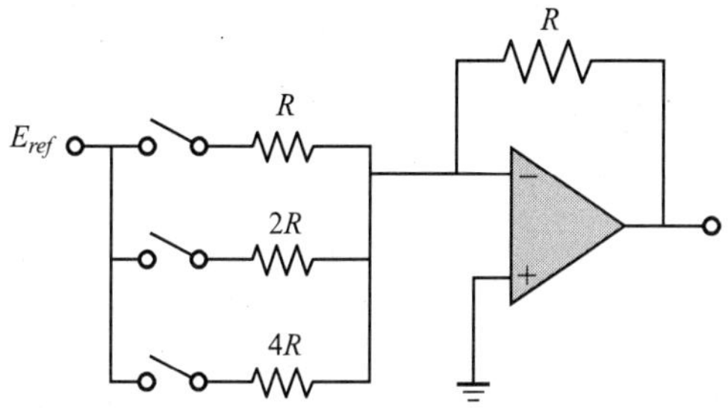

6장

6.1 (1) 1001+0101=1110, (2) 1001−0101=0100

6.2 C_{16}

6.3 179_{10}

6.4 1100001_2

6.5 0.1526 mV

6.6 0.39%

6.7 14 bit

6.8 160 Hz

6.9 16.159 mV

6.10 12 bit

6.11 100

7장

7.1 0.05 mm

7.2 73.2 mm

7.3 0.0025 mm

7.4 6.32 mm

7.5 24.558±0.001 m

7.6 4.6 μm

7.7 0.0352 mm$< x <$0.123 mm, $\Delta x = \pm 0.025$ μm

7.8 $A_{Simpson} = 0.63264$, $A_{true} = 0.63212$

8장

8.1 $\varepsilon_{axial} = 0.024$, $D = 0.988$ mm

8.2 0.312

8.3 78.8 MPa
8.4 12 m
8.5 0.337 Ω, 0.372 Ω
8.6 0.0169 Ω
8.7 0.12 Ω
8.8 4.17×10^{7} Pa
8.9 0.96±0.202 N
8.10 25.8°
8.11 25.8±1.06°
8.12 1.2×10^{-4} kg
8.13 500 N/m±7.8%
8.14 40 N±0.592%

9장

9.1 131.3 kPa
9.2 10.336 m
9.3 91.63 Pa
9.4 625.4 Pa
9.5 0.12%
9.6 176.4±1.32 Pa
9.7 4%
9.8 1.3 mm
9.9 1.58 mm, 158.2 kHz
9.10 28.1 V

10장

10.1 0.204 m
10.2 0.245 mm
10.3 22.35 m/s
10.4 0.0102 m^3/s, 2773 kPa
10.5 20.21 m/s±2.09%
10.6 5.72 m/s±3.25%, large error for low velocity
10.7 188.6 Pa
10.8 8.98 L/s
10.9 3.4×10^{-3} kg/s
10.10 0.636 mm/s
10.11 2.42 μm, 1.238 MHz
10.12 (1) Incompressible : 101540 Pa, (2) Compressible : 101539 Pa

10.13 $\frac{P_2}{P_1}=\left(1+\frac{\gamma-1}{2}Ma_1^2\right)^{\frac{\gamma}{\gamma-1}} \fallingdotseq 1+\frac{\rho}{2}\frac{V_1^2}{P_1}$

10.14 0.539 kg/s±1.13%

11장

11.1 2.436 mV

11.2 (1) 1.611 mV, (2) 1.638 mV

11.3 132.1℃

11.4 148℃

11.5 25.3℃

11.6 0.13℃

11.7 0.398 Ω/℃

11.8 1080℃

11.9 5.27 W/m^2

11.10 5.36℃

11.11 11.85 s

11.12 73.3 s, t=203 s

11.13 0~213.3℃, 0.533℃

11.14 (a) 3 mV, (b) 4 mV, (c) 5 mV

11.15 4139 K

11.16 14.6℃

11.17 99.4±0.45℃

12장

12.1 7756 Pa

12.2 1.79×10^{-3} N·m

12.3 957 W

12.4 Resolution of temperature gradient v.s. Side heat loss

12.5 22.38 W/m^2·℃

12.6 9.74×10^{-4} kg/m·s

12.7 ±2.72%

12.8 assume d=1.0 mm, L=0.0625 m

12.9 $T_{side}=\frac{2\pi\mu\omega LR^3}{t}$, $T_{bottom}=\frac{2\pi\mu\omega R^4}{3t}$, $\therefore 6:1$

12.10 0.392±0.00113 cm^2/s

12.11 $V_{mean}=\frac{1}{2}V_o$, $\Delta P=\frac{32\mu LV}{D^2}$

12.12 2.02 W/m℃±1.14%

12.13 $T(r) = T_0 + \frac{qR^2}{4kS}\left(1 - \frac{r^2}{R^2}\right)$

12.14 $T(t) = 35 + 60 e^{-t/25.864}$

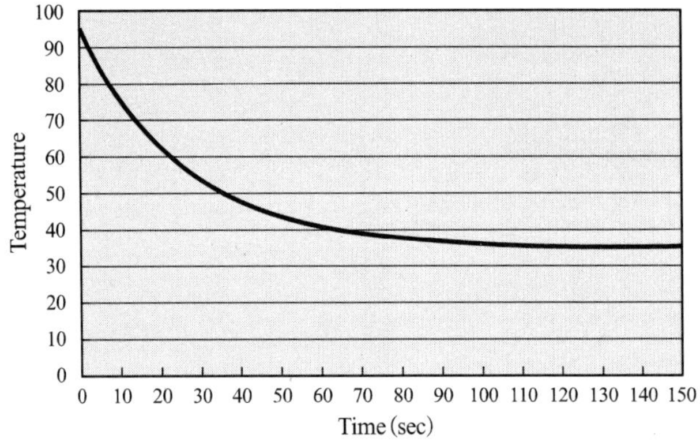

13장

13.1 71%, 18.5℃

13.2 0.0073 kg_w/kg_{air}

13.3 0.0157 kg_w/kg_{air}

13.4 4.62×10^{-4} kg/kg_{air}

13.5 4.37 ppm

13.6 $33/cm^3$

13.7 17.9%

13.8 3 mm/s

13.9 0.147 m/s, $Re = 0.68 < 1$

13.10 deviation from streamlines by inertia

찾아보기

ㅈ

UNIT CONVERSION

Length

1 in = 0.0254 m

1 ft = 12 in = 0.3048 m

1 mile = 5280 ft = 1609 m

1 μm = 10^{-6} m

1 A = 10^{-4} μm

Mass

1 lbm = 453.59237 g

1 kg = 2.2046 lbm

1 slug = 32.1742 lbm

Time

1 day = 86400 sec

1 year = 365.2422 day = 3.16×10^{7} sec

Frequency

1 Hz = 2π rad/s

Angular measure

1 rad = 57.3° = 0.159 rev

Electricity and Magnetism

1 coul = 3.00×10^{9} statcoul

1 amp = 3.00×10^{9} statamp

1 weber/m^2 = 1 telsa = 10^4 gauss

Force

1 N = 10^5 dyne

1 lbf = 4.44822 N

1 kgf = 9.806 N

Pressure

1 Pa = 1.450×10^{-4} psi

1 psi = 6894.76 Pa

1 bar = 10^5 Pa

1 atm = 101.325 kPa = 14.696 psi = 760 mmHg

1 Torr = 1 mmHg

Temperature

T(K) = T(℃) + 273.15

T(°F) = 1.8 × T(℃) + 32

T(R) = T(°F) + 459.67

Energy

1 J = 10^7 ergs

1 cal = 4.1855 J

1 Btu = 252.16 cal = 778.16 ft · lbf = 1055.06 J

1 kWh = 3412 Btu

Power

1 RT = 200 Btu/min =3.517 kW

1 hp = 745.7 W

1 W = 3.412 Btu/hr = 860.42 cal/h

Volume

1 gal = 3.785 liter

1 quart = 1/4 gal

1 pint = 1/8 gal

Volume Flow Rate

1 gpm = 63.09 cm^3/s

1 cfm = 471.95 cm^3/s = 0.028317 CMM

1 L/s = 3.6 CMH

Viscosity, Absolute

1 Pa · s = 0.672 lbm/ft · s

1 centipoise = 10^{-3} Pa · s

1 Poise = 1 dyne · s/cm^2

Viscosity, Kinematic

1 m^2/s = 1.076 ft^2/s

1 centistoke = 10^{-6} m^2/s

1 Stoke = 1 cm^2/s

Specific Heat

1 Btu/lbm °F = 1 cal/g ℃

1 J/kg℃ = 0.1859 ft · lb/lbm · R

Thermal Conductivity

1 W/m · ℃ = 0.5778 Btu/hr · ft · °F

Heat Transfer Coefficient

1 W/m^2 · ℃ = 0.1761 Btu/hr · ft^2 · °F

PHYSICAL PROPERTIES

Air (dry at 20℃, 1 atm)		
Density	ρ_{air}	1.2 kg/m^3
Specific heat at const P	c_p	1000 J/kg℃
Ratio of specific heats	γ	1.40
Molecular weight of std air	M_{air}	28.965
Gas constant of air	R_{air}	287 J/kg · K
Water (20℃, 1 atm)		
Density	ρ_{water}	1000 kg/m^3
Index of refraction (λ=5890 A)	n	1.33
Specific heat at const P	c_p	4180 J/kg℃
Heat of fusion (0℃)	h_{sf}	3.33$\times10^5$ J/kg (79.7 cal/g)
Heat of vaporization (100℃)	h_{fg}	2.26$\times10^6$ J/kg (539 cal/g)
Earth		
Gravitational acceleration	g	9.80665 m/s^2 (32.174 ft^2/s)
Std atmospheric pressure	P_{atm}	1.01325$\times10^5$ Pa
Mass	m_{earth}	5.98$\times10^{24}$ kg
Mean radius of earth	R_{earth}	6.37$\times10^6$ m
Mean earth–moon distance	x_{moon}	3.80$\times10^5$ km
Mean earth–sun distance	x_{sun}	1.49$\times10^8$ km
Sun		
Solar constant	I_N	1340 W/m^2
Mean diameter	D_{sun}	1.39$\times10^6$ km (109 times of earth)
Mean surface temperature	$T_{surface}$	6000 K
Center temperature	T_{center}	1.5$\times10^7$ K

PHYSICAL CONSTANTS

Speed of light	c	2.9979258×10^{8} m/s
Standard gravity	g	9.80665 m/s^2 = 32.174 ft/s^2
Gravitational constant	G	6.6732×10^{-11} N · m^2/kg^2
Universal gas constant	R	8.31434 kJ/kg$_{mol}$ · K
		= 1.986 kcal/kg$_{mol}$ · K
		= 1545.35 ft · lbf/lbm$_{mol}$ · R
Permeability constant	μ_o	1.26×10^{-6} henry/m
Permittivity constant	ε_o	8.85×10^{-12} farad/m
Elementary charge	e	1.6021917×10^{-19} coul
Electron mass	m_e	9.1095×10^{-31} kg
Avogadro's constant	N_o	6.022169×10^{23} molecules/kg$_{mol}$
Boltzmann's constant	σ	5.66961×10^{-8} W/m^2 · K^4
		= 0.1714×10^{-8} Btu/hr · ft^2 · R^4
Planck's constant	h	6.625×10^{-34} J · s

SOME MATHEMATICAL RELATIONS

$\log x = \ln x/\ln 10 = 0.4343 \ln x$

$\ln x = \log x/\log e = 2.303 \log x$

$\sin(A+B) = \sin A \cos B + \cos A \sin B$

$\cos(A+B) = \cos A \cos B - \sin A \sin B$

$\sin 2A = 2\sin A \cos A$

$\cos 2A = 2\cos^2 A - 1$

SOME NUMBERS

$\pi = 3.142$

$180/\pi = 57.296$

$\sqrt{2} = 1.414$

$\sqrt{3} = 1.732$

$\sqrt{10} = 3.162$

$e = 2.718$

$1/e = 0.3679$

$\ln 2 = 0.6932$

$\ln 10 = 2.303$

$\log 2 = 0.3010$

$\log e = 0.4343$

Euler's constant = 0.5772

Golden ratio = 1.618

저자 소개

한화택 현) 국민대학교 기계공학부 교수
서울대학교 공과대학 기계공학과 공학사
서울대학교 대학원 기계공학과 공학석사
University of Minnesota, 공학박사
미국 Harmon Contract 기술고문
미국 Professional Engineer 등록
ASHRAE 펠로우

기계계측 **정가 18,000원**

저자 : 한화택

발행인 : 임해진
발행처 : 도서출판 구미서관

발행 : 2001년 9월 7일 초 판 1쇄
2019년 2월 15일 제2판 1쇄

등록 : 1979년 6월 29일 No.9-6호
주소 : 서울시 마포구 신촌로 2길 5-15 구미빌딩
전화 : 02-333-1101
팩스 : 02-335-2201
http://www.goomibook.com

ISBN 979-11-6257-058-6 (93550)